Richard Theile

Fernsehtechnik

Band 1 Grundlagen

Springer-Verlag Berlin
Heidelberg GmbH 1973

Prof. Dr. phil. RICHARD THEILE
Direktor des Instituts für Rundfunktechnik, München
Honorarprofessor an der Technischen Universität,
München

Mit 127 Abbildungen

ISBN 978-3-540-06209-7   ISBN 978-3-642-86694-4 (eBook)
DOI 10.1007/978-3-642-86694-4

Vorwort

Das Fernsehen hat sich in relativ kurzer Zeit zu einem großen, vielfach verzweigten Gebiet der modernen Nachrichtentechnik entwickelt und es gibt hierüber viele Veröffentlichungen und Bücher. Bei der Fülle des Materials schien es jedoch nützlich, im Sinne einer zusammenfassenden Bestandsaufnahme mit Ausblick auf die Weiterentwicklung ein neues Lehrbuch abzufassen, in dem die beständigen Grundlagen systematisch und konzentriert dargestellt werden. Das Buch ist als Einführung geschrieben für die wachsende Zahl von Interessenten, die sich z. B. im Rahmen eines Studiums an Hoch- und Fachschulen in das neue Gebiet einarbeiten wollen und auch als Nachschlagewerk für bereits in der Praxis stehende Ingenieure.

Auswahl und Didaktik für ein solches Vorhaben sind problematisch und nicht ganz einfach. Erfahrungen kamen zu Hilfe, die der Verfasser in vielen Jahren aus Vorlesungen an der Technischen Universität München gewinnen konnte sowie aus der eigenen Entwicklungsarbeit und langen praktischen Tätigkeit für das Fernsehen und auch aus der Mitarbeit in internationalen Gremien.

Der stetig wachsende Umfang der Fernsehtechnik und die im Fluß bleibende Entwicklung komplizierten das Vorhaben, so daß die ursprüngliche Absicht, das ganze Gebiet in einem einzelnen Band darzustellen, aufgegeben werden mußte. Verlag und Autor kamen vielmehr überein, das Lehrbuch in drei Bände aufzuteilen, wodurch eine schnellere Herausgabe möglich wurde.

Im ersten Band sind die wesentlichen Grundlagen der Übertragung zusammengestellt. Im zweiten Band werden die Wandler- und Übertragungseinrichtungen für Aufnahme und Wiedergabe beschrieben, sowie die Methoden und Geräte zur Bild- und Signalspeicherung. Der dritte Band bezieht sich auf Übertragungstechniken und besonders wichtige Anwendungen wie z. B. die Fernsehrundfunktechnik und schließt mit einem Überblick über die Ergebnisse und Ansätze moderner Weiterentwicklungen und Forschungsarbeiten.

Der vorliegende erste Band enthält das notwendige allgemeine Grundwissen zum Verständnis der vielseitigen Technik des Fernsehens und ihrer Anwendungen. Im einzelnen werden die Grundprinzipien der Übertragung in Schwarz-Weiß und Farbe dargelegt, weiterhin die physikalisch-technologischen Grenzen, die Struktur und Eigenarten des Fernsehsignals, die wesentlichen Parameter der Bildqualität sowie die heute üblichen Kompromisse bei der Wahl der Normen. Die Beschreibung der bestehenden Technik steht im Vordergrund. Um die Lektüre lebendig zu halten, sind aber auch Hinweise auf Weiterentwicklungen enthalten, auch werden gelegentlich Alternativ-Vorschläge erwähnt — z. B. bei den Modulationsprinzipien des kompatiblen Farbfernsehens — selbst wenn sie nicht als offizielle Norm in der Praxis Eingang fanden.

Die Darstellung versucht aus der Fülle der vielen Einzelerscheinungen das Wesentliche herauszustellen mit teils neuen Ableitungen und Darstellungsarten in vielen, großzügig reproduzierten Abbildungen.

Auf ein ausführliches Literaturverzeichnis wurde verzichtet, da es sich um ein Lehrbuch — und nicht um ein Handbuch — handelt, doch sind Hinweise auf zusammen-
fassende andere Werke gegeben und auch auf Einzelarbeiten, insbesondere wenn es
sich um Quellenangaben oder neuere Entwicklungen handelt.

Dem Springer-Verlag dankt der Verfasser für seine Geduld beim Zustandekommen
des Buches, für die verständnisvolle Zusammenarbeit und für die gute Ausstattung
bei der Drucklegung, insbesondere in bezug auf das Bildmaterial. Besonderer Dank
gebührt auch den Mitarbeitern des Instituts für Rundfunktechnik in München, die bei
der Gestaltung des Bildmaterials und bei der Durchsicht des Manuskriptes mitge-
holfen haben.

München, Februar 1973   **Richard Theile**

Inhaltsverzeichnis

1 Prinzip der Übertragung 1
  1.1 Einführung 1
  1.2 Bildpunkt-Vielfach-Simultanübertragung 1
  1.3 Abtastprinzip mit sequentialer Übertragung des Bildinhalts in kleinen Elementarbereichen 3
  1.4 Grundschema der Abtastung 6

2 Zusammenhang zwischen den Daten der Bildfeldabtastung und dem Frequenzband des Signals bei Einkanal-Übertragung 9
  2.1 Problematik 9
  2.2 Definitionen, Gang der Berechnung für die Grenzfrequenz f_g 10
  2.3 Verwaschung horizontal liegender Hell-Dunkelkanten 12
  2.4 Verwaschung vertikal liegender Hell-Dunkelkanten 12
  2.5 Signalverzerrungen durch die endliche Blendengröße bei Übertragung einer periodischen Schwarz-Weiß-Strichstruktur 17
  2.6 Einfluß anderer Blendenformen 19
  2.7 Definition der „optischen" Übergangszeit τ_{opt} 23
  2.8 Einschwingzeit $\tau_{ü}$ des nachrichtentechnischen Übertragungssystems . . . 24
  2.9 Verbindung der Übergangszeiten τ_{opt} und $\tau_{ü}$, Übergang zur Grenzfrequenz f_g 25
  2.10 Diskussion der Ergebnisse 26
  2.11 Diskussion der Vertikalauflösung, Einfluß auf die Wahl von p 27
  2.12 Berücksichtigung der „Rücklaufzeiten" im Abtastraster, Endformel für f_g . . . 29

3 Gesichtspunkte zur optimalen Wahl der Zeilenzahl Z und der Bildfolgefrequenz f_w. Normen 32
  3.1 Zeilenzahl Z 32
  3.2 Bildfolgefrequenz f_w 35
    3.2.1 Allgemeine Gesichtspunkte, physiologische Grundlagen 35
    3.2.2 Zeilensprungverfahren 41
  3.3 Normen des Fernsehrundfunks 48

4 Weitere Normen der Signalübertragung 51
  4.1 BAS-Fernsehsignal 51
    4.1.1 Austastsignal A 51
    4.1.2 Synchronsignal S 52
  4.2 Normen der Trägermodulation bei drahtloser Übertragung der Fernsehsignale . . 58
  4.3 Übertragung des Tons 60

5 Struktur des Bildsignals 65
  5.1 Analytische Darstellung des Signals 65
  5.2 Störwirkung von Fremdsignalen im Fernsehbild, Offset-Technik 71

6 Verfahren zur Mitübertragung der Farbverteilung im Bild 79
  6.1 Vorbemerkungen 79
  6.2 Einige Grundlagen und Darstellungsnormen der Farbenlehre 81
  6.3 Übertragung der Signale im Farbfernsehen 89
    6.3.1 Direkte Übertragung der drei Signale, die dem Bildinhalt in drei ausgewählten Farbauszügen entsprechen 90
      6.3.1.1 Simultan-Verfahren 90
      6.3.1.2 Farbwechsel-Verfahren 90
    6.3.2 Systeme mit Simultanübertragung von Signalen, getrennt nach Leuchtdichte und Farbart (NTSC-System und Varianten) 93

6.3.2.1 Unvollkommenheiten des Farbensehens im Detail des Bildes . . . 93
6.3.2.2 Getrennte Signale für Leuchtdichte und Farbart 96
6.3.2.3 Übertragung der Farbartsignale im Leuchtdichte-Frequenzband . . 100
6.3.2.4 Modulationstechnik des NTSC-Systems 102
6.3.2.5 Varianten des NTSC-Systems 108
6.3.2.6 Normen des Fernsehrundfunks für Farbfernsehen 118

7 Maßgebende Parameter für die Bildqualität der Fernsehübertragung 122
7.1 Auflösung 122
7.2 Gradation 127
7.3 Geometrie 135
7.4 Fremdkomponenten im Signal, Störabstand, Störsignale 135
7.4.1 Störwirkung statistischer Schwankungen des Bildsignals . . . . . . , 138
7.4.2 Berechnung des Störabstandes 143
7.4.2.1 Direkte Signalableitung ohne Stromvorverstärkung im Bildaufnahmegerät 143
7.4.2.2 Vorverstärkung des Signals bei der Bildaufnahme mit Hilfe eines
Elektronenvervielfachers 150
7.4.2.3 Folgerungen aus den Ergebnissen für den Lichtstrombedarf der Fernsehübertragung 154
7.4.3 Störsignale in der Signalerzeugung 154

Schrifttum 155

Sachverzeichnis 158

1 Prinzip der Übertragung

1.1 Einführung

Das Fernsehen mit den Hilfsmitteln der elektrischen Nachrichtentechnik beruht auf der kontinuierlichen Aufnahme und Umwandlung der *Leuchtdichte bzw. Schwärzungsverteilung* im Senderbildfeld in *zugeordnete elektrische Signale,* die zum Empfänger gesendet werden, wo aus den Signalen die bildliche Zuordnung kontinuierlich rekonstruiert wird. Im Unterschied zur „Bildtelegraphie" werden auch die zeitlichen Änderungen, also Bewegungen im Bild ohne subjektiv störende Lücken oder Diskontinuitäten übertragen.

Vorschläge und Erfindungen für die elektrische Fernsehübertragung findet man bereits in der großen ersten Entwicklungszeit der Elektrotechnik im vorigen Jahrhundert. Eine funktionierende Technik wurde jedoch erst in den letzten Jahrzehnten mit den inzwischen hochentwickelten elektronischen Hilfsmitteln möglich. Bedeutende Erfinder, Wissenschaftler, Ingenieure und Techniker vieler Länder haben zur Gestaltung dieses neuen großartigen Kommunikationsmittels beigetragen und mit wachsendem Ausbau der Technik wurde die Arbeit mehr und mehr eine weitverzweigte Gemeinschaftsleistung, die auch heute laufend von vielen Seiten her Bereicherungen und Erweiterungen erfährt. Es ist anregend und interessant, die historische Entwicklung nachzuerleben (in der Literatur findet man ausführliche Berichte, s. z. B. [1.1; 1.2; 1.3; 1.4]).

1.2 Bildpunkt-Vielfach-Simultanübertragung

Die ersten Vorschläge für das Fernsehen mit elektrotechnischen Hilfsmitteln nahmen das Auge zum Vorbild. Sie gingen von der Zellenraster-Vorstellung aus. Das Bildfeld wird in viele kleine Bezirke aufgeteilt und der optische Zustand in diesen Bildelementen — den sogenannten *„Bildpunkten",* wie man im Jargon sagt — wird dauernd und gleichzeitig auf ein zugeordnetes Zellenraster am Empfangsort übertragen. Bei diesem in Abb. 1.1 skizzierten *„Simultanverfahren"* liegt im Senderbildfeld eine Vielzahl n kleiner Photoelemente und das Empfangsbildfeld ist aus einer entsprechenden Zahl n kleiner steuerbarer Lichtquellen zusammengesetzt. Jedes Photoelement ist über eine elektrische Verbindung mit Verstärkereinrichtung dem entsprechenden Lichtelement zugeordnet. Der Lichteindruck bei Aufprojektion eines Bildes erregt im Senderbildfeld an hellen Stellen die Photoelemente und die ausgelösten elektrischen Ströme steuern über die Fernleitungen die Leuchtdichten der zugeordneten Lichtzellen.

Eine solche Übertragungsart ist jedoch kompliziert, weil n voneinander unabhängige Verbindungen gebraucht werden und diese n Übertragungswege sehr gleichartig sein müssen, damit keine störenden Inhomogenitäten des Bilduntergrundes auftreten. Zwar ist die erforderliche Frequenzbandbreite der einzelnen Übertragungskanäle relativ klein, da es genügt, die zeitlichen Änderungen des Zustandes im Senderbildfeld nur bis zur Verschmelzungsgrenze der Sehempfindung zu übertragen (etwa 25 Hz).

Dennoch ist eine solche Übertragungsart sehr aufwendig, da für eine ausreichend scharfe Bildübertragung außerordentlich viele Kanäle notwendig sind. Das geht aus folgender Überlegung hervor:

Das einfache Beispiel Abb. 1.1 läßt gut erkennen, daß scharfe Übergangsstellen im Bild (Schwarz-Weiß-Kanten) mit einer Unsicherheit bis zur Ausdehnung eines Bildelementes reproduziert werden. Einzelheiten innerhalb eines Bildelementes gehen verloren, denn das einzelne Photoelement integriert den Lichteindruck über seine kleine Fläche und das zugeordnete Leuchtelement im Empfangsbildfeld gibt nur diesen Mittelwert gleichförmig auf seiner Fläche leuchtend wieder. Je nachdem, wie die scharfe Kante innerhalb eines Bildelementes liegt, entstehen also in der Reproduktion Randlinien und abgestufte Verbreiterungen der Ränder des scharfen Bildes, wie es im Empfangsbild Abb. 1.1 rechts durch verschieden starke Schraffur angedeutet ist.

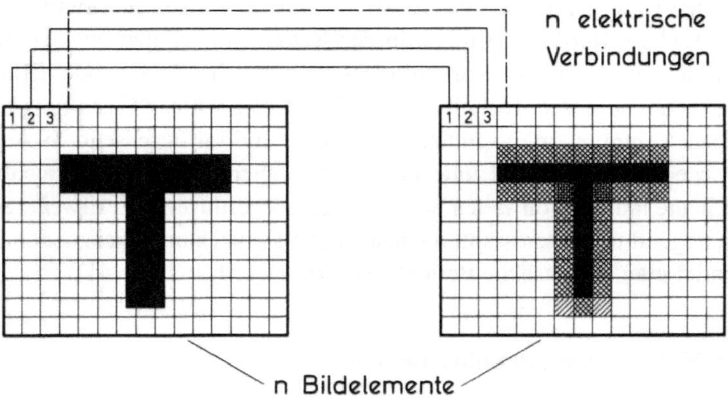

Abb. 1.1. Fernsehübertragung mit Vielfachverbindungen zwischen einzelnen Bildelementen. (Bildpunkt-Simultanübertragung)

Ausreichende Zeichnungsschärfe (Auflösung) der Fernsehübertragung erreicht man also nur durch *sehr feine Unterteilung des Bildfeldes,* etwa in einige hunderttausend Elementarbereiche. Die Vielfachverbindung zwischen Sender und Empfänger muß ebensoviel unabhängige Kanäle enthalten. Solche Nachrichten-Übertragungssysteme — sei es als vieladrige Kabel- oder Vielfachfrequenzsysteme — sind recht komplex und bis heute hat daher die Simultanübertragung der Zustände in kleinen Bezirken des Bildfeldes nicht zur anwendungsreifen Technik geführt. Aber es ist bei dem rasanten Fortschritt der Mikrominiaturisierung der Bauelemente, Schaltgruppensysteme usw. nicht ausgeschlossen, daß man eines Tages doch noch einmal auf das Zellenrasterverfahren zurückkommt.

1.3 Abtastprinzip mit sequentialer Übertragung des Bildinhalts in kleinen Elementarbereichen

Die Entwicklung hat sich seinerzeit sehr bald auf ein technisch leichter realisierbares Verfahren mit nur einem elektrischen Übertragungskanal (Kabel oder modulierte Trägerwelle) konzentriert. Dabei kann der Zustand in den Elementarbezirken des Bildfeldes *nicht mehr gleichzeitig,* sondern nur in rascher Folge *zeitlich nacheinander* über den einen Verbindungsweg vom Sender zum Empfänger übermittelt werden. Es wird ein *„Abtastvorgang"* nötig, ein zeitlich rasch aufeinanderfolgendes „Abfragen" des Zustandes in den Bildelementen.

Schwierigkeiten für das Übertragungssystem entstehen nun in anderer Beziehung: Es muß über *eine* Verbindung eine außerordentlich große Zahl von unabhängigen Einzelinformationen in der Sekunde übermittelt werden; die Ansprechzeit des Übertragungssystems muß sehr klein sein (große Bandbreite des Übertragungskanals). Mit den modernen Hilfsmitteln der Nachrichtentechnik (Breitbandverstärker, UKW-Übertragung) konnten diese Forderungen schrittweise erfüllt werden. Das Prinzip der zeitlich fortschreitenden Abtastung des Bildfeldes führte daher bald zu einer anwendungsreifen Technik und hat sich bis heute bewährt.

Abb. 1.2 zeigt, wie man das Bildfeld nach Abb. 1.1 durch Einfügen rotierender Umschalter am Sender und Empfänger sequential von Bildelement zu Bildelement übertragen kann. Die einzige zur Verfügung stehende Nachrichtenverbindung wird in raschem Wechsel von Zelle zu Zelle geschaltet. An Stelle der *Vielfach-Dauerverbindung* tritt also eine *„fortschreitende Kurzzeitschaltung".*

Man erkennt sogleich neue typische Probleme und Merkmale dieser Übertragungsart: Die Umschaltung muß synchron und mit gleicher Startphase in den Bildfeldern erfolgen, man muß ein genaues Schema der Abtastung verabreden und einhalten, sonst entstehen

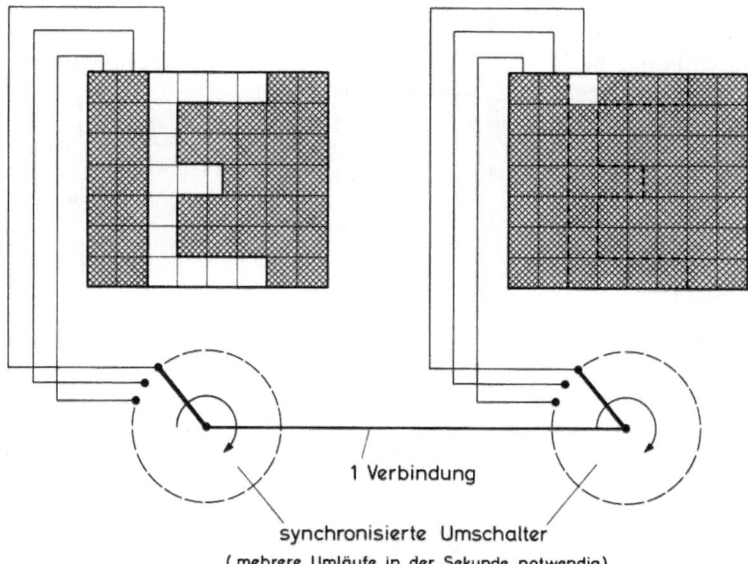

Abb. 1.2. Fernsehübertragung mit einem einzigen Übertragungskanal durch synchrone Umschaltung von einem Bildelement zum anderen

Fehler in der geometrischen Zuordnung zwischen Empfangsbild und Original. Damit
Bewegungen ausreichend kohärent reproduziert werden, muß die Verbindung zwischen
zugeordneten Elementen mehrmals (20- bis 30mal) in der Sekunde hergestellt, d. h.
die Abtastung des gesamten Bildfeldes muß *mehrfach in der Sekunde wiederholt werden*.
Das Zeitintervall, das zur Übermittlung des Zustandes an einem Bildelement zur Verfügung steht, wird damit sehr kurz (in den heute üblichen Systemen etwa 10^{-7} s).
Das Fernsehsignal setzt sich aus den rasch aufeinanderfolgenden Kurzzeitinformatio-
nen zusammen; es ist ein sehr hochfrequentes Impulsgemisch, dessen Übertragung entsprechenden Aufwand bedingt (Breitbandtechnik).

Weitere Probleme entstehen in den Umwandlungsprozessen selbst. Das in dem sehr
kurzen Moment der Abfragung verfügbare Signal ist bei direkter Umwandlung des
Lichtbildes in der Senderbildfläche sehr schwach. Im Interesse hohen Wirkungsgrades
braucht man daher indirekte Verfahren der Signalerzeugung mit Speichereinrichtungen,
um den Lichtstrom auch in der Pause zwischen zwei aufeinanderfolgenden Abtastungen
zu nutzen und seine Wirkung aufzusummieren (Kameraröhren mit Ladungsspeicherung). In der Wiedergabeeinrichtung muß andererseits entweder die Leuchtdichte dauernd strahlender Elemente in der kurzen Zeit des Signals auf den neuen Wert eingestellt
werden, oder die kurzen Signalimpulse werden direkt in Lichtblitze umgewandelt, die
in unserer Empfindung wegen der Nachwirkung des Lichteindrucks im Auge (Visions-
persistenz) bei hinreichend großer Wiederholungsfrequenz die Illusion eines gleich-
mäßigen Bildes erwecken.

Die Fernseh-Einkanalübertragung mit Abtastung des Bildfeldes in Elementarbereichen
ist nicht an das Vorhandensein von Elementarzellen nach Abb. 1.2 gebunden. Die Aufteilung des Feldes kann vielmehr von der Abtasteinrichtung selbst übernommen werden,
z. B. mit Hilfe einer wandernden Blende oder Sonde, die jeweils ein kleines Flächen-
stück auswählt, mit dessen Dimension das Bildelement gegeben ist.

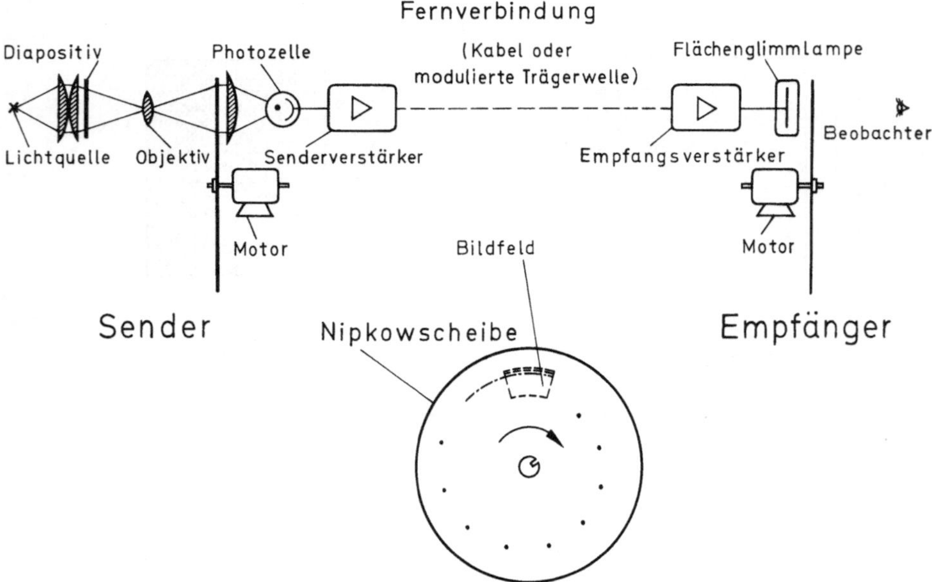

Abb. 1.3. Fernsehübertragung durch kontinuierlich wandernde Ausblendung des Bildfeldes (Nipkowscheibe)

Ein typisches Beispiel dieser „Bildzerlegung" ist die von P. Nipkow im Jahre 1884 ausgedachte Anordnung nach Abb. 1.3, in der bereits das Schema des heute allgemein eingeführten Abtastwegs in Form eines *Parallelzeilenrasters* vorgeschlagen wurde. In genialer Weise wird die zweidimensionale Abtastung des Bildfeldes mit der einfachen Rotationsbewegung der nach dem Erfinder benannten Lochscheibe erreicht. Die *Nipkow-Scheibe*, in Abb. 1.3 unten dargestellt, hat eine Vielzahl von Blendenlöchern, die in gleichem Winkelabstand voneinander auf einer Spiralbahn liegen. Jedes folgende oder vorhergehende Loch liegt um seine eigene Breite näher oder weiter entfernt vom Zentrum der Scheibe. Die Größe des (etwas trapezförmigen) Bildfeldes ist mit der Diagonale vom ersten zum letzten Loch gegeben. Dreht sich die Scheibe, so zieht jedes Loch eine (schwach gekrümmte) Bahn durch das Feld, es durchläuft eine Bildzeile. Die Spiralanordnung bedingt, daß die einzelnen Zeilen unmittelbar anschließend untereinander liegen. In dem Bildfeld ist in jedem Moment nur eine Blende vorhanden, damit ist die Auswahl eindeutig.

Im einzelnen läuft der Abtastvorgang folgendermaßen ab: Bei gleichmäßiger Rotation im angegebenen Drehsinn wandert die gerade sichtbare Blendenöffnung von links nach rechts und durchläuft eine Zeile; verläßt sie das Bildfeld, so tritt dicht darunter die folgende Blendenöffnung ein, durchläuft die nächste Zeile usw. Die Ausblendung läuft also stetig von links nach rechts und springt von Zeile zu Zeile von oben nach unten.

Das Bildsignal wird mit Hilfe einer hinreichend trägheitsfreien Photozelle erzeugt. Wie Abb. 1.3 oben links zeigt, wird ein Lichtbild der zu übertragenden Vorlage im Bildfeld auf der Scheibe entworfen. Die Löcher der Scheibe blenden ein kleines Stück aus. Der durchgehende Bildpunktlichtstrom, in seiner Stärke abhängig von der örtlichen Schwärzung, trifft die Photozelle und es entsteht ein proportionales elektrisches Signal. Rotiert die Scheibe, so werden laufend alle Teile des Bildfeldes auf dem Weg des Zeilenrasters ausgeblendet und in der Photozelle entsteht als zugeordnete Zeitfolge elektrischer Impulse das Fernsehsignal.

Zur Wiedergabe kann eine gleichartige Lochscheibe verwendet werden. Die elektrischen Impulse steuern eine modulierbare Flächenleuchte, die durch das Bildfeld der Scheibe hindurch betrachtet wird. Durch Ausblendung sieht man immer nur einen kleinen modulierten Lichtpunkt, der sehr rasch auf dem Weg des Zeilenrasters über die Bildfläche läuft. Es liegt also eine einfache optisch-mechanische Ausführung eines *„Punktlichtschreibers"* vor. Die Leuchtspuren des schreibenden Lichtpunktes verschmelzen bei hinreichend hoher Umdrehungszahl der Scheibe zum Eindruck eines zusammenhängenden Bildes mit Linienrasterstruktur.

Mit Nipkow-Scheiben begannen die praktischen Fernsehversuche in unserem Jahrhundert. Die Geräte bei Eröffnung des ersten drahtlosen Fernseh-Versuchsbetriebs in Deutschland im Jahre 1929 hatten Nipkow-Scheiben mit 30 Löchern, arbeiteten also mit einer Bildaufteilung in 30 Zeilen. Weitere Entwicklungen optisch-mechanischer Bildabtaster folgten mit anderen Konstruktionselementen (Linsenspiralen, Spiegelräder, rotierende Prismen, Spiegelschrauben, schwingende Spiegel usw.). Aber die Leistungsfähigkeit dieser Geräte konnte bald mit der Entwicklung nicht mehr Schritt halten, als durch Verbesserung des nachrichtentechnischen Teils der Übertragung eine feinere Unterteilung, d. h. eine größere Bildpunktzahl möglich wurde. Die Erfolge der Entwicklung elektronen-optischer Geräte ließen dann zur rechten Zeit den entscheidenden Übergang von der Mechanik zur Elektronik zu. Elektronenstrahlbündel, auf dem Zeilenrasterweg hin- und hergelenkt, übernahmen die Bildabtastung und Synthese.

Mit diesen eleganten und weitgehend trägheitslosen Hilfsmitteln konnten auch Versuche zur Erprobung *anderer Abtastprinzipien* leicht durchgeführt werden. Aber weder die *Spiralbahnabtastung* der Bildfläche, oder Verfahren mit *variabler Abtast- und Schreibgeschwindigkeit* (Liniensteuerung) und andere Varianten konnten sich durchsetzen, die praktische Entwicklung blieb bei dem Abtast- und Aufbauschema in Form des *Parallelzeilenrasters,* das damit zur beständigen Grundlage der heutigen Fernsehsysteme wurde.

1.4 Grundschema der Abtastung

Abb. 1.4 zeigt im allgemeinen Schema die Form der Zeilenabtastung für die heute übliche *Einkanal-Übertragung.* Aus der Flächenverteilung der Leuchtdichte (oder Schwärzung) $B_S(x, y)$ entsteht durch den Abtastvorgang mit linearer Vorschubbewegung in beiden Koordinatenrichtungen und über den optisch-elektrischen Wandler OE die Zeitfolge des Signals i(t). Am Empfangsort wird aus dem übermittelten Signal über den elektro-optischen Wandler EO durch synchrone und phasenrichtige Schreibbewegung auf dem Zeilenraster die Verteilung der Leuchtdichte $B_E(x, y)$ erzeugt. In diesen *Ort-Zeit*-Umwandlungen, die interessante Verbindungen der Disziplinen „Optik" und „Nachrichtentechnik" notwendig machen, liegen typisch neue, hochinteressante und wesentliche Probleme der Fernsehtechnik.

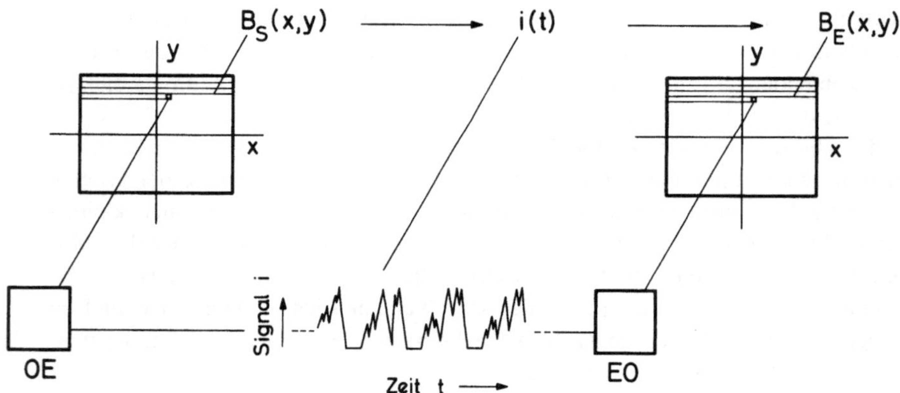

Abb. 1.4. Schema der heute üblichen Fernsehübertragung

Abb. 1.5 illustriert die Umwandlung von $B_S(x,y)$ in i(t) für den einfachen Fall der Übertragung eines Schriftzeichens mit einem fünfzeiligen Raster (in normaler Fortschaltung von Zeile zu Zeile). Es entsteht eine charakteristische Impulsfolge, die vom Bildinhalt und von den Daten der Abtastung abhängt. Im Falle eines hochzeiligen Fernsehbildes kann diese Impulsfolge sehr vielgestaltig und kompliziert sein, wie das Oszillogramm der im Bild markierten Zeile des Fernsehbildes in Abb. 1.6 erkennen läßt.

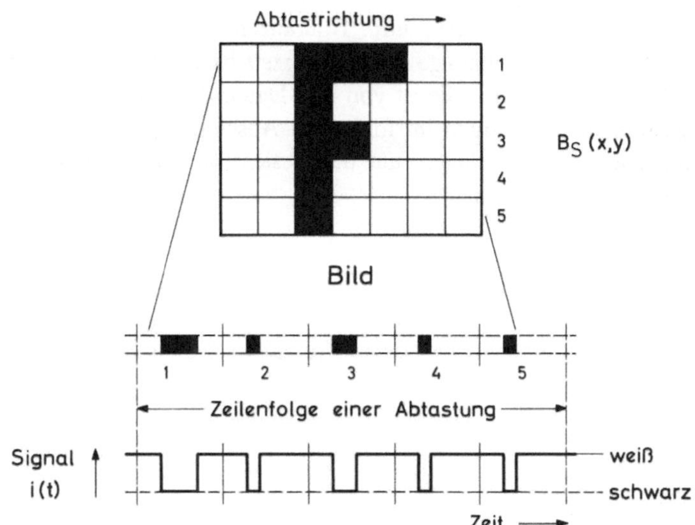

Abb. 1.5. Zur Umwandlung der Ortsverteilung B_S *(x, y)* in die Zeitfunktion *i (t)*

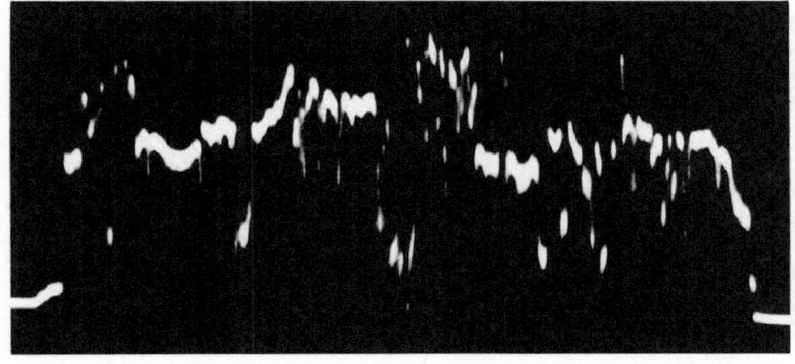

Abb. 1.6. Oszillogramm des Signals *i (t)* bei Abtastung der in der Bildvorlage markierten Zeile

Das Signal muß dem Empfänger ohne störende Verformungen zugeleitet werden. Diese Forderung bestimmt die Eigenschaften und Toleranzen des Übertragungssystems. Wichtigste Größe ist dabei die zulässige *Einschwingzeit* bzw. notwendige *Frequenzbandbreite des Übertragungskanals.* Sie ist von den Daten der Bildfeldabtastung abhängig. Diese Zusammenhänge sollen im folgenden Abschnitt quantitativ behandelt werden. Wir brauchen diese Unterlagen, um die Gesichtspunkte zur Festlegung der *Normen* für die Abtastung zu erkennen.

2 Zusammenhang zwischen den Daten der Bildfeldabtastung und dem Frequenzband des Signals bei Einkanal-Übertragung

2.1 Problematik

Für die Fernsehübertragung ist es sinnvoll, die Eigenschaften des Übertragungssystems im Zeitbereich zu kennzeichnen, d. h. durch die *Einschwingzeit* und Überschwingamplitude bei sprunghaften Änderungen des Signals. Das Fernsehbild ist ja auf dem Bildschirm als zweidimensionale Darstellung des Signal-Zeitablaufs (Intensitäts-Oszillogramm) gegeben, so daß die im Zeitbereich definierten Übertragungsparameter für die Qualität der Reproduktion unmittelbar maßgebend sind. Wo immer möglich, sollte man daher die Analysen und Entwicklungen der Übertragungstechnik direkt auf den *Zeitablauf* des Signals beziehen.

Andererseits aber kann es vorteilhaft sein, die Übertragungseigenschaften in äquivalenter Betrachtungsweise im *Frequenzbereich* zu kennzeichnen, d. h. durch Angabe der Frequenzbandbreite, innerhalb der die Signalkomponenten ohne störende Amplituden- und Laufzeitverzerrungen übertragen werden müssen. Diese geläufige Kennzeichnung ist z. B. zweckmäßig, wenn es um die Festlegung bestimmter „Kanäle" des Fernsehrundfunks in dem für die drahtlose Nachrichtenübermittlung verfügbaren Frequenzspektrum geht.

Entsprechend der großen Informationsmenge, die beim Fernsehen in jeder Sekunde übertragen wird, ist auch das Frequenzband sehr groß. Die untere Grenze liegt bei der Frequenz Null. Sie entspricht der Gleichstromkomponente des aus dem Wandler OE (Abb. 1.4) kommenden Signals (mittlere Bildhelligkeit). Die Berücksichtigung dieser Komponente ist sehr wichtig, für ihre indirekte Übertragung wurden interessante Verfahren entwickelt (getastete Schwarzwerthaltung, Klemmschaltungen), die wegen der periodischen Unterbrechung des Abtastvorgangs in den Rücklaufzeiten möglich sind.

Weniger eindeutig definiert ist die *obere Grenze f_g des Frequenzbandes,* bis zu der die Übertragung reichen muß. Man kann sie nur durch sinnvolle Abschätzungen festlegen. Ganz fehlerfrei ist die Übertragung des Signals $i(t)$ nur mit einem praktisch nicht realisierbaren System unendlich kleiner Einschwingzeit bzw. unendlich großer Frequenzbandbreite. Die Bandbreite der Übertragung läßt sich jedoch auf Optimalwerte beschränken, ohne daß Verluste in der Bildqualität merkbar werden. Man findet nämlich, daß oberhalb einer bestimmten Frequenzgrenze nur noch sehr kleine Amplituden auftreten, denn das Signal hat eine begrenzte „Zeitauflösung". Das erklärt sich aus der endlichen Dimension der Bildelemente (Breite der abtastenden Sonde) und der damit gegebenen Unschärfe in der Auflösung der Bildfläche. Scharfe Kontrastsprünge in der Bildvorlage werden mit Unschärfen der Sondenbreite bei der Abtastung verschliffen und zeigen sich im Signal mit Übergangszeiten (Einschwingzeiten) von der Größenordnung der Abtastzeit eines Bildelementes. Diese, bereits mit dem Vorgang der Bildfeldzerlegung gegebenen Begrenzungen, geben das Maß zur Festlegung der Minimalforderung für die Einschwingzeit des Übertragungssystems, d. h. zur Definition der Grenzfrequenz f_g.

2.2 Definitionen, Gang der Berechnung für die Grenzfrequenz f_g

Abb. 2.1 erklärt die Bezeichnungen: Das Bildfeld im Seitenverhältnis $h:v$ wird mit einer Sonde abgetastet, die Z horizontale *Zeilen* durchläuft, von links nach rechts mit konstanter Geschwindigkeit und raschem Überspringen vom Ende des Durchlaufs auf den Anfang der folgenden, darunter liegenden Zeile. Diese periodische Horizontalbewegung ist durch die Frequenz f_h gekennzeichnet.

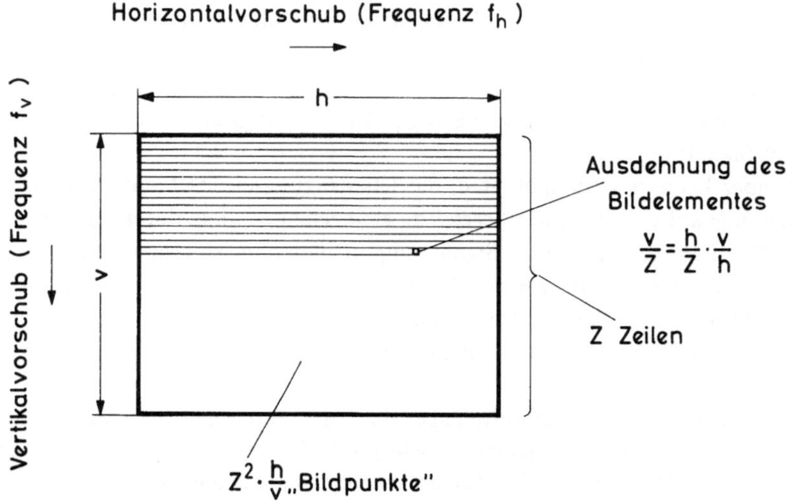

Abb. 2.1. Daten der Fernsehbildabtastung mit Parallelzeilenraster

Das gesamte Bildfeld wird mehrere Male in der Sekunde abgetastet durch ebenfalls periodische, zeitlineare, vertikale Ablenkung der Sonde mit der Frequenz f_v und schnelles Zurückspringen vom Ende der letzten Zeile auf den oberen Bildrand. Die Reihenfolge der Zeilen im Aufbau des Zeilenrasters bleibt zunächst offen (sie ist in der Regel verschachtelt, Zeilensprungverfahren, s. 3.2.2). So definieren wir für den allgemeinen Fall zum Unterschied von f_v zusätzlich noch die *Bildfolgefrequenz* f_w, die angibt, wie *oft* das Bildfeld an allen Stellen in der Sekunde abgetastet wird.

Das Bildfeld wird lückenlos erfaßt, wenn die Sondenbreite $s = v/Z$ ist. Nimmt man diese Dimension als Seitenlänge eines kleinen Quadrats, so passen $n = Z^2 h/v$ dieser quadratischen *„Bildpunkte"* in das Bildfeld. Das so definierte Bildelement ist eine nützliche Rechengröße für die folgende Ableitung. Die Sonde durchläuft nämlich bei einer vollständigen Abtastung einen Weg von n dieser Elementarbereiche; in einer Sekunde werden demgemäß $n \cdot f_w$ Bildpunkte durchlaufen, und die Zeit t_0, die für die Übertragung des Elementarbereichs $(v/Z)^2$ zur Verfügung steht, beträgt damit

$$t_0 = \frac{1}{nf_w} = \frac{1}{f_w Z^2 h/v}$$

Die Überlegungen zur Definition der oberen Grenzfrequenz sind folgendermaßen: Zunächst werden die mit dem endlichen Sondendurchmesser gegebenen Auflösungsbegrenzungen als Unschärfebereiche bei der Übertragung scharfer Übergänge in der Bildvorlage abgeschätzt. Diese Unschärfebereiche bedingen im Zeitablauf des bei der Abtastung erzeugten Signals endliche „Einschwingzeiten". Zur gesuchten Grenzfrequenz f_g kommt man dann über die fundamentale, reziproke Beziehung zwischen Frequenzbandbreite und Einschwingzeit des elektrischen Übertragungssystems durch vergleichende Verbindung der einerseits abtasttechnisch und andererseits übertragungstechnisch gegebenen Übergangszeiten.

Ausgangspunkt ist also die *Begrenzung der Auflösung im Abtast- und Wiedergabevorgang.* Sie ist in den beiden charakteristischen Richtungen des Rasters (parallel oder quer zur Zeilenrichtung) verschiedenartig: In vertikaler Richtung ist nämlich die Auflösung diskontinuierlich durch die Zeilenstruktur quantisiert, in horizontaler Richtung (also in Zeilenrichtung) ist hingegen die Verschleifung der in der Bildvorlage scharfen Übergänge stetig. Gemeinsam ist jedoch, daß — abgesehen von sekundären zusätzlichen Effekten — die effektive Unschärfe in beiden Richtungen etwa gleich ist und in der Größenordnung der Ausdehnung der Sonden liegt.

Als Modell für die quantitative Behandlung des Problems werden die Unschärfen bzw. Einschwingzeiten analysiert, die an horizontal und vertikal liegenden scharfen Schwarz-Weiß-Übergängen im Signal auftreten. Der Einfachheit halber sind dabei für Abtastung und Wiedergabe quadratische Sonden (Seitenlänge s) vorausgesetzt in einem von Zeile zu Zeile dicht aneinander schließenden, horizontal liegenden Parallelzeilenraster mit gleichmäßiger Durchlässigkeit bzw. Leuchtdichte über die Sondenfläche. Der Übergang zu den in der Praxis heute üblichen runden Sonden mit inhomogener Wirkung über den Querschnitt (Elektronensonden) ist durch Anpassung mit entsprechenden Konstanten leicht möglich.

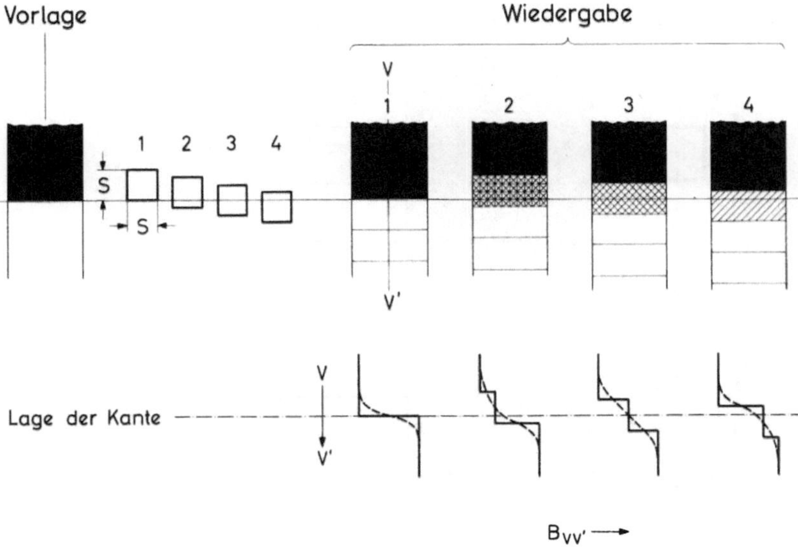

Abb. 2.2. Abbildungsfehler bei Übertragung einer horizontal liegenden Dunkel-Kante mit einem Parallelzeilenraster infolge des endlichen Querschnitts der abtastenden und schreibenden Blenden (Quadratblenden)

2.3 Verwaschung horizontal liegender Hell-Dunkelkanten

Abb. 2.2 zeigt die Reproduktion einer scharfen, horizontal liegenden Hell-Dunkel-Kante bei verschiedenen Spurlagen der Sonde. Wie man sieht, ist eine unverzerrt scharfe Abbildung nur dann gegeben, wenn die Sondenkante mit der Schwarz-Weiß-Kante im Bild zusammenfällt, in allen anderen Zwischenlagen werden benachbarte Zeilen miterfaßt, wie die Schraffur andeutet. Der in vertikaler Richtung scharfe Sprung der Leuchtdichte in der Bildvorlage wird dann treppenartig verbreitert wiedergegeben, wie die Schnittbilder in Abb. 2.2 erkennen lassen. Es treten also je nach der Zuordnung des Rasters zu den Kantenlagen der Helligkeitsübergänge im Bild verschieden große Unschärfen von der Größenordnung der Ausdehnung s des Bildelementes auf. Das gilt auch für die heute üblichen Abtast- und Schreib-Elektronensonden mit ungleicher Dichte über dem Querschnitt. An Stelle der stufenförmig verbreiterten Wiedergabe des scharfen Sprunges mit der idealisierten Quadratblende findet man dann Verrundungen, wie in Abb. 2.2 angedeutet.

2.4 Verwaschung vertikal liegender Hell-Dunkelkanten

Wir analysieren nun die Vorgänge bei der Übertragung vertikaler Hell-Dunkel-Kanten im Bild, die von den Zeilen *senkrecht* geschnitten werden. In Abb. 2.3 oben ist die Bahn einer einzelnen Zeile gezeigt, auf der die Sonde (quadratische Blende, $s \cdot s$) den scharfen Schwarz-Weiß-Sprung überquert. Der zugeordnete Verlauf der Leuchtdichte B_S längs der Zeile ist im unteren Teil der Abb. 2.3 dargestellt. Im Feld links der Kante

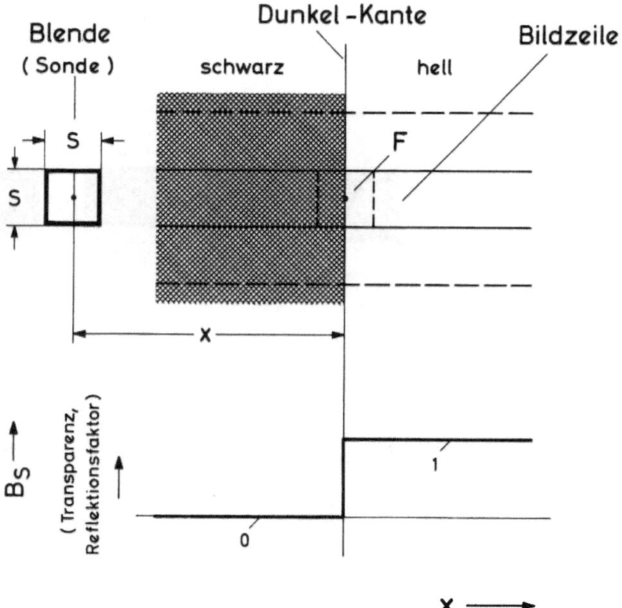

Abb. 2.3. Zur Übertragung einer vertikal liegenden Dunkelkante mit einer Quadratblende im Parallel-zeilenraster

ist B_S gleich Null (Schwarz), rechts davon ist $B_S = 1$ (normierter Maximalwert für „Weiß"). Als Lagekoordinate führen wir mit x den Abstand der Blendenmitte von der Kante ein. Das elektrische Signal wird über die photoelektrische Umwandlung aus dem durch die Blende gehenden Lichtstrom erzeugt, d. h. aus dem Mittelwert des Lichtstroms innerhalb der Blendenfläche. Bis $x = -s/2$ liegt die Blende im schwarzen Teil, für Werte über $x = +s/2$ ganz im hellen Teil der Bildvorlage; dazwischen liegt ein Übergangsgebiet. So zeigt Abb. 2.3 in der Mitte die Lage $x = 0$, bei der die eine Hälfte der Blende hell, die andere dunkel ist.

Die Fläche F des jeweils ausgeleuchteten Teils der Blende bestimmt den für das Signal maßgebenden Bildpunktlichtstrom Φ. Beim Überqueren der Dunkelkante gelangt von $x = -s/2$ an ein wachsender Flächenteil der Blende in das helle Feld, bis bei $x = +s/2$ die ganze Fläche s^2 im Gebiet der Maximal-Leuchtdichte liegt, wie Abb. 2.4 in einigen Phasenbildern mit typischen Zwischenlagen zeigt. Man erkennt, daß im Übergangsgebiet der helle Flächenteil F linear mit x von 0 auf s^2 anwächst.

Quantitativ läßt sich der Signalanstieg im Übergangsgebiet mit einer einfachen Integration berechnen. Die in Abb. 2.3 als Voraussetzung gewählte Schwarz-Weiß-Kante wird durch die Leuchtdichteverteilung

$$B_S = 0 \text{ für } x \leqq 0$$
$$B_S = 1 \text{ für } x > 0$$

(2.1)

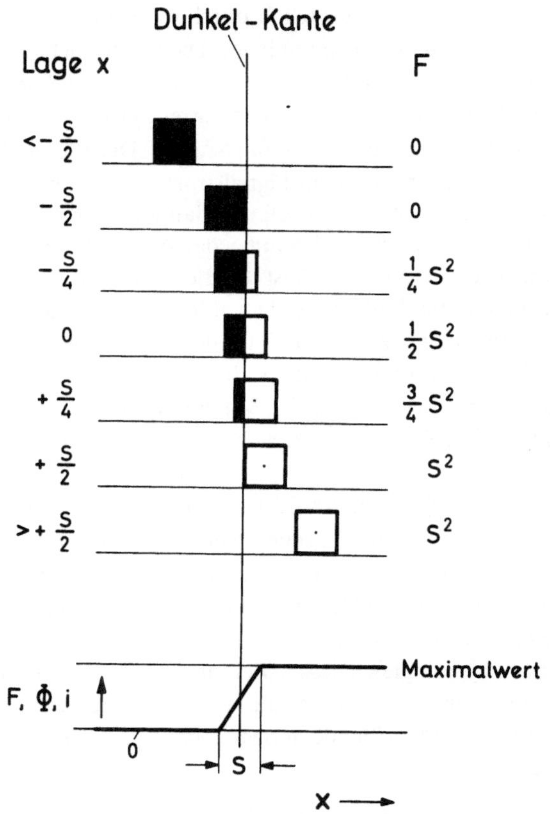

Abb. 2.4. Phasenbilder beim Lauf der Blende über die Dunkel-Kante nach Abb. 2.3. Abgeflachter Übergangsbereich (eine Blendenlänge) im Signal infolge der endlichen Blendenweite

dargestellt. Den Bildpunktlichtstrom Φ erhält man durch Integration über den Blendenbereich zu

$$\Phi = c_0 \int\limits_{x-s/2}^{x+s/2} B_S \, dx \qquad (2.2)$$

wobei c_0 eine Umrechnungskonstante ist.

Man kann (2.2) in zwei Summanden teilen

$$\Phi = c_0 \int\limits_{x-s/2}^{0} B_S \, dx + c_0 \int\limits_{0}^{x+s/2} B_S \, dx$$

und findet mit (2.1), daß im Übergangsbereich

$$-s/2 < x < +s/2$$

der erste Summand verschwindet und das zweite Integral zur linearen Anstiegsfunktion

$$\Phi = c_0 (x + s/2) \qquad (2.3)$$

führt, die in Abb. 2.4 unten dargestellt ist.

Wichtig an diesem Ergebnis ist die Tatsache, daß die endliche Ausdehnung der Blende im Abtastvorgang die getreue Reproduktion des scharfen Schwarz-Weiß-Sprunges verhindert, so daß im Signal eine *Übergangsunschärfe von der Ausdehnung der Blendenweite s* enthalten ist.

Eine weitere Unschärfe entsteht nun zusätzlich durch die ebenfalls *endliche Ausdehnung der schreibenden Sonde* im Fernsehempfänger. Die Leuchtdichteverteilung $B_E(x)$, die von der schreibenden Quadratsonde längs der Zeile im Empfänger erzeugt wird, läßt sich ebenfalls durch Integration über die Blendenbreite ermitteln. Abb. 2.5 zeigt zunächst qualitativ den Schreibvorgang im Empfangsraster. Die Blende leuchtet gleichmäßig über ihrer Fläche, gesteuert von dem Signalstrom $i(x)$, der dem Bildpunktlichtstrom Φ proportional angenommen werden soll und damit auch dem in Abb. 2.4 unten gezeigten Verlauf entspricht. Auch hier wird mit x der Abstand der Blendenmitte von der Dunkelkante bezeichnet. Bei $x = -s/2$ ist die Blende dunkel, von diesem Wert an beginnt bei dem Überqueren die Aufhellung. Dabei leuchtet die Blende stets auf ihrer gesamten Fläche, die Aufhellung beginnt also längs der Spur schon am linken Blendenrand, d. h. also von $x - s/2$ an und erstreckt sich bis $x + s/2$. Die Leuchtdichte der Blendenfläche wächst, bis bei $x = +s/2$ der Maximalwert erreicht wird. Der Übergangsbereich von Schwarz auf Weiß erstreckt sich demnach auf die doppelte Blendenweite $2s$.

Die Berechnung des Leuchtdichteverlaufs B_E längs der Zeile in Abhängigkeit von x ist mit einer weiteren Integration möglich. Jede Stelle dx auf dem Empfangsbildschirm leuchtet bei dem Vorbeilaufen der Blende nur kurzzeitig auf. Die Abtastgeschwindigkeit ist im Fernsehen so groß, daß für die Hellempfindung (Belichtung) im Auge der zeitliche Mittelwert, also das Zeitintegral der schwankenden Leuchtdichte maßgebend ist (Talbotsches Gesetz der Physiologie). Diesem Zeitintegral entspricht die Leuchtdichte $dB_E = c_1 \cdot i \, dx$, die in einem gedachten Spalt von der Weite dx an der Stelle x bei dem Durchlaufen der schreibenden Blende auftritt. Man kann also mit c_1 als Umrechnungskonstante ansetzen

$$B_E = c_1 \int\limits_{x-s/2}^{x+s/2} i(x) \, dx \qquad (2.4)$$

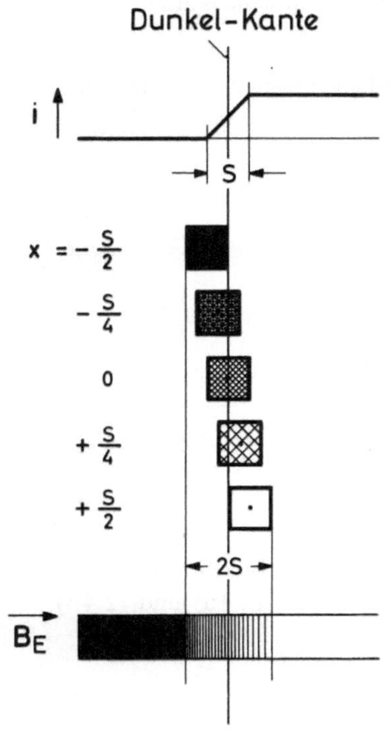

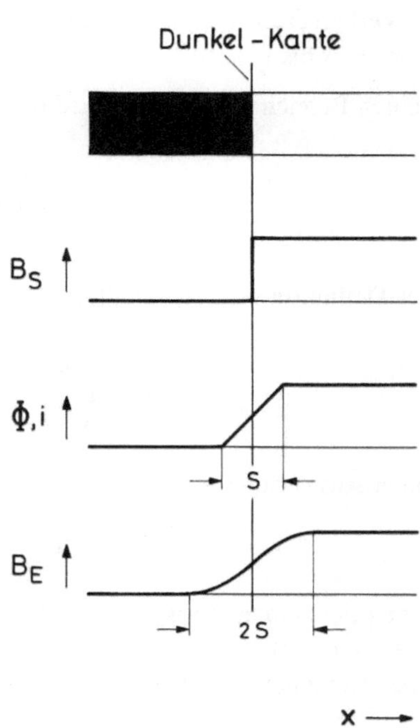

Abb. 2.5. Ausdehnung des Unschärfebereichs auf die doppelte Blendenweite im Bildschreibvorgang

Abb. 2.6. Zusammenstellung der Fehler bei der Übertragung einer scharfen vertikal liegenden Dunkelkante beim Abtast- und Schreibvorgang

Für die Auswertung muß die Ortsfunktion $i\,(x)$ nach Definition und Gl. (2.3) eingesetzt werden. Es ist

$$i(x) = \begin{cases} 0 & x \leq -s/2 \\ c_0(x + s/2) & \text{für} \quad -s/2 < x < +s/2 \\ c_0 s & x \geq +s/2 \end{cases}$$

Die Berechnung kann man in zwei Abschnitte aufteilen. Zunächst der linke Bereich $-s < x \leq 0$. Das Integral Gl. (2.4) wird zweckmäßig unterteilt in

$$B_E = c_1 \int\limits_{x-s/2}^{-s/2} i\,dx + c_1 \int\limits_{-s/2}^{x+s/2} i\,dx$$

Mit Berücksichtigung der Definition von $i\,(x)$ in den Teilbereichen erhält man dann mit $c = c_0 \cdot c_1$

$$B_E = c \int\limits_{x-s/2}^{-s/2} 0\,dx + c \int\limits_{-s/2}^{x+s/2} (x + s/2)\,dx$$

wobei das erste Integral verschwindet, so daß nach Auswertung bleibt

$$B_E = \tfrac{1}{2} c(x + s)^2 \tag{2.4a}$$

Dieser Verlauf entspricht einem quadratischen Anstieg der Leuchtdichte längs der Zeile von $x = -s$ bis $x = 0$.

Im rechten Bereich $0 \leqq x < s$ wird das Integral Gl. (2.4) entsprechend aufgeteilt in

$$B_E = c_1 \int_{x-s/2}^{s/2} i\,\mathrm{d}x + c_1 \int_{s/2}^{x+s/2} i\,\mathrm{d}x$$

Mit der Definition von $i(x)$ erhält man

$$B_E = c \int_{x-s/2}^{s/2} (x+s/2)\,\mathrm{d}x + c \int_{s/2}^{x+s/2} s\,\mathrm{d}x$$

und nach Auswertung

$$B_E = \tfrac{1}{2}c[2s^2 - (x-s)^2] \tag{2.4b}$$

Dies entspricht einem antisymmetrisch zu (2.4a) liegenden quadratischen Verlauf, der bei $x = s$ mit stetiger Tangente in den Maximalwert übergeht, (2.4a) und (2.4b) schließen stetig bei $x = 0$ an, wo der halbe Maximalwert

$$B_{E_{(x=0)}} = \tfrac{1}{2}cs^2 = \tfrac{1}{2}\,B_{E_{max}} \tag{2.4c}$$

vorhanden ist.

Das Resultat läßt sich also mit (2.4c) insgesamt folgendermaßen darstellen

$$B_E = \begin{cases} 0 & x \leqq -s \\[2mm] \tfrac{1}{2}B_{E_{max}}\left(1+\dfrac{x}{s}\right)^2 & -s < x \leqq 0 \\[2mm] \tfrac{1}{2}B_{E_{max}}\left[2-\left(\dfrac{x}{s}-1\right)^2\right] & 0 \leqq x < s \\[2mm] B_{E_{max}} & x \geqq s \end{cases} \tag{2.5}$$

In Abb. 2.6 unten ist $B_E(x)$ nach (2.5) dargestellt zusammen mit dem Verlauf von $\Phi(x)$ bzw. $i(x)$ und $B_S(x)$. Man sieht, daß die endliche Ausdehnung der abtastenden und schreibenden Blenden bzw. Sonden zusammen eine unscharfe Wiedergabe mit einem Verwaschungsbereich der doppelten Blendenweite $(2s)$ hervorrufen. Allerdings ist davon wegen der asymptotischen Übergänge am Anfang und Ende nur der mittlere Bereich von Bedeutung, so daß die subjektiv empfundene Ausdehnung der Verwaschung kleiner als die doppelte Blendenweite ist.

Die Erkenntnis der Abtastunschärfen ist wesentliche Grundlage zur Abschätzung der oberen Grenzfrequenz des Übertragungssystems. Vor der Weiterführung der Rechnung soll zunächst jedoch noch eine andere Art der Kennzeichnung des Einflusses der endlichen Blendendimension auf die Auflösung im Bild eingefügt werden.

2.5 Signalverzerrungen durch die endliche Blendengröße bei Übertragung einer periodischen Schwarz-Weiß-Strichstruktur

Die andere Darstellung der Verluste in der Auflösung im Bild durch die endliche Blendenbreite bezieht sich auf den Modulationsgrad in der Bildreproduktion bei Übertragung eines feinen Schwarz-Weiß-Strichrasters. In Abb. 2.7 ist der Signalstromverlauf bei Abtastung einer solchen periodischen Strichstruktur mit verschiedener Strichzahl pro Längeneinheit aufgetragen. Den Verlauf kann man in analoger Weise wie bei der Analyse der Dunkelkante ermitteln. Ist die Blendenweite s kleiner als die Strichbreite l, ergeben sich die in Abb. 2.7 oben gezeigten trapezförmigen Verzerrungen als periodische Wiederholung der von der einzelnen Dunkelkante her bekannten Verwaschungen. Der Maximalwert i_0 der Signalstromamplitude i wird innerhalb des hellen Feldes stets erreicht. Das trifft auch gerade noch für den darunter skizzierten Fall zu, wo die Strichbreite l gleich der Sondenbreite s ist: Der Signalstromverlauf ist in diesem Grenzfall dreieckförmig. Den Leuchtdichteverlauf im Empfangsraster kann man wie bei der Diskussion der einfachen Dunkelkante durch Integration über den Blendenbereich berechnen, der Verlauf ist abgerundet, wie gestrichelt angedeutet. Der Einfachheit wegen sei aber weiterhin nur der Signalstromverlauf betrachtet. Das dritte Beispiel in Abb. 2.7 zeigt einen Fall mit der Relation $l < s$ und zwar $l = 2s/3$. Die Blende wird jetzt nicht mehr ganz hell und auch nicht ganz dunkel, wir finden eine periodische Schwankung des Signalstroms um den Mittelwert grau mit geringer Amplitude. In dem gezeigten speziellen Fall $l = 2s/3$ erreicht i nur den Wert $i_0/3$. Der *Modulationsgrad* $M = i/i_0$ läßt sich aus dem Verhältnis der maximal von dem Strichraster abgedeckten Fläche $s \cdot l$ zur gesamten Fläche s^2 der Sonde berechnen. Die Differenzfläche $s^2 - s\,l$ muß man zweimal von s^2 abziehen, da sie den Maximalwert im Hellen und den Minimalwert im Dunkeln reduziert. Es ist also

$$M = \frac{s^2 - 2(s^2 - sl)}{s^2} = 2\frac{l}{s} - 1$$

$$\frac{s}{2} < l < s$$

(2.6)

Die Abhängigkeit des Modulationsgrades M von dem Verhältnis s/l, das als Maßzahl der Feinheit des Strichrasters angesehen werden kann, ist in Abb. 2.7 unten dargestellt. Das wesentliche Ergebnis ist darin zu sehen, daß mit *zunehmender Feinheit* des zu übertragenden Rasters von einer bestimmten Grenze an der *Modulationsgrad des Bildpunktlichtstromes bzw. Signals abnimmt.* Dieser Amplitudengang mit der Strichfeinheit ist also ein anderer Ausdruck und ein anderes Maß der Blendeneinflüsse. Im vorliegenden Fall der homogenen Quadratsonde beginnt der Abfall bei $l = s$. Bei $l = s/2$ wird $M = 0$, denn dann liegt die Blende unabhängig von der relativen Lage zu dem Strichraster stets zur Hälfte im hellen und dunklen Feld. In Fortführung dieser Überlegungen erkennt man leicht, daß jenseits dieser Grenze M wieder mäßig zunimmt, jedoch tritt bei dem Nulldurchgang ein Phasensprung ein, denn die Signalamplitude hat ihren Minimalwert, wenn der Mittelpunkt der Blende über einem hellen Streifen des Strichrasters liegt. Symbolisch gibt man demgemäß der Größe M negative Werte. Bis $l = s/3$ wächst der absolute Betrag von M an, fällt dann wieder ab und hat bei $l = s/4$ wieder eine Nullstelle mit Phasenwechsel usw. Der Modulationsgrad nimmt dann weiterhin pendelnd mit Nullstellen bei $l = s/2k$ (k ganz) ab. Praktisch ist für unsere Überlegungen das Gebiet $l < s/2$ ohne Bedeutung, da diese Feinheiten durch die Frequenzbandbegrenzung des nachrichtentechnischen Übertragungssystems verloren gehen.

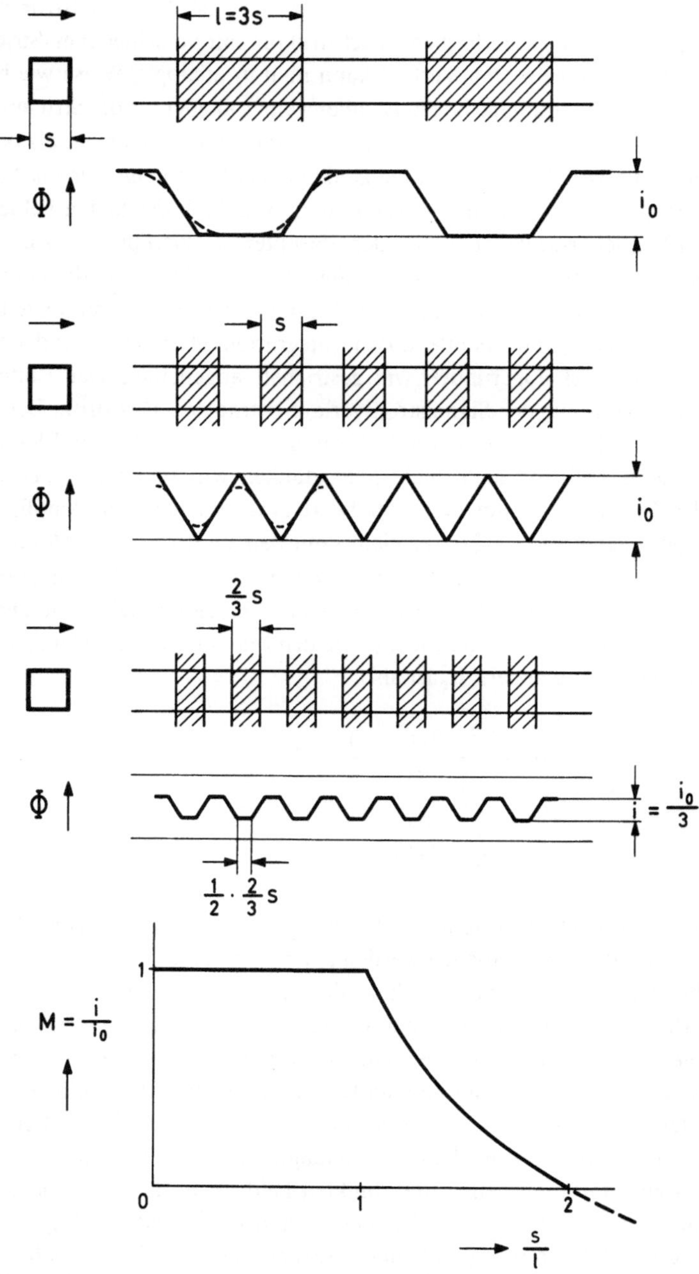

Abb. 2.7. Abbildungsfehler bei Abtastung einer vertikal liegenden periodischen Schwarz-Weiß-Strichstruktur mit einer Rechteckblende. Abnahme des Modulationsgrades im Signal bei Absinken der Strichbreite unter die Blendenweite

2.6 Einfluß anderer Blendenformen

Den Betrachtungen lag bisher die Voraussetzung von quadratischen Blenden mit gleichmäßiger Durchlässigkeit zugrunde. Das entspricht den Gegebenheiten bei mechanischen Bildzerlegereinrichtungen (z. B. quadratische Löcher in der Nipkow-Scheibe). In den modernen Geräten sind es aber Elektronensonden, die zum Abtasten und Schreiben über das Bildfeld laufen. Diese Sonden haben runde Querschnitte und eine nichthomogene Verteilung der Elektronendichte über die wirksame Fläche, von einem Maximalwert im Mittelpunkt nach den Rändern abfallend.

Die abgeleiteten Ergebnisse behalten aber grundsätzlich ihre Gültigkeit, es ändern sich lediglich die Form und Ausdehnung der Übergangsfunktionen, die in der gleichen Weise durch Integrationsprozesse berechnet werden können. Die Elektronensonden entsprechen lichtoptisch Kreisblenden mit ungleicher Transparenzverteilung. Man findet im Schrifttum ausführliche Berechnungen vieler Spezialfälle (s. z. B. [0.7] und [2.1]). Wie zu erwarten, wird durch die Kreisform und durch den Abfall der Blendenwirksamkeit zum Rande hin der Übergang steiler, wie die Beispiele Abb. 2.8 erkennen lassen.

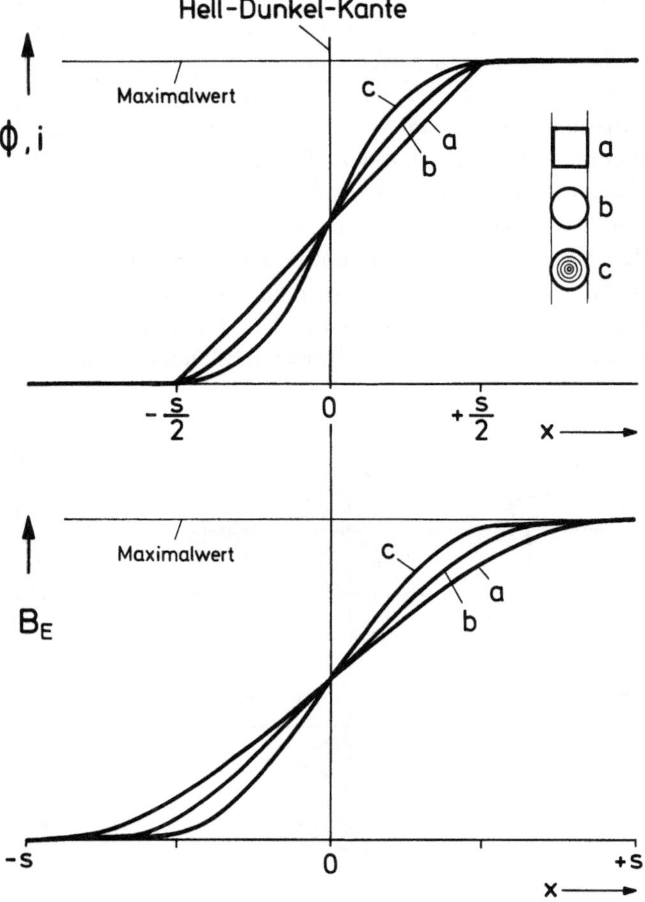

Abb. 2.8. Übergangsfunktionen im Abtast- und Schreibvorgang für verschiedene Blendenarten: a) Rechteckblende *(s)*, b) Kreisblende mit gleichmäßiger Durchlässigkeit (Wirksamkeit) über den Querschnitt, c) Kreisblende mit zum Rand hin abnehmender Durchlässigkeit ($\cos^2$-Verteilung, s. Text)

Diese Darstellungen zeigen wie Abb. 2.6 den Anstieg des Licht- und Signalstroms sowie den Leuchtdichteverlauf im Empfänger bei Abtastung und Wiedergabe einer Hell-Dunkel-Kante mit drei verschiedenen Blendenarten. Die Übergänge beziehen sich auf die Quadratblende (a) und auf Kreisblenden mit dem Durchmesser s mit homogener (b) und mit abfallender (c) Durchlässigkeit bzw. Elektronendichte, wobei für den Abfall der Sondenwirksamkeit I vom Mittelpunkt bis zum Rand hin eine $\cos^2$-Funktion angenommen wurde, d. h.

$$I = I_0 \cos^2\left(\frac{r}{s}\pi\right) \quad \text{für } 0 \leqq r < \frac{s}{2}$$

$$I = 0 \qquad\qquad \text{für} \qquad r \geqq \frac{s}{2}$$

$$(2.7)$$

mit $r =$ Entfernung von der Blendenmitte. Dies entspricht mit guter Näherung den bei den Elektronensonden gegebenen Verteilungsfunktionen nach Art der Gaußschen Fehlerkurve (Glockenkurve $\exp(-c_0 r^2)$, die mit der statistischen Verteilung der Elementarprozesse bei der Erzeugung des Elektronenstrahlbündels gegeben ist (s. Bd. 2). Abb. 2.8 läßt erkennen, daß mit den praktisch verwendeten Sondenarten die Verwaschung bei der Übertragung der scharfen Dunkelkante geringer ist, aber man muß mit der Interpretation dieses Ergebnisses für die Abschätzung der Grenzfrequenz vorsichtig sein. Der dargestellte Verlauf in Abb. 2.8 gilt nämlich nur für die Mitte der vom Schreibfleck geschriebenen Zeile, an den Zeilenrändern ist die Leuchtdichte dem auch senkrecht zur Zeilenrichtung vorhandenen Abfall der Sondendichte zufolge geringer. Im Gegensatz zu dem gleichmäßig ausgeleuchteten Bildfeld eines Rasters mit eng anschließenden Zeilen bei homogenen Quadratsonden zeigt also das Raster mit inhomogenen kreisförmigen Sonden eine Streifenstruktur. Man kann sie ausgleichen durch eine gewisse Überlappung der benachbarten Zeilen, d. h. durch Verwendung von Sonden mit größerem Durchmesser als es dem Bruchteil Bildhöhe v/Zeilenzahl Z entspricht.

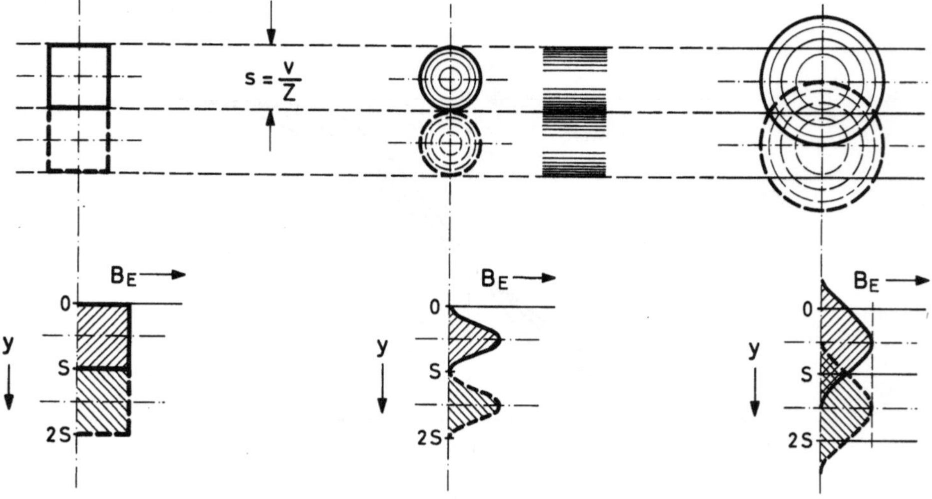

Abb. 2.9. Vertikalstruktur der Leuchtdichte B_E des Rasterfeldes im Empfangsbild bei verschiedenen Blendenarten und Größen

Abb. 2.9 gibt hierzu Erläuterungen. Links ist für lückenlos anschließende Rechteckblenden der Leuchtdichteverlauf B_E des unmodulierten Rasters über die Vertikalrichtung *(y)* aufgetragen. Bei gleichmäßiger Durchlässigkeit der Blenden ist längs jeder Zeile die maximale Leuchtdichte B_{Emax} über den ganzen Querschnitt vorhanden. Das Bildfeld hat bei guter Präzision der Zeilenlagen keine Streifenstruktur. Anders ist dies in dem in Abb. 2.9 Mitte gezeigten Fall einer kreisförmigen Schreibblende mit $\cos^2$-Verteilung nach Gl. (2.7). B_E ist sehr wellig, hat Nullstellen und zeigt eine ausgeprägte Streifenstruktur. Ein glattes Leuchtfeld mit einer solchen Sonde kann man jedoch — wie Abb. 2.9 rechts und die Photos Abb. 2.10 illustrieren — durch Vergrößerung des Grenzdurchmessers der schreibenden Sonden erreichen, in Abb. 2.9 rechts z. B. auf den doppelten Zeilenabstand. Dann allerdings wird die Wiedergabe der Kanten unschärfer. Man muß daher optimale Kompromisse zwischen Zeilenstörstruktur und Verlusten der Bildschärfe finden und gegebenenfalls mit effektiven Sondenbreiten arbeiten, die etwas größer als die Zeilenbreite sind.

Ein gleichmäßiges Bildfeld ist bei großem elektronenoptischen Aufwand möglich, wenn man einen sehr scharfen Leuchtfleck erzeugt und diesen durch eine hochfrequente vertikale Zusatzablenkung innerhalb der Zeilenbreite hin- und herbewegt. Diese in Abb. 2.11 unten illustrierte *Zeilenwobbelung* ist aber an eine hohe Präzision und Leistungsfähigkeit der Elektronenoptik gebunden und wird in der Praxis nur in teuren Spezialgeräten (z. B. für Bildaufzeichnung auf Kinofilm) verwendet, kann also nicht als Normalfall angesehen werden, auf den sich eine sinnvolle Festlegung der Normen beziehen muß.

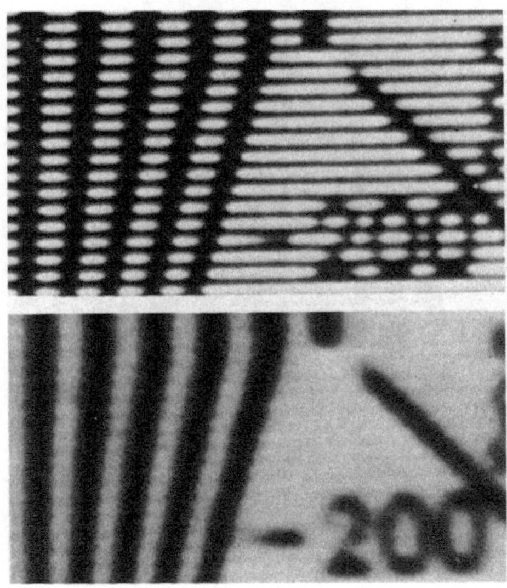

Abb. 2.10. Gleichmäßiges Leuchtfeld durch Überlappung der Zeilenspuren. Vergrößerte Ausschnitte aus Fernsehbildern mit verschiedener Schärfeeinstellung der Schreibsonde. Oben: Deutlich hervortretende Rasterstruktur bei sehr scharfer Einstellung. Unten: Gleichmäßiges Bildfeld bei etwas geringerer Schärfe durch Überlappung benachbarter Zeilen

Abb. 2.11. Gleichmäßiges Bildfeld durch „Wobbelung" eines sehr scharfen Schreibflecks im Zeilenraster. Oben: Vergrößerter Ausschnitt aus einem scharfen Zeilenraster mit Lücken zwischen den Zeilen. Unten: Ausfüllung des Bildfeldes durch vertikale Wobbelung des Schreibflecks

Eine möglichst gleichmäßige Bedeckung der Fläche ist auch auf der Abtastseite nötig, z. B. bei der Auswertung von Ladungsbildern in Fernsehkameraröhren, wo die gesamte Fläche möglichst gleichmäßig entladen werden muß. Und noch andere Gründe sprechen für eine ausreichende Größe der Sonden: Bei einer sehr scharfen Zeilenspur entstehen nämlich besonders starke „Treppeneffekte" und Interferenzfiguren, wenn eine Bildstruktur abgetastet wird, die in vertikaler Richtung etwa die gleiche Periodizität wie das Zeilenraster enthält. Abb. 2.12 zeigt in einem vergrößerten Ausschnitt aus

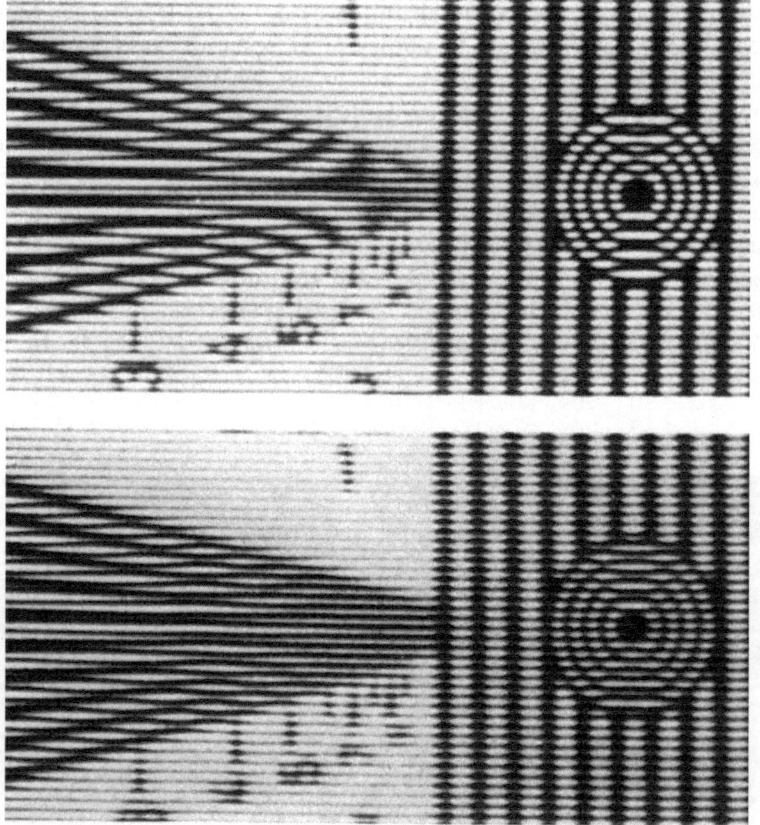

Abb. 2.12. Moiré-Störungen bei der Fernsehübertragung mit Parallelzeilenraster. Interferenzen des Rasters mit der Bildstruktur. Oben: Deutliches Hervortreten der Störungen bei sehr feiner Abtastsonde (sehr scharfe Einstellung der Fokussierung). Unten: Wesentliche Verringerung der Interferenz-Störungen bei etwas breiterer Abtastsonde (weniger scharfe Einstellung)

der Aufnahme einer Fernsehübertragung den Unterschied der Stärke dieser störenden Interferenzen bei verschiedener Sondenschärfe. Das Bild oben wurde mit sehr scharf eingestellter Sonde abgetastet und zeigt ausgeprägte Interferenzfiguren bei der Übertragung des horizontal liegenden Keilrasters. Eine geringe Verbreiterung des Abtastflecks reduziert die Störerscheinungen beachtlich (Abb. 2.12 unten).

2.7 Definition der „optischen" Übergangszeit τ_{opt}

Die bisher dargelegten Analysen kann man folgendermaßen zusammenfassen: Nimmt man die in der Praxis beim elektronischen Fernsehen gegebenen Sonden mit etwa glockenförmiger Dichteverteilung sowie eine geringe Überlappung benachbarter Zeilen

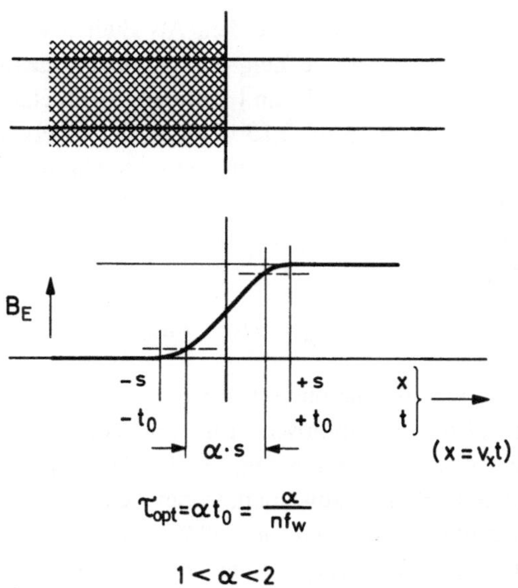

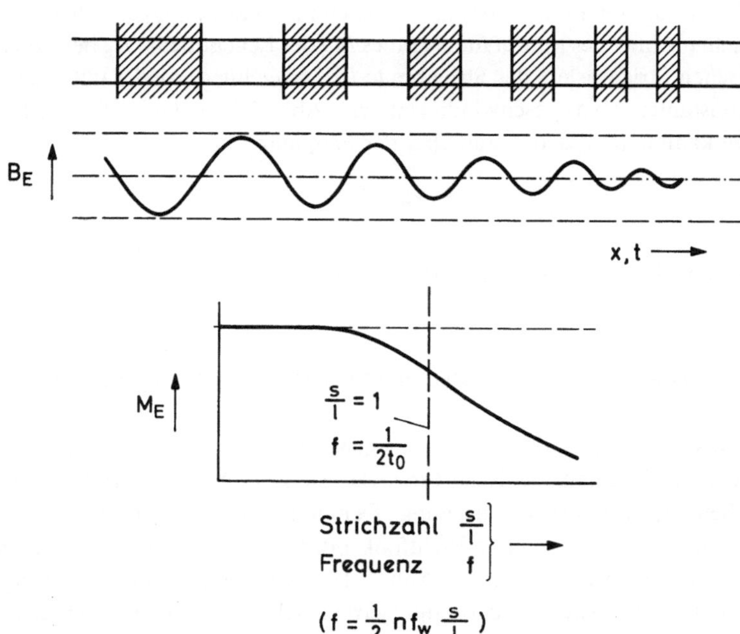

Abb. 2.13. Darstellung der im elektro-optischen Umwandlungsprozeß als Folge der endlichen Sondengrößen gegebenen Auflösungsfehler im Orts- und Zeitmaßstab. Definition der „optischen Einschwingzeit" τ_{opt}

an und berücksichtigt man außerdem, daß noch Streu- und Nachbarschaftseffekte, optische und elektronenoptische Bildfehler den Wirkungsbereich des einzelnen Bildpunktes vergrößern, so muß man bei der Übertragung einer scharfen Kante mit einer *Abschleifung* in der Wiedergabe rechnen, deren *Übergangsbereich* etwa zwischen der *einfachen und doppelten Sondenweite* liegt (s. Abb. 2.13). Für den Übergangsbereich kann man also αs ansetzen mit $1 < \alpha < 2$.

Um zur Abschätzung der Grenzfrequenz zu kommen, muß nun der abgeflachte Übergangsbereich im Zeitmaß ausgedrückt werden. Als Einheit wählt man hierbei zweckmäßig die Zeit $t_0 = 1/nf_w$, d. h. die Zeit, die bei einem linearen Abtastvorgang zur Übertragung eines aus dem Zeilenabstand definierten Bildelementes von der Fläche $(v/Z)^2$ zur Verfügung steht. In Abb. 2.13 oben ist der Übergang von der Ortskoordinate zur Zeitkoordinate über den linearen Zusammenhang $x = v_x \cdot t$, für den Fall der zeitlinearen Abtastung mit der Geschwindigkeit $s/t_0 = s \cdot n \cdot f_w$ skizziert. Die mit der endlichen Sondendimension gegebenen Verschleifungen kann man somit als *„optische" Übergangszeit*

$$\tau_{opt} = \alpha t_0 = \alpha/nf_w \qquad (2.8)$$

kennzeichnen, die ein Maß für die obere Grenze der zeitlichen Änderungen im Signal setzt. Im Hinblick auf das asymptotische Ein- und Auslaufen des Signals vom Anfangs- auf den Endwert ist es zweckmäßig, für die Zeit τ_{opt} den Übergang von einem unteren auf einen oberen Wert auszuwählen, wobei die Bezugswerte dicht an den Grenzen liegen, allgemein üblich sind 10 % und 90 % des Maximalwertes. Dadurch bleibt vermieden, daß die relativ unwichtigen längeren Vorgänge des Ein- und Auslaufens zu den Grenzwerten maßgebenden Einfluß gewinnen; der Übergang wird auf den wesentlichen, steilen Teil des Übergangs bezogen.

In analoger Weise kann man mit Abb. 2.7 die begrenzte Zeichnungsschärfe durch den charakteristischen Abfall des Modulationsgrades M_E der Leuchtdichte B_E bei Abtastung eines periodischen Strichrasters der Strichbreite l kennzeichnen, wieder unter der Voraussetzung konstanter Abtastgeschwindigkeit (vgl. Abb. 2.13 unten). Übersetzt in die Zeitdimension kann man diesen Abfall über der Frequenz

$$f = \tfrac{1}{2}nf_w\,\frac{s}{l} \qquad (2.9)$$

auftragen mit dem charakteristischen Wert $1/2\,t_0$ für $s/l = 1$.

2.8 Einschwingzeit $\tau_{ü}$ des nachrichtentechnischen Übertragungssystems

Zwischen Abtastung und Bildwiedergabe liegen nun bei einer Fernsehübertragung viele elektrische, nachrichtentechnische Prozesse, wie z. B. Signalverstärkungen, Modulation im Sender, drahtlose Übertragung, Demodulation im Empfänger, Übertragung vom Studio zum Sender über Richtfunk oder Kabelstrecken usw. Diesen gesamten nachrichtentechnischen Teil Ü (Abb. 2.14) der Übertragungskette muß man so auslegen, daß eine ausreichend originalgetreue Übermittlung des Signalverlaufs zustande kommt. Seine Übertragungseigenschaften kann man in gewohnter Weise durch Amplituden- und Phasengang der Übertragungseigenschaften mit der Frequenz

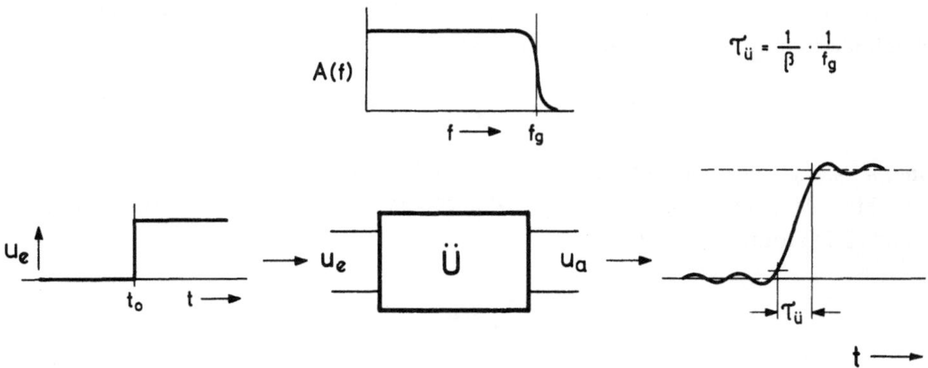

Abb. 2.14. Typischer Fehler elektrischer Übertragungssysteme mit begrenzter Frequenzdurchlässigkeit (f_g). Endliche Einschwingzeit $\tau_{ü}$ (reziprok zu f_g) bei Übertragung eines Sprungsignals

kennzeichnen, bzw. durch das Frequenzband (0 bis f_g), innerhalb dessen die Übertragung einwandfrei ist, oder durch das Einschwingverhalten $\tau_{ü}$ bei Anlegen eines Sprungsignals u_e zur Zeit t_0 von dem Amplitudenwert 0 auf die normierte maximale Aussteuerung 1, d. h.

$$u_e = \begin{cases} 0 & \text{für } t \leq t_0 \\ 1 & \text{für } t > t_0 \end{cases}$$

Wie in Abb. 2.14 angedeutet, gibt das Übertragungssystem dieses Sprungsignal am Ausgang mit einem durch die Einschwingzeit $\tau_{ü}$ gekennzeichneten abgeflachten Anstieg wieder. Dem mit einer Verzögerung ankommenden Signal sind meist noch mehr oder weniger starke, an- und abklingende Oszillationen überlagert (Überschwingen). Die Form der Übertragungsfehler im einzelnen hängt von Details der Systemeigenschaften ab.

Die *Einschwingzeit* $\tau_{ü}$ steht nach fundamentalen Grundgesetzen der elektrischen Nachrichtentechnik in *reziproker* Beziehung zur *Frequenzbandbreite* f_g des Übertragungssystems, deren Ermittlung Ziel der Rechnung ist. Man kann ansetzen

$$\tau_{ü} = \frac{1}{\beta} \cdot \frac{1}{f_g} \tag{2.10}$$

wobei β eine Systemkonstante ist, deren Wert in der Praxis bei relativ steil begrenztem Durchlaßbereich des Systems dem theoretischen Grenzwert $\beta = 2$ nahekommt.

Der letzte Schritt zur sinnvollen Definition der oberen Frequenzbandgrenze f_g in Abhängigkeit der Abtastdaten liegt nun in einer Verknüpfung der Einschwingzeit $\tau_{ü}$ des Übertragungssystems mit der als optische Übergangszeit τ_{opt} definierten Unschärfe des Abtastvorgangs mit endlich breiten Sonden.

2.9 Verbindung der Übergangszeiten τ_{opt} und $\tau_{ü}$, Übergang zur Grenzfrequenz f_g

Die im Abtastvorgang gegebenen Unschärfen sind das Maß für die Größenordnung der Einschwingzeit $\tau_{ü}$, die man mindestens braucht, um die Auflösung im Bild nicht merklich zu verschlechtern. $\tau_{\text{ü}}$ sollte kleiner oder höchstens gleich τ_{opt} sein. Die Relation wird durch die *Verbindungskonstante* η festgelegt:

$$\tau_{\text{ü}} = \eta \tau_{\text{opt}} \tag{2.11}$$

Je kleiner η ist, um so geringer sind die zusätzlichen Signalverrundungen.

Die gesuchten Abhängigkeiten der Frequenzbandbreite f_{g} kann man nun aus (2.8), (2.10) und (2.11) formulieren zu

$$f_{\text{g}} = \frac{1}{\alpha\beta\eta}\, n f_{\text{w}} \tag{2.12}$$

Mit den in Abb. 2.1 erklärten Kenngrößen des Rasters und mit der Abkürzung $p = \alpha \cdot \beta \cdot \eta$ erhält man damit schließlich

$$f_{\text{g}} = \frac{1}{p}\, n f_{\text{w}} = \frac{1}{p}\, Z^2 \frac{h}{v} f_{\text{w}} \tag{2.13}$$

2.10 Diskussion der Ergebnisse

Zur Berechnung von f_{g} muß man zunächst den Zahlenwert für das Koeffizientenprodukt $p = \alpha\beta\eta$ festlegen. α kennzeichnet dabei die optische Auflösung im Abtast- und Schreibvorgang, β das Auflösungsvermögen des nachrichtentechnischen Übertragungsteils, η ist die Verbindungskonstante.

In den vorhergehenden Abschnitten wurden die verschiedenen Einflüsse auf die Größe von p erläutert und man kann danach für die praktischen Gegebenheiten den Wert $\alpha \approx 1{,}5$ ansetzen. Mit $\beta \approx 2$ wird dann $\alpha\beta \approx 3$. Es bleibt nun die Wahl der Verbindungskonstante η. Sie hängt von dem zulässigen Grad des Schärfeverlustes in Zeilen- (Horizontal-) Richtung ab, den das Übertragungssystem verursacht.

Geht man von der allgemein bestätigten Erfahrung aus, daß der Schärfeeindruck in den beiden Vorzugsrichtungen des Fernsehbildes (horizontal und vertikal) etwa gleich sein sollte, so muß man in erster Reaktion einen relativ kleinen Wert für η fordern. Die Auflösungsbegrenzung durch die endlichen Dimensionen der Abtastsonden ist ja nach Abb. 2.2 in vertikaler Richtung im statistischen Mittel etwa gleich der mit η festgelegten Horizontalauflösung. Dies sollte also nicht weiter verschlechtert werden, um die Gleichheit zu erhalten.

Bei der Abschätzung der zusätzlichen Fehler des Übertragungssystems spielt die Gesetzmäßigkeit der Addition von Einschwingzeiten bei der Hintereinanderschaltung von Übertragungssystemen eine Rolle. Je nach Eigenart der Systeme ist das Ergebnis verschieden. Bei Zusammenschaltung von Systemen mit scharfer Bandbreitebegrenzung (rechteckförmige Amplituden-Frequenz-Charakteristik mit ausreichender Phasenentzerrung) wächst die Einschwingzeit bei Hintereinanderschaltung mehrerer Systeme praktisch nicht, bei Systemen mit allmählich abfallenden Amplitudenübertragungsfaktoren (bzw. s-förmigen Einschwingvorgängen ohne nennenswertes Überschwingen) hingegen ist die Zunahme merklich. Für den speziellen Fall eines Minimum-Phasen-Systems mit einem Amplitudenfrequenzgang der Form $c_{\text{o}} \cdot \exp(-a_{\text{o}}\omega^2)$ gilt das quadratische Additionsgesetz, d. h. bei Hintereinanderschaltung solcher Systeme ist die resultierende Einschwingzeit τ_{ges}

$$\tau_{\text{ges}} = \sqrt{\tau_1^2 + \tau_2^2 + \tau_3^2 \ldots}$$

Bei Hintereinanderschaltung von zwei gleichen Systemen dieser Art mit Einschwingzeiten $\tau_1 = \tau_2$ erhöht sich demnach die Gesamteinschwingzeit auf

$$\tau_{\text{ges}} = \sqrt{2}\,\tau_1$$

Ist $\tau_2 = \tau_1/2$, so beträgt die Erhöhung nur noch etwa 10 %, denn $\tau_{\text{ges}} = \sqrt{5/4}\,\tau_1$; selbst für $\tau_2 = 2\tau_1/3$ bleibt die Erhöhung klein, d. h. auf etwa 20 % beschränkt. Das Blenden-(Sonden-) System der Fernsehabtastung und Wiedergabe entspricht etwa einem solchen Übertragungssystem. Die übrige elektrische Übertragung ist andererseits ein System mit scharfer Bandbegrenzung und gleichmäßiger Übertragung bis zur Grenzfrequenz. Das Additionsgesetz ist damit etwas vorteilhafter. Es bleibt dann schon bei $\eta = 2/3$ die zusätzliche Verbreiterung der im Bildzerlegungs- und Aufbauvorgang bedingten Verwaschung auf etwa 10 % beschränkt. Mit $\eta = 2/3$ wird $p \approx 2$ und man findet für die Grenzfrequenz

$$f_{\text{g}} = \tfrac{1}{2}nf_{\text{w}} = \tfrac{1}{2}Z^2\,\frac{h}{v}\,f_{\text{w}} \tag{2.14}$$

Diese Grenzfrequenz entspricht der Grundschwingungszahl bei Abtastung eines Schachbrettmusters, dessen Elementarfelder der Größe der nach Abb. 2.1 aus dem Zeilenraster definierten Bildelemente entsprechen. Daher wird (2.14) oft als „Schachbrettfrequenz" bezeichnet.

Um eine Vorstellung zu gewinnen, welche Frequenzbandbreiten bzw. Grenzfrequenzen eine Fernsehübertragung braucht, sei kurz eine Überschlagsrechnung eingeschoben. Für die Übertragung von $Z = 600$ Zeilen bei $f_{\text{w}} = 25$ Bildwechseln/s und einem Format $h/v = 4/3$ findet man nach Gl. (2.14) $f_{\text{g}} \approx 6$ MHz, d. h. mit der Größenordnung mehrerer MHz muß man also rechnen. Das ist viel und mahnt zu gut überlegten Kompromissen bei der Normung, damit der Aufwand in erträglichen Grenzen bleibt, insbesondere im Hinblick auf die drahtlose (Rundfunk-)Übertragung.

2.11 Diskussion der Vertikalauflösung, Einfluß auf die Wahl von p

Mit der Tendenz zur Frequenzbandökonomie soll jetzt das Problem der Abschätzung des Faktors p in Gl. (2.13) weiter diskutiert werden. In den Normen praktisch verwendeter Fernsehsysteme findet man in der Tat meist geringere Bandbreiten als nach Gl. (2.14) berechnet. Sie entsprechen etwa der Wahl von $p = 2,5 - 3$. Rechtfertigen kann man diese Reduktionen aus weiteren Überlegungen zur Vertikalauflösung, die aufgrund der Eigenart des Parallelzeilenrasters durch verschiedene Effekte gestört und vermindert wird. Da man die Auflösung in beiden Richtungen (horizontal und vertikal) etwa gleich groß halten möchte, kann die geringere effektive Vertikalauflösung auch zu gewissen Zugeständnissen in der Horizontalauflösung führen, d. h. der Verbindungsfaktor η darf etwas größer sein.

Für die Verluste in der Vertikalauflösung gibt es verschiedene Gründe. So ist die Übertragung feiner Details von der Größenordnung einer Zeilenbreite bereits unsicher,
weil bei gewissen Spurlagen der Abtastsonde zur Bildstruktur die Wiedergabe ausfallen kann. Abb. 2.15 zeigt hierzu ein charakteristisches Beispiel für den Fall der
Quadratblende mit gleichmäßiger Durchlässigkeit. Bildvorlage ist eine horizontal
liegende Streifenstruktur im Zeilenabstand mit abwechselnd hellen und schwarzen
Streifen. Je nach Phasenlage des Abtastrasters zu dieser Struktur gleicher Periodizität
ist die Wiedergabe verschieden. Sie kann vollkommen sein (Abb. 2.15 rechts oben)
oder ganz ausfallen (Abb. 2.15 rechts unten), wenn die Abtastsondenmitte genau über

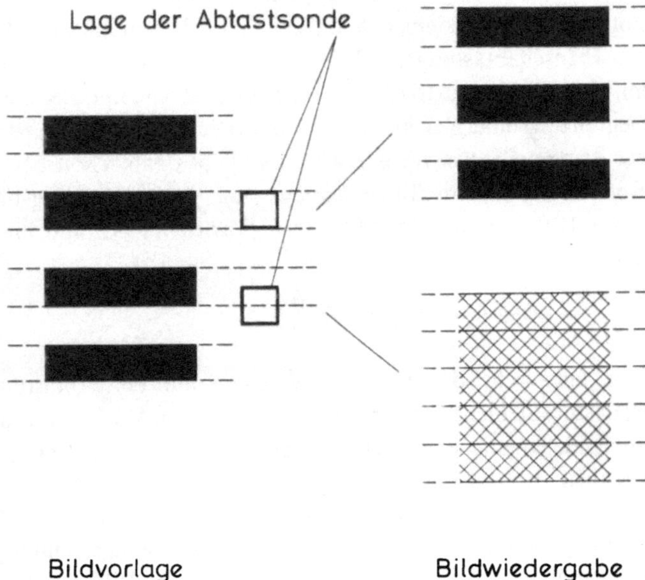

Abb. 2.15. Unsicherheit in der Übertragung einer horizontal liegenden Schwarz-Weiß-Strichstruktur von
Zeilenbreite je nach der Spurlage der Abtastsonde zur Bildstruktur

die Trennkante zwischen hellem und dunklem Streifen läuft; jede Zeile wird dann im
Wiedergaberaster gleichmäßig grau erscheinen. In horizontaler Richtung ist das anders. Bei Abtastung einer periodischen, vertikal liegenden Feinstruktur von Zeilenbreite entsteht immer ein Signal. Insofern besteht ein wesentlicher Unterschied der
Auflösungsbegrenzung durch die endliche Sondenfläche in den beiden Richtungen. Zu
der Unsicherheit der Übertragung durch ungünstige Relationen der Spurlage zum
Bildinhalt kommen noch Treppeneffekte und Moiré-Störungen, wenn die Bildstruktur
zum Zeilenraster etwas geneigt ist bzw. in der Periodizität etwas von der Zeilenstruktur abweicht. Alles zusammen kann man als verringerte Vertikalauflösung werten. Die
Störungen sind in der Praxis durch die Eigenarten des Zeilensprungverfahrens (s. 3.2.2)
noch größer, da bei einer bestimmten Geschwindigkeit von Vertikalbewegungen im
Bildinhalt nur die halbe Zeilenzahl sichtbar ist und diese grobe Struktur deutlich stört.
Ganz allgemein empfindet man die Linienstruktur des Zeilenrasters ohnehin als störende Fremdkomponente, die man unbewußt durch einen größeren Betrachtungsabstand vom Bild zu verringern sucht, was einem Verlust an Auflösung gleichkommt

und eine geringere Auflösung des Signalübertragungssystems rechtfertigt, also größere Werte von p.

Größere Werte für p wurden auch mit sinnvollen Experimenten ermittelt. Legt man z. B. ein konstantes Frequenzband (0 bis f_g), d. h. eine vorgegebene Zeitauflösung ($\tau_{ü}$) des Übertragungssystems zugrunde, variiert dann die Zeilenzahl Z und fragt den Zuschauer, welche Zeilenzahl Z er bevorzugt, so findet man in der Regel größere Werte als es der Beziehung Gl. (2.14) entspricht, d. h. die Mehrheit der Betrachter nimmt offenbar Anstoß an der Zeilenstruktur und bevorzugt auf Kosten der — durch die Bandbreite jeweils determinierten Horizontal-Auflösung — ein zeilenfreieres Bild. Ein solcher Befund führt zur Wahl größerer Werte für p bzw. η. Der Anstoß an der Linienstruktur des Fernsehbildes hat zu Vorschlägen geführt, das Fernsehbild durch optische oder elektronenoptische Elongation des Schreiblichtflecks in vertikaler Richtung zeilenfrei zu machen. Das reduziert praktisch immer die Grenzauflösung in vertikaler Richtung und ein entsprechender Nachlaß in horizontaler Richtung ist sinnvoll, um die Auflösung in beiden Richtungen wieder etwa gleich zu halten.

Wie man sieht, es sprechen viele Gesichtspunkte für einen größeren Wert von p, d. h. eine geringere Bandbreite als es der nominellen Bildpunktzahl (Schachbrettfrequenz Gl. (2.14)) entspricht. — Die zusätzliche Reduktion der Horizontalauflösung (Bandbreite) nennt man oft „Kell"-Faktor, denn R. D. Kell hat sich mit seinen Mitarbeitern in der ersten Zeit der technisch-wissenschaftlichen Analyse des Fernseh-Bildzerlegungsvorgangs eingehend mit diesen Problemen beschäftigt [2.2].

In der für den Fernsehrundfunk in der Bundesrepublik Deutschland übernommenen Norm findet man den Wert $p = 3$, d. h. $\eta \approx 1$ bei $\alpha\beta \approx 3$. Für die Grenzfrequenz gilt dann:

$$f_g = \tfrac{1}{3} Z^2 \frac{h}{v} f_w \tag{2.15}$$

2.12 Berücksichtigung der „Rücklaufzeiten" im Abtastraster, Endformel für f_g

Gl. (2.13) muß noch um einen Korrekturfaktor erweitert werden, der sich auf die Technik des Abtastvorgangs bezieht. Bisher wurde stillschweigend vorausgesetzt, daß die Zeit lückenlos für den Abtast- bzw. Schreibvorgang genutzt wird. Das ist in der Praxis aber nicht der Fall, denn das Rücklaufen der Abtastsonde vom Ende einer Zeile zum Anfang der nächsten und nach der letzten Zeile von unten auf die erste Zeile nach oben, erfolgt nicht in unendlich kurzer Zeit, weil die Schaltvorgänge in den zur Ablenkung der Elektronensonden eingesetzten „Kippgeräten" gewisse Zeiten in Anspruch nehmen. Die „Rücklaufzeiten" betragen fast ein Fünftel der Abtastperiode in Zeilenrichtung und etwa ein Zwölftel der Vertikalperiode, sind also nicht zu vernachlässigen. Man kann die Zeitverluste im Flächenschema Abb. 2.16 darstellen. Ohne Rücklaufzeiten wäre die Rasterfläche $h'v'$ groß mit Z Zeilen. In Wirklichkeit aber ist bei endlichen Rücklaufzeiten das reale Raster nur $h \cdot v$ groß mit der reduzierten Zeilenzahl $Z_S < Z$. Die Rücklaufzeiten sind mit t_{rh} bzw. t_{rv} gekennzeichnet. Den prozentualen Zeitausfall erhält man durch Bezug auf die Horizontalperiodendauer H bzw. Vertikalperiodendauer V.

Der Zeitverlust wirkt sich zwangsläufig auf die Höhe der Grenzfrequenz f_g aus und zwar in zweifacher Weise:

1. Der Verlust in Zeilenrichtung bedingt, daß die Geschwindigkeit der Abtastung in der hierfür verbleibenden Zeit entsprechend erhöht werden muß, wodurch die von dem elektrischen Teil der Übertragung herrührenden Einschwingvorgänge im entsprechenden Verhältnis gedehnt erscheinen. Zur Berücksichtigung dieses Zeitverlustes muß im Nenner der Gl. (2.13) der Korrekturfaktor

$$(1 - t_{ah}/H)$$

eingefügt werden.

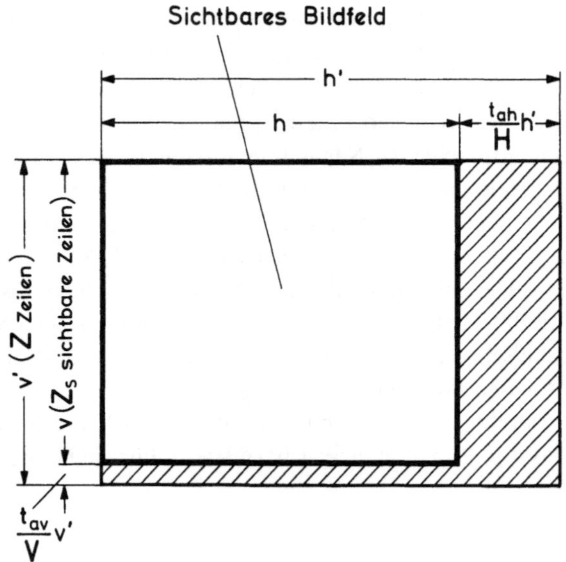

Abb. 2.16. Darstellung der Verluste im Zeilenraster infolge der endlichen Rücklaufzeiten. An Stelle der „idealen" Rasterfläche $h'v'$ bei unendlich kurzen Rückläufen ist nur das reale Raster $h \cdot v$ mit $Z_s < Z$ Zeilen wirksam. Die Rücklaufverluste kann man durch Bezug der Rücklaufzeiten t_{rh} und t_{rv} auf die Horizontal- bzw. Vertikalperiodendauern H und V erfassen

2. Andererseits fallen einige Zeilen in die vertikale Rücklaufzeit, so daß die effektive Zeilenzahl kleiner als die nominelle ist. Dementsprechend ist die Vertikalauflösung geringer und eine gleiche Reduktion kann man — dem Prinzip gleicher Auflösung in beiden Richtungen folgend — auch in horizontaler Richtung zulassen. Der entsprechende Reduktionsfaktor im Zähler der Gl. (2.13) ist

$$(1 - t_{av}/V)$$

Zusammengenommen kann man die beiden Auswirkungen der endlichen Rücklaufzeiten mit dem Korrekturfaktor

$$R_{ü} = \frac{1 - t_{av}/V}{1 - t_{ah}/H} \tag{2.16}$$

erfassen, dessen Wert bei $t_{ah} = 18\% \, H$ und $t_{av} \doteq 8\% \, V$ etwa 1,15 beträgt. Damit lautet schließlich die Formel zur Berechnung der Grenzfrequenz

$$f_g = \frac{1}{p} R_{ü} Z^2 \frac{h}{v} f_w \tag{2.17}$$

Wir kommen nun zur Diskussion der verschiedenen Abhängigkeiten der Grenzfrequenz von den einzelnen Faktoren. $R_ü$ und p sind erklärte Größen, wobei in der Praxis etwa $p = 2{,}5$ bis 3 und $R_ü = 1{,}12$ bis $1{,}15$ zu finden ist; das Format h/v beträgt durchweg $4:3$. Zu wählende Größen sind damit noch Z und f_w. Es wurde bereits erwähnt, daß f_g bei der Abtastung mit einem Raster von mehreren Hundert Zeilen auf die Größenordnung mehrerer MHz kommt. Bei der Normung des Systems wird man also bestrebt sein, die Frequenzbandbreite möglichst klein zu halten. Wie aus Gl. (2.17) zu erkennen, nimmt f_g quadratisch mit Z und linear mit f_w zu. Im folgenden Abschnitt soll nun untersucht werden, welche Mindestwerte für diese maßgebenden Kenngrößen des Abtastvorgangs ausreichen.

3 Gesichtspunkte zur optimalen Wahl der Zeilenzahl Z und der Bildfolgefrequenz f_w · Normen

3.1 Zeilenzahl Z

Die Frage nach der Mindestzeilenzahl hängt eng mit der Wahl des optimalen Abstands bei der Betrachtung des Bildes zusammen. Je nach Verwendung der Fernsehübertragung wird man fordern, daß die Linienstruktur des Rasters bis zu einer bestimmten, auf die Bildgröße bezogenen Entfernung unsichtbar bleibt. Eine maßgebende Rolle spielt also die *Grenze der Sehschärfe unserer Augen.* Mit Hilfe der Skizze Abb. 3.1

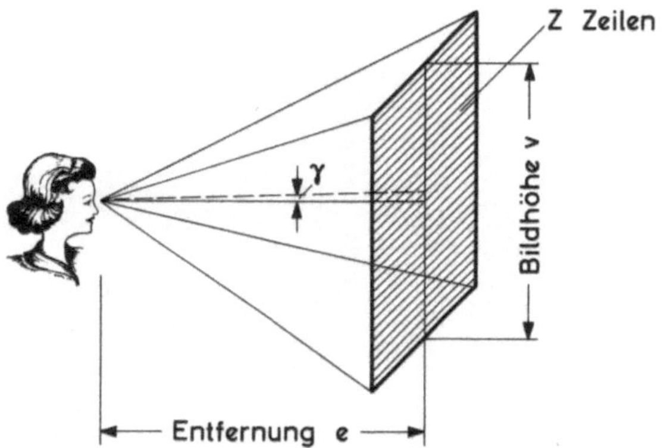

Abb. 3.1. Zur Geometrie der Betrachtung eines Fernsehbildes

lassen sich die Zusammenhänge feststellen. In der Entfernung e vom Bild sieht man die Zeilenbreite v/Z unter dem Winkel

$$\tan \gamma = \frac{v/Z}{e}$$

Da γ sehr klein ist, kann man für den Tangens den Winkel selbst setzen und erhält:

$$Z = \frac{v}{e} \cdot \frac{1}{\gamma} \tag{3.1}$$

Bei dem optimalen Betrachtungsverhältnis e/v soll die Zeilenstruktur gerade verschwinden, d. h. γ soll den Grenzwinkel γ_0 der Sehschärfe erreichen. γ_0 ist keine eindeutige Konstante, denn die Sehschärfe hängt von verschiedenen Randbedingungen ab. Man kann aber für die Gegebenheiten bei der Betrachtung von Fernsehbildern als Richtwert etwa $\gamma_0 \approx 1{,}5'$ bzw. $\gamma_0 \approx 4 \cdot 10^{-4}$ rad ansetzen und erhält

$$Z = \frac{v}{e} \cdot 2500 \tag{3.2}$$

Abb. 3.2 zeigt den Zusammenhang zwischen Z und e/v nach Gl. (3.1) für den Grenzwinkel $4 \cdot 10^{-4}$ rad, d.h. etwa 1,5 Winkelminuten.

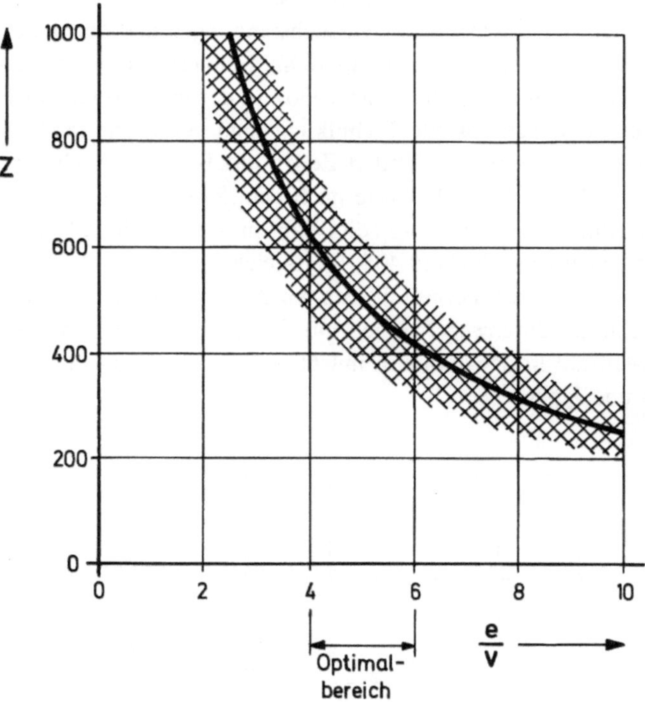

Abb. 3.2. Zusammenhang zwischen Zeilenzahl Z und Betrachtungsabstand e (auf Bildhöhe v bezogen). Maßgebend ist etwa das schraffierte Gebiet um die Linie für den Grenzwinkel der Sehschärfe, hier angenommen zu $\gamma_o = 4 \cdot 10^{-4}$ rad

Maßgebend für die Wahl der Zeilenzahl ist also die auf die Bildhöhe v bezogene Entfernung e, aus der man sich das Bild mit Vorzug betrachten möchte. Hierfür gibt es einen Optimalbereich. Man kann dies leicht bei der Betrachtung eines Photos oder eines aufprojizierten Lichtbildes (Kinobild) nachprüfen. Es ist weder angenehm, das Bild ganz nah vor den Augen zu haben, noch ist ein zu großer Abstand günstig. Bei zu naher Betrachtung stört, daß man den Inhalt (insbesondere bei raschem Wechsel des Bildinhalts) nicht in seiner Ganzheit erfassen kann. Ein zu großer Abstand wirkt andererseits unbefriedigend, weil nicht genügend Details erkannt werden können und die Umgebung der Bildfläche ablenkt.

Man findet bei Variation des relativen Betrachtungsabstandes sehr bald einen Optimalbereich um den Wert $e:v \approx 5:1$. Dementsprechend reichen nach Gl. (3.2) Zeilenzahlen von etwa $Z = 500$ aus. Das wird in der Praxis gut bestätigt, insbesondere für den Fall der Abtastung in stetig fortschreitender Folge der Zeilen im Raster. Bei dem heute allgemein eingeführten „Zeilensprungverfahren" (s. Abschn. 3.2.2) liegen die optimalen Zeilenzahlen höher, weil unter gewissen Umständen die halbe Zeilenstruktur und bei schrägen Kanten ausgeprägte Treppeneffekte merkbar werden. Da diese Störeffekte allerdings nicht immer auftreten, genügt eine bedingte Berücksichtigung. So sind etwas höhere Zeilenzahlen, d. h. ungefähr 600 in der Gesamtwertung etwa optimal.

Es ist interessant festzustellen, wie die Zeilenzahlen im Laufe der Entwicklung rasch auf Werte der angegebenen Größenordnung erhöht wurden und dann etwa auf diesen Werten stehen blieben. Der Gang dieser Entwicklung ist in Abb. 3.3 dargestellt. Das Diagramm gibt die Zeilenzahlen der früheren Versuchssendungen und der späteren regelmäßigen Sendebetriebe in verschiedenen Ländern an. Man erkennt den steilen Anstieg in der stürmischen Entwicklungszeit (etwa ab 1930), in der im Übergang auf die elektronischen Hilfsmittel eine betriebsreife Technik entstand. Sie führte rasch zu den als optimal erkannten Zahlen mehrerer Hundert Zeilen pro Bildfeld. Auch bei der Wiederbelebung der öffentlichen Fernsehdienste nach dem Zweiten Weltkrieg blieb man bei dieser Größenordnung; allerdings war die Wahl in den einzelnen Ländern Europas zunächst nicht einheitlich (England 405, Frankreich 819, andere Länder 625). Im weiteren Ausbau der Rundfunk-Fernsehdienste wurden aber beim Übergang auf das Farbfernsehen in Europa durchweg Normen mit 625 Zeilen eingeführt. Eine andere weitverbreitete Zeilenzahl in den Ländern mit 60 Hz Vertikalfrequenz ist 525 (z. B. eingeführt in USA und Japan).

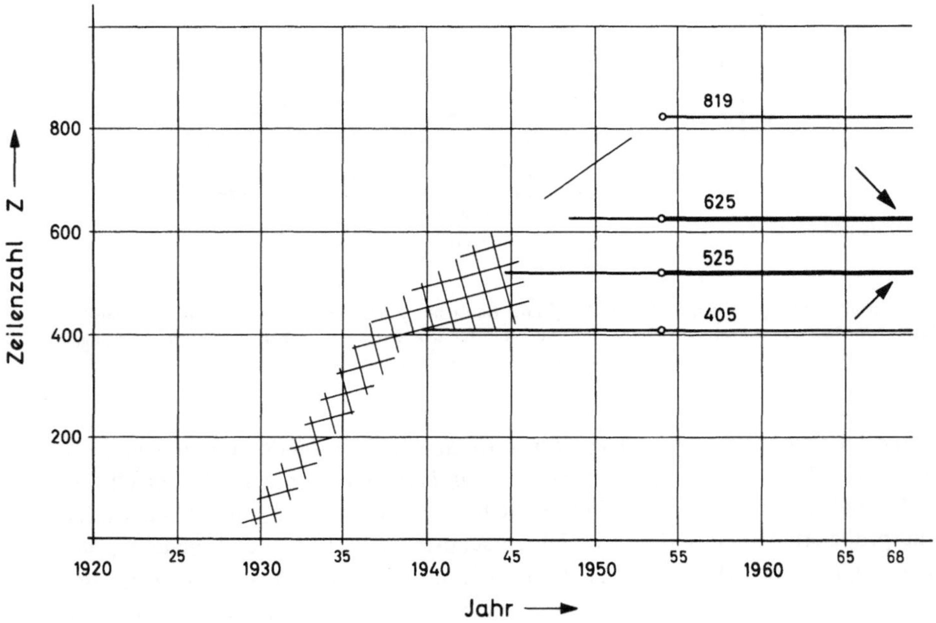

Abb. 3.3. Zeilenzahlen Z im Laufe der Entwicklung des Fernsehrundfunks

Zeilenzahlen von 500 bis 600 sind auch aus anderen Gründen für die normale Anwendung des Fernsehens (d. h. für die kontinuierliche Übertragung mit erträglichem Beleuchtungsaufwand) optimal; die wissenschaftlich quantitative Durchdringung der Probleme hat das in den letzten Jahren bestätigt. So findet man, daß die Leistungsfähigkeit der gewöhnlichen optisch-elektronen-optischen Hilfsmittel für die mit diesen Zeilenzahlen erreichbaren Auflösungen gerade gut ausreicht. Weiterhin sind grundsätzlich durch den physikalischen Vorgang der Übertragung Begrenzungen vorhanden, z. B. in bezug auf die Auflösung (Nachbarschaftseffekte) und auf den Störabstand, der mit den statistischen Schwankungen der Ladungen und Ströme im primären Umwandlungsprozeß gegeben ist. Eine weitere Erhöhung der Zeilenzahl bringt daher — abgesehen von der geringeren Sichtbarkeit der Linienstruktur — in der normalem Routinetechnik wenig Vorteile für die Bildgüte. Andererseits sind natürlich in Spezialfällen, z. B. bei niedrigerer Bildfolgefrequenz, bei großen Lichtströmen und mit höherem Aufwand in der Elektronenoptik andere Normen mit höheren Zeilenzahlen durchaus möglich.

Um eine Vorstellung über die mit den verschiedenen Zeilenzahlen erreichbare Bildgüte zu vermitteln, sind in Abb. 3.4 Photos einer Fernsehübertragung mit vier verschiedenen, für die Entwicklungsstufen charakteristischen Zeilenzahlen von 30, 60, 180 und 625 wiedergegeben.

Trotz optimaler Zeilenzahl hat das Linienraster grundsätzlich eine Störstruktur, die bei gewissen Mustern und geometrisch regelmäßigen Konfigurationen in der Bildvorlage störende Interferenzen verursachen kann und zwar dann, wenn die in vertikaler Richtung gemessene Periode der Bildstrukturen in der Größenordnung der Zeilenabstände liegt. Abb. 3.5 zeigt in vergrößerten Ausschnitten solche Effekte für drei charakteristische Muster in den Bildvorlagen (schräg zur Zeilenrichtung liegendes Streifenmuster, Kreisringe und Stern). Links sind die Vorlagen, und jeweils rechts die Fernsehbilder mit den störenden groben Interferenzmustern dargestellt (vgl. hierzu auch Abb. 2.12). Die Entstehung der Interferenzfiguren ist verständlich, man sieht ja die Bilder sozusagen durch ein Streifengitter und bekommt Störmuster, die auch rein optisch bei Überlagerung zweier Strukturen mit etwa gleichen Periodizitäten auftreten. Aus diesen Erkenntnissen kann man für die Szenengestaltung in der Praxis einige nützliche Empfehlungen ableiten. Regelmäßige Muster der kritischen Periodenzahl sollten in der Dekoration vermieden werden, ebenso ausgeprägte feine Muster in der Kleidung der Personen. Die abtastende Sonde sollte auch nicht schärfer als notwendig, d. h. nicht kleiner als eine Zeilenbreite sein, gegebenenfalls ist eine Zeilenwobbelung zweckmäßig. Auch durch passende Wahl des Abbildungsmaßstabes bei der Übertragung von Szenen mit ausgeprägten Streifenstrukturen können die Störeffekte verringert bzw. vermieden werden. Oft genügt eine geringe Veränderung der Brennweite (bei der heute üblichen Vario-Optik in der Kamera leicht möglich), damit die Periodizität der Bildstruktur von der des Zeilenrasters genügend verschieden ist.

Unter Bezug auf die in 2.12 erklärten „Rücklaufzeiten" sei noch erwähnt, daß sich die Angabe der Zeilenzahlen in den Normen auf die volle (nur theoretisch, d. h. bei t_{av} = 0 mögliche) Zahl bezieht. Auf dem sichtbaren Bildfeld sind bei den endlichen Rücklaufzeiten etwas weniger „aktive" Zeilen sichtbar. Die Rücklaufzeit t_{av} beträgt etwa 8 %, so daß man bei der 625 Zeilennorm höchstens etwa 575 Zeilen sieht.

3.2 Bildfolgefrequenz f_w

3.2.1 Allgemeine Gesichtspunkte, physiologische Grundlagen

Die Wahl der Bildfolgefrequenz f_w wird von zwei physiologischen Faktoren bestimmt, nämlich von der *Flimmer*-Störung des periodisch wiederholten Rasterschreibvorgangs und von der stroboskopischen *„Verschmelzungsfrequenz"*, d. h. der notwendigen Zahl

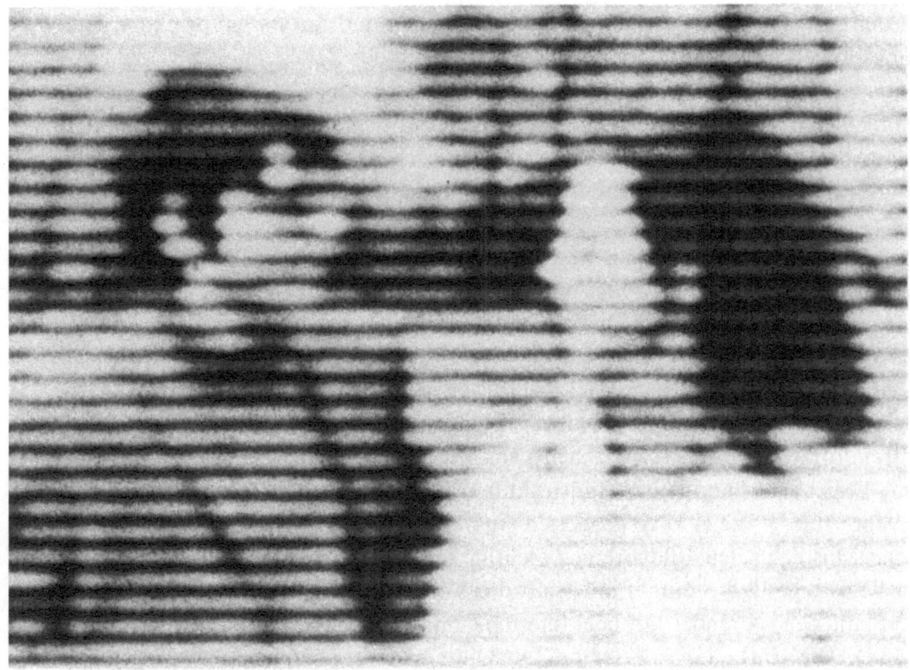

Abb. 3.4. Fernsehbilder bei Übertragung mit 30, 60, 180 und 625 Zeilen pro Bildfeld

Abb. 3.5. Beispiele von Interferenz-Störmustern durch das Zeilenraster bei Übertragung feiner Strukturen in der Bildvorlage. Links: Bildvorlagen, rechts: Fernsehbilder

der Übertragungen des gesamten Bildfeldes in der Sekunde, um rasche Bewegungen flüssig ohne störende Diskontinuitäten zu reproduzieren. Auch hier sind — ähnlich wie bei der Festlegung der Zeilenzahl — Kompromisse nötig, um das Frequenzband der Übertragung klein zu halten, denn nach Gl. (2.13) wächst f_g proportional mit f_w. Man steht nun insofern vor Schwierigkeiten, weil die beiden physiologischen Gesichtspunkte verschieden hohe Werte fordern.

Die optimale Wahl der *Verschmelzungsfrequenz* ist ein altes Problem der Kinematographie und das Fernsehen konnte vorliegende Erfahrungen nutzen. Im Filmtheater werden 24 Bilder je s dargeboten. Dabei ist die Reproduktion sehr schneller Bewegungen im Bildfeld noch nicht ideal glatt und gelegentlich treten auch noch stroboskopische Effekte auf, doch sind die restlichen Störungen so gering, daß sich diese Bildwechselzahl bewährt hat. Die Amateurfilmtechnik begnügt sich sogar mit geringeren Werten von 18 Bildern je s, weil die Filmkosten hier besonders niedrig liegen müssen. Die Werte von $f_w = 24$ Hz kann man auch für das Fernsehen übernehmen, allerdings hat man aus technischen Gründen ein möglichst einfaches Verhältnis zur „Netzfrequenz" der Elektrizitätsversorgung bevorzugt, um die Sichtbarkeit von Störungen des Fernsehsystems durch Fremdkomponenten klein zu halten. So wurde bei 50 Hz Netzfrequenz $f_w = 25$ Hz und bei 60 Hz Netzfrequenz entsprechend $f_w = 30$ Hz gewählt.

Es gibt Vorschläge und Entwicklungen, z. B. mit Hilfe von Speichereinrichtungen im Empfangsgerät mit einer geringeren Zahl von Bildfeldübertragungen in der Sekunde auszukommen, etwa mit 16 *B/s*. Abgesehen davon, daß die technische Durchführung solcher Verfahren kompliziert und heute noch nicht im Routinebetrieb anwendungsreif ist, bleibt im Zweifel, ob die bei schnellen Verschiebungen im Bildinhalt entstehenden Verwaschungen bzw. Diskontinuitäten bei normalen Anwendungszwecken des Fernsehens nicht doch erheblich stören. Für Sonderanwendungen des Fernsehens (z. B. für das Video-Telefon) sind jedoch solche Entwicklungen von aktueller Bedeutung und es liegen bereits ermutigende Ergebnisse interessanter Forschungsarbeiten vor. Bei der konventionellen Technik ist man aber bislang bei den genannten Werten 25 Hz und 30 Hz geblieben.

Der andere Gesichtspunkt für die Wahl der Bildwechsel- bzw. Vertikalfrequenz bezieht sich auf die *Flimmerstörung*. Hierzu sind viele physiologische Untersuchungen bekannt. Die subjektiv empfundene Flimmerstörung eines in der Leuchtdichte periodisch schwankenden Bildfeldes hängt von verschiedenen Einflüssen ab, in erster Linie von der Frequenz des pulsierenden Lichtes und von der Leuchtdichte, aber auch von dem Verhältnis der Leuchtzeit zur Dunkelpause, von der Ausdehnung (Bildwinkel) der fluktuierend leuchtenden Fläche (weil die peripheren Zonen der Netzhaut flimmerempfindlicher sind) und von verschiedenen Randbedingungen (z. B. Farbe, Art des Umfeldes). Quantitativ hat man für die Abhängigkeit der Grenzfrequenz f_1, bei der das Flimmern gerade nicht mehr wahrgenommen wird, von der Leuchtdichtedifferenz $B_1 - B_2$ der wechselnden Hell-Dunkel-Reize gefunden (Ferry, Porter, [3.1]),

$$f_1 = a \, \log (B_1 - B_2) + b \tag{3.3}$$

wobei a und b Konstanten sind, die von den übrigen Einflüssen, insbesondere von dem Verhältnis der Hellzeit zur Gesamtzeit abhängen. Abb. 3.6 zeigt als Beispiel den typischen Verlauf der Flimmer-Grenzfrequenz als Funktion der (als zeitlich integrierter Mittelwert angegebenen) Beleuchtungsstärke einer periodisch pulsierend angeleuchteten, hochreflektierenden weißen Bildfläche. Parameter ist das Hell-Dunkel-Verhältnis der Flimmerperiode; die Hell-Zeit ist in Prozent der vollen Periode angegeben. Man erkennt, daß die Größenordnung der Grenz-Flimmerfrequenz erheblich über der Bildverschmelzungsfrequenz und um so höher liegt, je kurzzeitiger die Lichtimpulse sind. Ergebnis der verschiedenen Untersuchungen ist, daß die Grenze bei den üblichen Gegebenheiten der Bildreproduktion bei etwa 50 bis 60 Hz, d. h. etwa bei dem doppelten Wert der Bildwechselfrequenz f_w liegt.

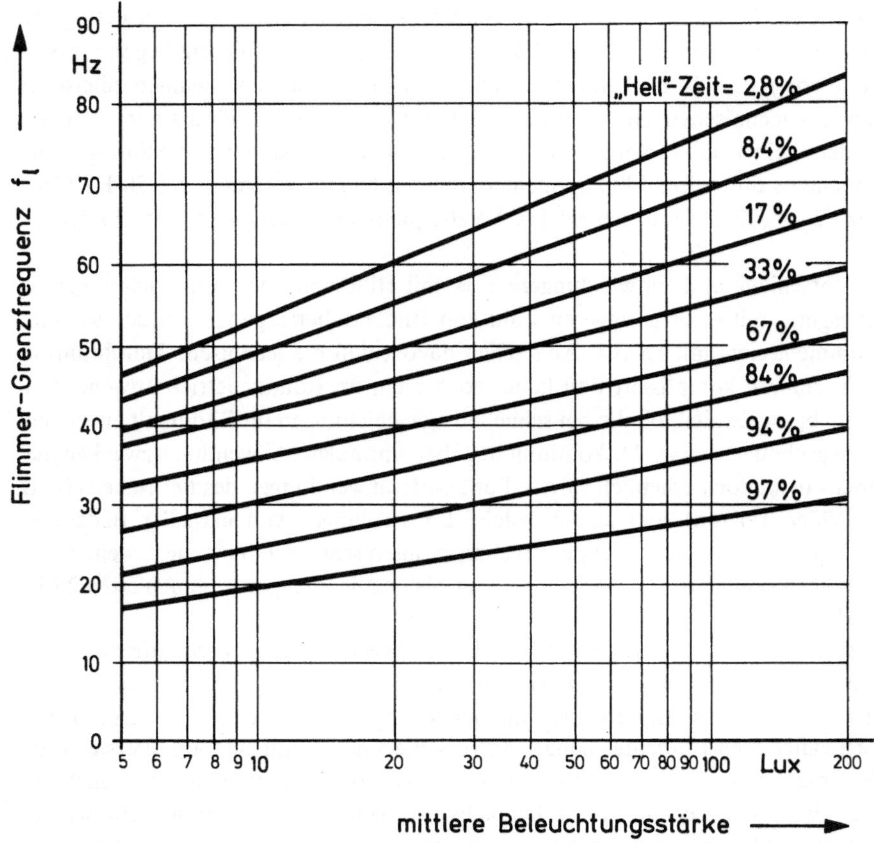

Abb. 3.6. Grenzfrequenz f_l der Wahrnehmung von Flimmerstörungen bei periodischer Hell-Dunkel-Tastung einer homogenen Leuchtfläche. Abhängigkeit von der Leuchtdichte (Beleuchtungsstärke) und vom Hell-Dunkel-Verhältnis (s. Gl. (3.3)). Typisches Ergebnis experimenteller Untersuchungen [3.1]. Beobachtung einer hochreflektierenden weißen Bildfläche (Betrachtungsverhältnis $e/v = 6:1$), die mit intermittierendem Licht angestrahlt wurde (Projektor mit Glühlampe). Auf der Abszisse ist die jeweils mittlere Beleuchtungsstärke aufgetragen. Parameter ist das Hell-Dunkel-Verhältnis der Flimmerperiode; Hell-Zeit in Prozent der vollen Periode angegeben

In der Kinematographie konnte man den höherfrequenten Hell-Dunkel-Wechsel ohne Vergrößerung des Filmverbrauchs, d. h. ohne Erhöhung der Phasenbild-Wechselzahl relativ einfach dadurch erreichen, daß mit einem zusätzlichen Blendensektor die Projektion jedes Einzelbildes unterbrochen wird (Flimmerblende). Die Norm der Kinotechnik sieht demnach 48 Dunkelpausen und 48 Bildprojektionen je Sekunde vor, wobei abwechselnd je zwei aufeinanderfolgende Bilder identisch sind und der Film in jeder zweiten Dunkelpause ruckweise weitergeschaltet wird. Mit diesem einfachen Trick konnten die verschiedenartigen Forderungen der Bewegungsverschmelzung und Flimmerfreiheit bei wirtschaftlich tragbarem Filmverbrauch gut erfüllt werden.

Auch für die flimmerfreie Bildwiedergabe im Fernsehen muß die Schwankungsfrequenz der Bildhelligkeit mindestens in der gleichen Größe liegen. Die Forderungen sind sogar härter, weil die Leuchtdichten der kleineren Fernseh-Bildschirmfläche höher sind und vor allem, weil sich der Bildschreibvorgang des Zeilenrasters in bezug auf das Flimmern ungünstig von dem Kinoprojektionsvorgang unterscheidet. In der Kinematographie werden nämlich vollständige Bilder rasch hintereinander dargeboten, d. h. alle Teile des Bildes gleichzeitig, während bei der üblichen Fernsehreproduktion mit Punktlichtschreibung (Kathodenstrahlröhre) ein extrem heller Lichtpunkt kontinuierlich über die Fläche läuft, so daß eine periodische Wanderung der Hellzone vorhanden ist. Wenn man sich den Bildschreibvorgang mit einer von Null an anwachsenden Geschwindigkeit (Bildwechselzahl f_w) vorstellt, so wird aus dem Wandern des Lichtpunktes längs der Zeile bald wegen der Nachwirkung im Sehvorgang eine leuchtende Zeile, die sich von oben nach unten bewegt, Bei weiterer Steigerung der Geschwindigkeit geht die Wahrnehmung des Zeilenwanderns in ein Flackern der gesamten Fläche über, dann in ein Dauerleuchten mit überlagertem Flimmern, das schließlich ganz verschwindet. Jede Stelle des Fernsehbildschirms leuchtet also nur kurzzeitig auf, das Tastverhältnis ist klein und die Flimmergrenzfrequenz f_l entsprechend hoch. Sie liegt niedriger, wenn die Lichterregung auf dem Bildschirm nachleuchtet. Es ist ein glücklicher Umstand, daß die heute verwendeten Leuchtsubstanzen mit hohem Wirkungsgrad (Zink- und Zink-Cadmium-Sulfide) etwa optimal lang nachleuchten, d. h. genügend lang zur Verringerung des Flimmerns, aber nicht länger als eine Abtastperiode, damit Störungen bei raschen Bewegungen vermieden bleiben.

Die physiologischen Gegebenheiten bezüglich der Flimmerwahrnehmung zwingen also zu Vertikalfrequenzen der Fernsehabtastung von mindestens 50 Hz. Die Erhöhung der Wiederholungsfrequenz f_w auf diese Größenordnung wäre eine Möglichkeit, dieser Forderung zu entsprechen. Das aber ist kostspielig, weil das Frequenzband entsprechend größer wird (s. Gl. (2.13)). Nach dem Vorbild der Lösung in der Kinotechnik hat man daher nach ähnlichen Tricks gesucht und eine sehr einfache geniale Lösung mit dem „*Zeilensprungverfahren*" gefunden. Es beruht auf der Erkenntnis, daß in kleinen Elementarbereichen die Folgefrequenz bei niedrigen Werten bleiben kann, wenn man dafür sorgt, daß der Rasteraufbau von oben nach unten genügend oft in der Sekunde wiederholt wird.

3.2.2 Zeilensprungverfahren

Die erwünschte Erhöhung der Periodenzahl im Durchlauf der Bildfläche senkrecht zur Zeilenlage (von oben nach unten) kann durch eine Änderung der Reihenfolge der einzelnen Zeilen im Rasteraufbau erreicht werden. Wenn man dabei die Gesamtzahl Z der Zeilen pro Abtastung je eines Bildfeldes in $1/f_w$ s konstant hält, so bleibt die Grenzfrequenz f_g ebenfalls konstant. Von den vielen Variationsmöglichkeiten der Zeilenfolge haben einfache Verfahren bereits den gewünschten Erfolg gebracht. Sie beruhen auf der Verteilung der Gesamtzeilenzahl auf mehrere und damit schnellere vertikale Teildurchläufe der Bildfläche. Die Zeilen eines vollständigen Rasters werden auf q Teilraster aufgeteilt, d. h. nicht in der stetigen Folge 1, 2, 3, 4 ... übertragen, sondern nacheinander in neuen Gruppen:

$$
\begin{array}{cccccc}
1 & 1+q & 1+2q & 1+3q & \ldots & \\
2 & 2+q & 2+2q & 2+3q & \ldots & \\
3 & 3+q & 3+2q & 3+3q & \ldots & \qquad(3.4)\\
\cdot & \cdot & \cdot & \cdot & \ldots & \\
\cdot & \cdot & \cdot & \cdot & \ldots & \\
\cdot & \cdot & \cdot & \cdot & \ldots & \\
q & 2q & 3q & 4q & \ldots &
\end{array}
$$

Jedes Teilraster enthält Z/q Zeilen und wird in $1/q \cdot f_w$ s geschrieben. Die Zeilen der Teilraster müssen jeweils in die richtigen Lücken fallen, so daß nach q Vertikalbewegungen jede Lage erfaßt und ein geschlossenes Raster geschrieben wird. Praktische Bedeutung hat nur das einfache Zeilensprungverfahren mit $q = 2$ erreicht. Das Bildfeld wird in diesem Fall mit zwei kammartig ineinandergreifenden Teilrastern erfaßt und wir bekommen zusätzlich zu der Bildfolgefrequenz f_w (Zahl der vollständigen Raster je s) einen neuen Kennwert des Rasteraufbaues, die sogenannte Vertikalfrequenz f_v als Zahl der Halbraster je s. Dabei ist $f_v = 2 f_w$, d. h. in den Systemen der Praxis 50 bzw. 60 Hz. Das reicht zur Unterdrückung des Flimmerns aus.

In Abb. 3.7 ist das Schema des allgemein eingeführten Zeilensprungverfahrens dargestellt. Bei jeweils einer Vertikalabtastung werden nur „Halbbilder", d. h. entweder nur die geraden oder nur die ungeraden Zeilen geschrieben. Beginnt die Abtastung des Bildfeldes zur Zeit t_0, so springt sie nach dem Ablauf des ersten Halbrasters zur Zeit $t_0 + 1/f_v$ so zurück, daß die Zeilen des folgenden Halbrasters genau in die Lücken des vorhergehenden fallen. Liegen die Spuren nicht genau, so zeigt das Gesamtbild

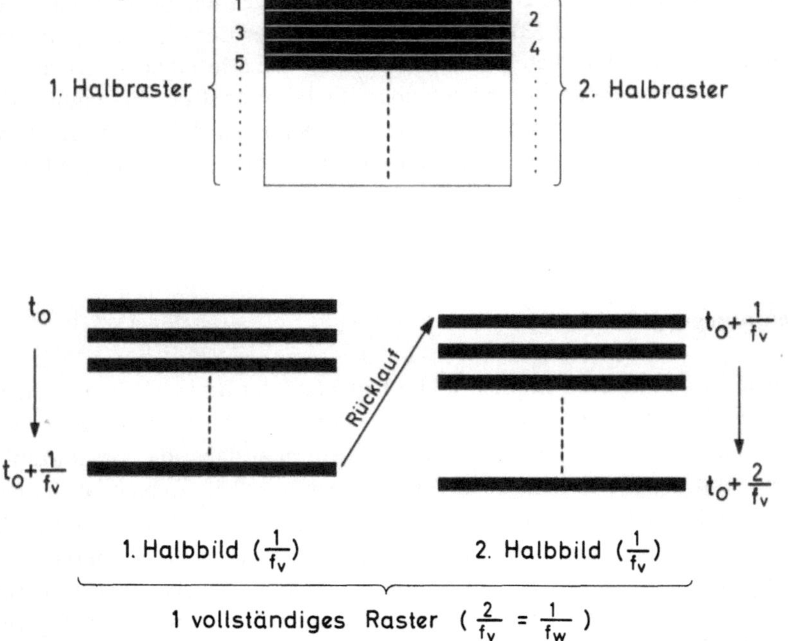

Abb. 3.7. Prinzip der Fernsehübertragung mit Zeilensprungraster

Paarigkeit der Zeilen und ein störendes Hervortreten der groberen Struktur des Halbrasters. Das Zeilensprungverfahren stellt also hohe Anforderungen an die Präzision des Rasterablaufs.

Verschiedene Verfahren der technischen Durchführung wurden vorgeschlagen. Naheliegend ist zunächst die Einführung eines Hilfshubes. Man kann ein Halbraster mit einem ganzzahligen Verhältnis zwischen der Horizontalfrequenz f_h und der Vertikalfrequenz f_v schreiben, d. h. mit $f_h = Z_h \cdot f_v$ (Z_h = Zeilenzahl des Halbrasters) und mit einem Hilfssignal periodisch jedes zweite Raster um dessen halben Zeilenabstand versetzen, wie in Abb. 3.8 für ein achtzeiliges Raster skizziert. Bald aber wurde er-

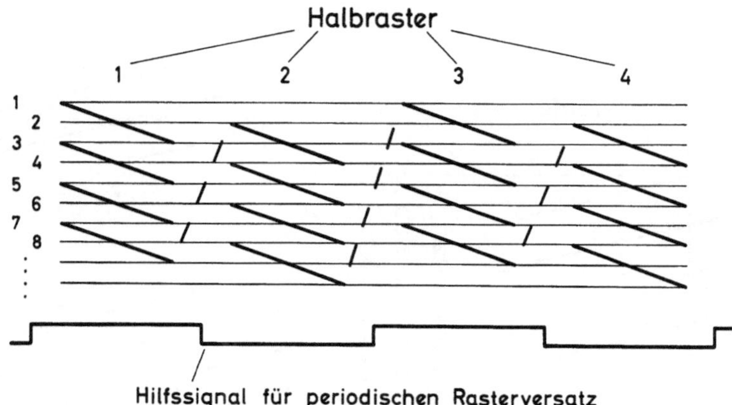

Abb. 3.8. Zeilensprung durch periodisch wechselnden Versatz des Rasters um Zeilenbreite

kannt, daß man ohne Zusatzsignal auskommt, wenn das Halbraster eine ganze Zeilenzahl und eine halbe Zeile dazu enthält, also

$$Z_h = k + \tfrac{1}{2}$$

ist. Das ergibt sich, wenn die Horizontalfrequenz f_h zu der Vertikalfrequenz f_v in dem festen Verhältnis

$$f_h = \frac{2k+1}{2} f_v \tag{3.5}$$

steht. Die gesamte Zeilenzahl Z des vollständigen Rasters beträgt dann $Z = 2k + 1$ und ist notwendig ungerade. Dieses *„Halbzeilenverfahren"* ist überzeugend einfach und wird heute im praktischen Betrieb durchweg verwendet. Die in der Entwicklung des Fernsehens bekanntgewordenen Zeilenzahlen haben daher stets *ungerade* Werte, wie z. B. 405, 441, 525, 625, 819.

In Abb. 3.9 ist das Zustandekommen des Zeilensprungs bei der Frequenzverkettung nach Gl. (3.5) für $k = 2$, d. h. für ein $2k + 1 = 5$zeiliges Raster gezeigt. Von A_1 wird das erste Raster mit zwei vollständigen und einer halben Zeile bis E_1 geschrieben, dann erfolgt der vertikale Rücklauf zum zweiten Halbraster, das bei A_2 mit einer halben Zeile beginnt und dann zwei weitere Zeilen zwischen den Zeilen des ersten Halbrasters durchläuft bis E_2, wonach der Rücklauf in horizontaler und vertikaler Richtung nach A_1 erfolgt und der Zyklus sich wiederholt. In der Darstellung sind die

Rücklaufzeiten zu Null angenommen aber auch bei endlichen Rücklaufzeiten ändert sich an dem grundsätzlichen Zusammenhang nichts, es fallen lediglich einige Teile des Rasters aus.

Die Photos in Abb. 3.10 zeigen das Ineinandergreifen der beiden Teilraster ohne und mit Zeilensprungbedingung in Aufnahmen des unmoduliert geschriebenen — durch übergroße Vertikalablenkung auseinandergezogenen — Zeilenrasters auf dem Schirm einer Bildröhre. Zur besseren Erkennung der Rasterläufe wurden dabei die Rückläufe

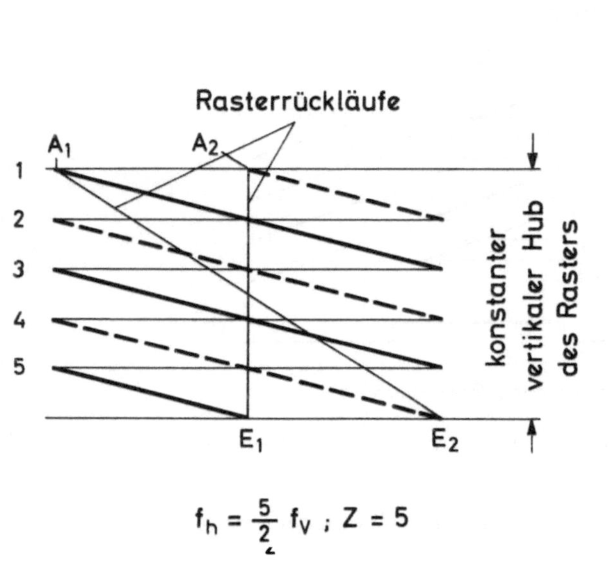

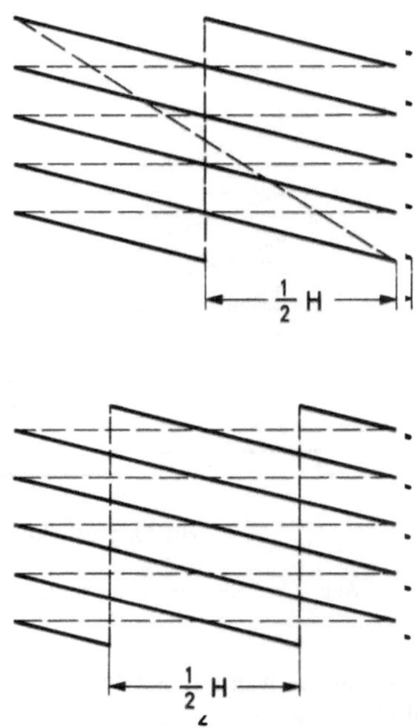

Abb. 3.9. Zeilensprungraster durch Verkettung der Horizontal- mit der Vertikalfrequenz. Halbzeilenverfahren. Einfaches Beispiel für ein Raster mit 5 Zeilen

Abb. 3.11. Zeilensprungraster nach dem Halbzeilenverfahren bei zwei verschiedenen Phasenlagen zwischen Horizontal- und Vertikal-Synchronisierung

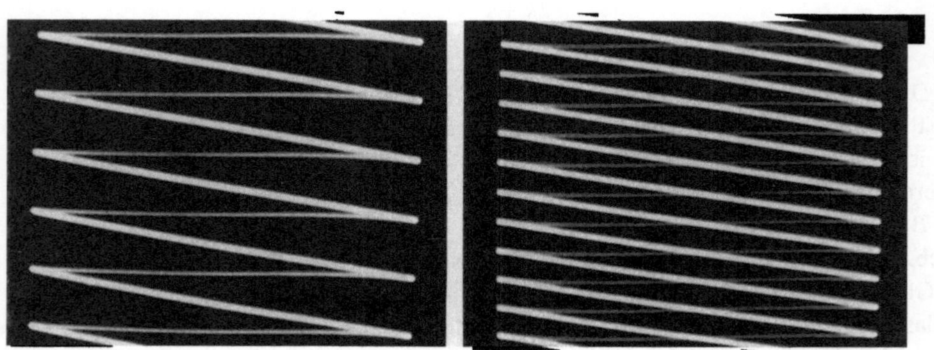

Abb. 3.10. Ausschnitte unmodulierter Fernsehraster auf dem Bildschirm einer Wiedergaberöhre. Vertikalablenkung stark vergrößert, Rückläufe nicht ausgetastet. Links: einfache Zeilenfolge $(f_h = k \cdot f_v)$. Rechts: Zeilensprungraster $(f_h = \frac{2k+1}{2} f_v)$

des Schreibstrahls nicht ausgetastet. Links ist der Fall einfacher Zeilenfolge $(f_h = k \cdot f_v)$ und rechts das ineinandergreifende Zeilensprungraster mit $f_h = f_v \, (2k + 1)/2$ zu sehen.

Wichtig für das Verfahren ist der präzise Einsatz des Vertikalrücklaufs, der von Halbraster zu Halbraster sehr genau um eine halbe Periode der Zeilenfrequenz versetzt sein muß. Dabei sind relativ zum Zeilenbeginn verschiedene Phasenlagen möglich. Die Skizze eines fünfzeiligen Rasters Abb. 3.11 zeigt zwei Fälle: oben das vertikale Rückspringen jeweils am Ende einer halben und ganzen Zeile, unten am Ende einer viertel und dreiviertel Zeile.

Die notwendige Verkettung der Horizontal- und Vertikalfrequenz gemäß Bedingungsgl. (3.5) stellt ein Frequenzteiler im Impulsgeber der Fernsehanlage her. Wie das Schema Abb. 3.12 zeigt, muß man von der Frequenz $2 \cdot f_h$ (oder einer höheren) ausgehen und in zwei getrennten Zweigen durch Teilung im Verhältnis $2{:}1$ und $2k + 1$ die Horizontalfrequenz f_h bzw. die Vertikalfrequenz f_v erzeugen. Um den Bau solcher Teiler zu erleichtern, hat man in der früheren Entwicklung solche Zahlen $2k + 1$ ausgewählt, die sich aus Produkten nicht zu großer Teilfaktoren aufbauen, wie z. B. $625 = 5 \cdot 5 \cdot 5 \cdot 5$ und $525 = 3 \cdot 5 \cdot 5 \cdot 7$. So erklären sich die etwas merkwürdig ausgesuchten Werte für die Zeilenzahlen praktisch verwendeter Systeme.

Im Schema Abb. 3.12 ist die Möglichkeit der Synchronisierung der Vertikalfrequenz f_v mit der Frequenz f_N des Stromversorgungsnetzes angedeutet (gestrichelte Verbindung). Eine Vergleichsschaltung V_{gl} liefert das Regelsignal für den Oszillator $2f_h$. Netzsynchroner Betrieb erschien am Beginn der Entwicklung vorteilhaft, weil Fremdkomponenten von Netzfrequenz im Signal oder in der Bildgeometrie die Bildwiedergabe weniger stören, denn die Verzerrungen treten wegen der Synchronisierung immer an der gleichen Stelle des Bildfeldes auf. Bei Abweichungen der Vertikalfrequenz f_v von der Netzfrequenz f_N hingegen wandern evtl. Störmuster je nach der Frequenzdifferenz über das Bildfeld.

Da solche Störungen am Anfang der Entwicklung noch häufiger auftraten, wurde für die Vertikalfrequenz die Netzfrequenz selbst gewählt und mit dieser synchron verkettet. So kam es auch zu den beiden in den Normen festgelegten charakteristischen Frequen-

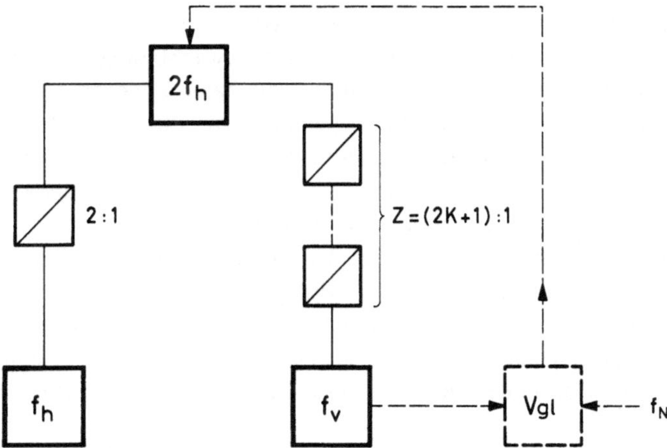

Abb. 3.12. Blockschaltbild zur Verkettung der Horizontalfrequenz f_h mit der Vertikalfrequenz f_v für die Erzeugung des Zeilensprungrasters

zen f_v von 50 Hz in Ländern mit Versorgungssystemen mit 50 Hz Wechselspannung (z. B. Europa) und $f_v = 60$ Hz in Ländern mit 60 Hz Netzfrequenz (z. B. USA). Wenn auch die Apparaturen im Laufe der Entwicklung verbessert werden konnten, so daß eine Übereinstimmung mit der Netzfrequenz nicht mehr nötig ist, hat man die Angleichung beibehalten, allerdings mußte man die genaue Netzsynchronisierung bei der Verfeinerung der Technik aufgeben. Die Rasterfrequenz f_v wird vielmehr durch Ableitung von einer genauen und gut stabilisierten Frequenz erzeugt, um die hohe Konstanz zu erhalten, die von verschiedenen Geräten und Verfahren in der Fernsehbetriebstechnik gefordert wird (Magnetbandaufzeichnung, Offset-Betrieb im Sendernetz, Farbfernsehen, usw.)

Mit dem Zeilensprungverfahren ist es gelungen, die Frequenz der Hellzonenwanderung in vertikaler Richtung bei gleicher Zeilenzahl pro Bildfeld zu verdoppeln, bzw. dem Auge die doppelte Bildzahl je Sekunde vorzutäuschen. Man kann auch sagen, daß mit einer solchen Schreibart des Rasters die gleiche Auflösung mit der halben Frequenzbandbreite erreicht wird, oder daß bei gegebener Bandbreite bei gleichem Flimmern eine größere Zeilenzahl verwendet werden kann ($\sqrt{2}$mal größer s. Gl. (2.13)). Dem Verfahren haften jedoch auch Nachteile an: So bleibt z. B. im kleinen Detail ein „Zwischenzeilenflimmern", weil ja jede einzelne Zeile nur 25mal in der Sekunde geschrieben wird. Allerdings wird bei hochzeiligen Bildern eine Störwirkung nur bei sehr naher Betrachtung des Bildes empfunden; bei dem für die Zeilenzahl Z optimalen Betrachtungsabstand verschwindet das Detailflimmern, wenn nicht gerade ungünstige Verhältnisse in bezug auf die Struktur des Bildinhalts vorliegen, wie z. B. bei der Übertragung einer dünnen, dem Zeilenraster genau parallel laufenden dunklen Linie von Zeilenbreite. Aber solche Konfigurationen kommen selten vor.

Störender ist das gelegentliche Hervortreten der Halbrasterstruktur. Sie tritt auf, wenn sich die Blickrichtung des Auges senkrecht zur Zeilenlage mit einer bestimmten Geschwindigkeit ändert. Es besteht nämlich im Akkomodationsvorgang bei der Bildbetrachtung die Tendenz, von den Zeilen eines Halbrasters schrittweise auf die benachbarten Zeilen der folgenden Raster überzuspringen, entweder auf die darüber oder auf die darunter liegenden Zeilen und so fort. Die Geschwindigkeit dieser Vorschubbewegung beträgt eine Zeilenhöhe pro Vertikalperiode, also $(v/Z)/(1/f_v) = f_v\,(v/Z)$ d. h. die Bildhöhe v wird in Z/f_v s durchlaufen, das sind 12 Sekunden bei 600 Zeilen und $f_v = 50$ Hz. Bei naher Betrachtung des Fernsehrasters wird die Blickrichtung des Auges sehr bald zu einer so determinierten Auf- oder Abwärtsbewegung verleitet und in einem solchen Bewegungszustand sieht man nur die halbe Zeilenzahl mit dunklen Zwischenräumen. Im normalen Betrachtungsabstand wird eine so wandernde Halbrasterstruktur gelegentlich dann sichtbar, wenn im Bild gerade eine Vertikalbewegung mit dieser kritischen Vorschubgeschwindigkeit abläuft (z. B. bei einer Schwenkbewegung der Aufnahmekamera). Dabei genügen bereits kurze Anstöße, wie z. B. unruhiger Bildstand bei der Filmabtastung u. dergl.. Um die gelegentliche Störwirkung der groberen Halbrasterstruktur abzuschwächen, wird man also unbewußt etwas weiter von dem Bildschirm weggehen, damit aber die ganze mit der jeweiligen Zeilenzahl mögliche Informationskapazität nicht mehr voll ausnutzen. Auf diesen Umstand wurde bei der Festlegung der Konstante p und der Diskussion der optimalen Zeilenzahl bereits hingewiesen.

Andere Störeffekte können bei raschen Bewegungen in horizontaler Richtung als Doppelbilder entstehen, wenn die Fernsehabtasteinrichtungen ohne Speicherung arbeiten.

Bewegt sich z. B. ein vertikaler Balken innerhalb einer Bildabtastdauer ($1/f_w$) um die Strecke a von links nach rechts, so sieht man im Empfangsbild die in Abb. 3.13 oben gezeigte Geometrieverzerrung, der Balken liegt schräg. Bei der Übertragung mit Zeilensprungraster (unten) sieht man zwei verzahnt ineinanderliegende Halbbilder des Balkens mit jeweils halber Schräglage (entsprechend der halben Strecke $a/2$ für die Dauer eines Halbbildes).

In der Kinofilmübertragung mit Punktlichtabtastung wird beim Übergang auf das folgende Teilbild des Films das neue Bild zunächst nur mit der halben Zeilenzahl geschrieben. Wenn sich bei schnellen Veränderungen in der Szene die Teilbilder merklich unterscheiden, entstehen insbesondere an den Kanten der sich (mit 25 Hz ruckweise)

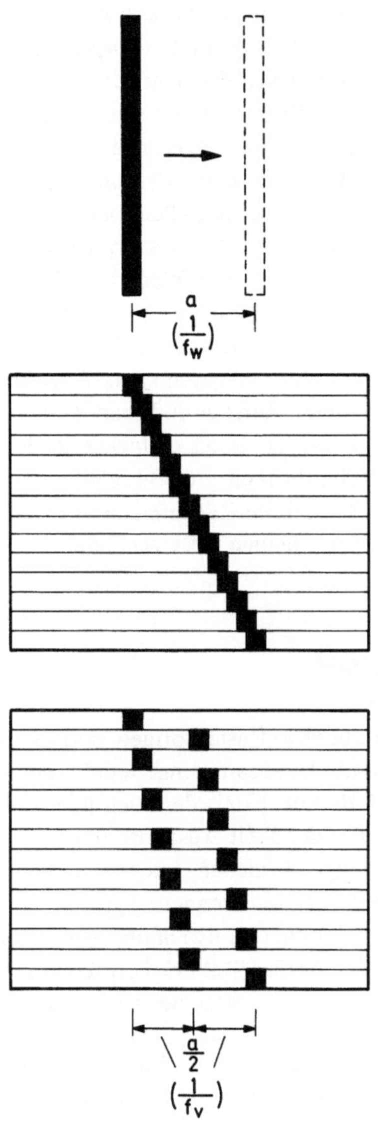

Abb. 3.13. Verzerrungen bei der Fernsehübertragung rasch bewegter Objekte. Oben: Raster mit kontinuierlicher Zeilenfolge, unten: Zeilensprungraster

bewegenden Objekte mäanderförmig zerfranste Umrißlinien, weil vorübergehend verschiedene, durch Photographie festgehaltene Bewegungsphasen in den Halbbildern des Fernsehrasters ineinanderliegen.

Aber in der Praxis stören all diese Effekte relativ wenig und nur kurzzeitig. Auch verwendet man heute zur direkten Fernsehaufnahme Kameraröhren mit Ladungsspeicherung (s. Band 2), die bei sehr raschen Bewegungen wegen der Integration in der Ladungsbilderzeugung die scharfen Bildkanten und feinen Strukturen verwaschen übertragen. Im allgemeinen stören jedenfalls die Restfehler sicherlich nicht mehr als die stroboskopischen Effekte der normalen Kinematographie. So kann man sagen, daß die Störungen: Zwischenzeilenflimmern, Zeilenwandern und Doppelbilder zwar Schönheitsfehler des Zeilensprungverfahrens sind, trotzdem ist diese Abtastart aber praktisch überall eingeführt worden, denn die höhere Auflösung bei gegebenem Frequenzband bzw. die Ersparnis an Frequenzband bei vorgegebener Auflösung sind entscheidende Vorzüge. Mit Zeilensprungverfahren höherer Ordnung als $2:1$ ($q = 2$, s. Gl. (3.4)) könnte man noch mehr Frequenzband sparen, aber die Störeffekte wachsen rasch, das Zwischenzeilenflimmern und Hervortreten der entsprechend groberen Teilraster bei Bewegungen der Blickrichtung werden unerträglich, so daß in der Praxis der Mehrfach-Zeilensprung nur in sehr speziellen Fällen angewendet werden kann. Es wurde auch vorgeschlagen und untersucht, das Prinzip der Aufteilung einer Abtastung der Bildfläche in mehrere aufeinanderfolgende Teildurchläufe auf die horizontale Richtung zu übertragen. Analog zum Zeilensprung führt das zum „Punktsprungverfahren" (Punktverflechtung [0.7], dessen Anwendung zusätzlich zur Zeilensprungabtastung Frequenzbandbreite einsparen kann. Aber ähnlich wie beim Mehrfachzeilensprung stören dabei anomale Effekte und man kann sagen, daß für die normale Anwendung des Fernsehens der Trick des einfachen Zeilensprungs den optimalen Kompromiß zwischen Wirtschaftlichkeit und Bildgüte erreicht hat, und daß man nur in Sonderanwendungen, z. B. auch im Zusammenwirken mit speziellen Speichereinrichtungen kompliziertere Abtastschemen einsetzen kann.

3.3 Normen des Fernsehrundfunks

Zum Abschluß der Diskussion über die Rasternormen sind in Abb. 3.14 die entsprechenden Daten des Fernsehrundfunks zusammengestellt. Weitere Einzelheiten findet man in dem zuständigen CCIR Report [3.2], der auch über die Verteilung der Normen auf die verschiedenen Länder der Welt Auskunft gibt und auf den sich auch die Buchstaben der Systembezeichnungen beziehen. Interessant sind die den Zeilenzahlen zugeordneten Frequenzbandbreiten (Grenzfrequenz f_g) und die Zahlenwerte für die Verbindungskonstante p. Die zukünftige Entwicklung stellt sich vor allem auf die Zeilenzahlen 625 und 525 ein. Ein großer Teil der Fernsehbetriebe in der Welt arbeitet mit Normen, in denen $p = 3$ ist. So ist es bei dem amerikanischen 525 Zeilen-System, das auch in anderen Ländern mit 60 Hz-Netzfrequenz übernommen wurde (wie z. B. Kanada und Japan). Die Wahl $p = 3$ findet man auch in der 625 Zeilen-Norm mit 5 MHz Videobandbreite, die 1951 in Genf vom CCIR akzeptiert und in vielen europäischen Staaten (einschließlich der Bundesrepublik Deutschland) wie auch in anderen Ländern der Welt (z. B. Australien, Indien) eingeführt wurde.

Z (System)	$\dfrac{h}{v}$	$n = Z^2 \cdot \dfrac{h}{v}$	$R_{\ddot{u}}$	f_w (Hz)	f_v (Hz)	f_h (Hz)	f_g (MHz)	p
405 (A)	4:3	$2{,}2 \cdot 10^5$	1,14	25	50	10 125	3	2,1
525 (M)	4:3	$3{,}7 \cdot 10^5$	1,13	30	60	15 750	4,2	3
625 (B,G) (I) (D,K,L)	4:3	$5{,}2 \cdot 10^5$	1,13 1,13 1,13	25	50	15 625	5 5,5 6	3 2,7 2,5
819 (E) (F)	4:3	$8{,}9 \cdot 10^5$	1,12 1,14	25	50	20 475	10 5	2,5 5,1

Abb. 3.14. Kenngrößen verschiedener Übertragungssysteme des Fernsehrundfunks

Der niedrige p-Wert im englischen 405 Zeilensystem ist eine Ausnahme, die vielleicht aus dem Bemühen heraus zu verstehen ist, bei der knapp bemessenen Zeilenzahl die Bildgüte in anderer Beziehung besonders gut zu machen, weil man bei der relativ geringen Bandbreite großzügiger sein konnte.

Es wurde schon erwähnt, daß sich die zukünftige Entwicklung der Fernseh-Rundfunktechnik auf Systeme mit 525 Zeilen und 60 Hz Vertikalfrequenz und mit 625 Zeilen und 50 Hz Vertikalfrequenz konzentriert. Diese Normen sind gut angeglichen, weil die Zeilenfrequenz f_h etwa gleich ist. Bei gleichviel Zeilen in der Sekunde ist bei den beiden Systemen die Informationsmenge unterschiedlich auf die Qualitätsparameter verteilt. Im 525 Zeilen-System ist die Auflösung etwas geringer, dafür sind die Bilder auch bei hohen Leuchtdichten ganz flimmerfrei. Entsprechend ist im 625 Zeilensystem die Auflösung größer, in bezug auf die Flimmereffekte liegt man aber an der Grenze. Für die Praxis ist es schon ein Vorteil, daß mit der Zeilenfrequenz ein wichtiger Parameter in den beiden Systemen etwa gleich groß ist. Wünschenswert bleibt natürlich eine gemeinsame Weltnorm in jeder Beziehung. Technisch wäre dies heute möglich, die früher sinnvolle Übereinstimmung der Vertikalfrequenz mit der Netzfrequenz der Stromversorgung ist nicht mehr zwingend. Hindernd aber ist die Vielzahl der vorhandenen, auf die verschiedenen Normen eingerichteten Geräte, Empfänger und Übertragungsanlagen, deren Umstellung zur Zeit wohl auf außerordentlich große technische und wirtschaftliche Schwierigkeiten stoßen würde. Optimaler Kompromiß für eine Weltnorm könnte z. B. ein System mit etwa 600 Zeilen, 60 Hz Vertikalfrequenz und 6 MHz Video-Bandbreite sein.

Die Unterschiede der beiden in der Welt eingeführten Normen des Fernsehrundfunks schließen dennoch den direkten internationalen Programmaustausch nicht aus. „Normwandler"-Geräte wurden inzwischen entwickelt, mit denen an der Übergangsstelle zwischen Ländern mit verschiedener Fernsehnorm die Signale von der einen Abtastart direkt in passende Signale für die andere Abtastnorm umgewandelt werden [3.3, 3.4, 3.5]. Die Anlagen sind zwar aufwendig und kompliziert, arbeiten aber selbst bei Farbfernsehsignalen erstaunlich gut und werden bei internationalen Übertragungen laufend eingesetzt.

Das Optimum der Normen von etwa 500 bis 600 Zeilen gilt vor allem für den Fernsehrundfunk bzw. ähnliche Anwendungen. In Sonderfällen können natürlich ganz andere Normen zweckmäßig sein, so sehen z. B. Entwicklungen für das Fernsehtelefon Zeilenzahlen von der Größenordnung 250 und 60 Halbrastern im Zeilensprung vor bei 1 MHz Frequenzbandbreite. Andererseits wurden auch aufwendige Hochleistungssysteme mit 1 000—2 000 Zeilen entwickelt.

4 Weitere Normen der Signalübertragung

4.1 BAS-Fernsehsignal

4.1.1 Austastsignal A

Wie bereits im Zusammenhang mit dem Faktor $R_{\ddot{u}}$ in 2.12 erklärt, nehmen die Rückläufe der Abtastung am Ende jeder Zeile und am Ende jedes Teilbildes einen bestimmten Prozentsatz der Übertragungszeit in Anspruch. In diesen Zeitabschnitten ist die Übertragung der Bildmodulation unterbrochen, das Bildsignal B wird „ausgetastet". Der Signalpegel wird dabei auf einen definierten „*Austastwert*" eingestellt, der auf dem „*Schwarzwert*" oder etwas unterhalb liegt, um das Abschneiden unterer Signalspitzen und Störungen durch Überschwingen in den Sync-Bereich zu vermeiden. Die Austastung geschieht mit dem vom Impulsgeber der Fernsehanlage gelieferten *Austastsignal A*, mit kurzen Horizontalimpulsen (t_{ah}) und langen Vertikalimpulsen (t_{av}). Das vom Bildgeber kommende *Bildsignal B* wird in den Impulszeiten ausgeschnitten und zum *BA-Signal* geformt, wie Abb. 4.1 für die Horizontalperiode zeigt.

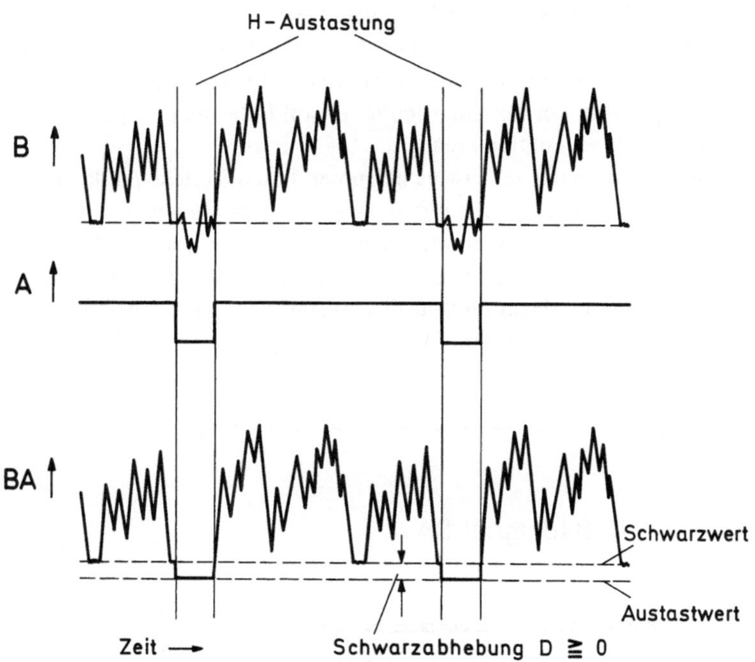

Abb. 4.1. Unterbrechung des Bildsignals B mit dem Austastsignal A, Schema des BA-Signals

Die Austastzeiten sind in den Rundfunk-Fernsehsystemen mit gewissen Toleranzen festgelegt. Man findet in den Normen für die Horizontalaustastung Werte zwischen 16 und 20 % der Horizontalperiode H und 5 bis 8 % Vertikalperiode V [3.2]. Die Ansichten über die Notwendigkeit bzw. Zweckmäßigkeit der sogenannten „Schwarzabhebung", d. h. der Sicherheitsdifferenz D zwischen dem Signalwert der Austastlücke und dem Signalwert für Schwarz im Bild sind verschieden. In den Normen findet man Werte in der Höhe einiger Prozent des BA-Signals. Die neuere Entwicklung tendiert zur Aufhebung des Unterschiedes oder Reduktion auf nur wenige Prozent, um den Aussteuerbereich für den Hauptsignalanteil, das B-Signal, so groß wie möglich zu halten.

4.1.2 Synchronsignal S

Ein weiterer Zusatz zum Signal ist für die Mitübertragung der Gleichlaufzeichen erforderlich, die den Schreibvorgang des Fernsehrasters im Empfänger synchronisieren. Es wurde vorausgesetzt, daß für die Verbindung zwischen Sender und Empfänger nur ein einziger nachrichtentechnischer Übertragungskanal vorhanden ist. Demgemäß steht man vor der Aufgabe, zwei Informationen, nämlich das *Bildsignal* und die *Synchronsignale* (für die Horizontal- und Vertikalabtastung) über diesen einen Weg zu senden. Hierfür gibt es verschiedene Möglichkeiten, z. B. durch Aufteilung des Amplituden- oder Frequenz-Aussteuerbereiches.

Man hat sich sehr bemüht, möglichst einfache Lösungen für die technische Durchführung dieser Aufgabe zu finden. Leitender Gesichtspunkt war vor allem, daß im Empfangsgerät die Abtrennung der Synchronisiersignale von der Bildmodulation betriebssicher, störungsfrei und mit einfachen Schaltungsmitteln erfolgen kann, denn der Empfänger ist ein Massenprodukt der Serienfertigung, er soll billig sein und ohne komplizierte Bedienung einwandfrei funktionieren.

Von den verschiedenen Möglichkeiten erwies sich unter diesen Gesichtspunkten das einfache Verfahren der *Aufteilung des Amplituden-Aussteuerbereiches* als zweckmäßig und zuverlässig. Wie in Abb. 4.2 skizziert, reserviert man den unteren Aussteuerbereich des Videosignals für die Übertragung der Gleichlaufzeichen, den oberen Bereich für die Bildmodulation. Vom Bezugsniveau des Austastwertes (0) aus wird also das Bildsignal B in positiver Richtung zum Weißwert hin, das Synchronsignal S in der

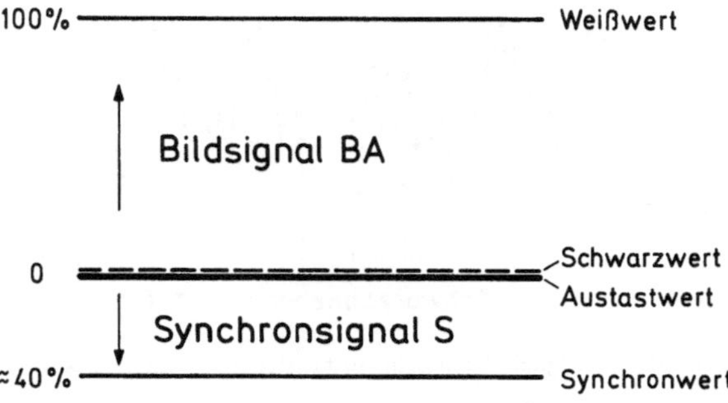

Abb. 4.2. Aufteilung des Aussteuerbereiches für das Bildsignal B und das Synchronsignal S

anderen Richtung nach negativen Werten hin ausgesteuert. Insgesamt erhält man dann das „*BAS*"-*Video-Signal*.

Die beiden Anteile des so zusammengesetzten Signals können im Empfänger mit relativ einfachen Schaltungsmitteln (Abschneidschaltungen) getrennt werden. Der in den Normen vorgesehene Amplituden-Bereich für die Synchronsignale beträgt etwa 40% des *B*-Signals (die Soll-Werte und ihre Toleranzen in den verschiedenen Normen findet man in dem bereits zitierten CCIR-Report [3.2]). Der Bereich für die Sync-Information ist relativ groß. Die Synchronisierung ist dadurch weitgehend störungsfrei, allerdings wird ein relativ großer Teil des Bereiches der Aussteuerung des Übertragungssystemes in Anspruch genommen. — Bei dem heutigen Stand der Technik könnte man diesen Anteil reduzieren und die ganze Synchronisiertechnik mit modernen Schaltungsprinzipien und Bauelementen modifizieren, aber es ist immer schwierig, bestehende Normen, auf die Millionen von Geräten eingestellt sind, zu ändern. Wenn man etwas ändert, muß es „kompatibel" mit der bestehenden Technik sein, es sei denn, es handelt sich um ein neues selbständiges System. —

In dem für die Synchronisation reservierten Amplitudenbereich müssen Signale für die Horizontal- und für die Vertikal-Ablenkung mit klaren charakteristischen Unterscheidungsmerkmalen untergebracht werden, so daß sie im Empfänger störungsfrei und mit geringem Aufwand voneinander getrennt werden können. Dabei ist das Zeilensprungverfahren zu beachten, das eine hohe Präzision im Einsatz des Rasterrücklaufs fordert, damit die beiden Teilraster genau und nicht paarig ineinanderliegen. Wie in 3.2.2 dargelegt, muß von einem Halbraster zum anderen die relative Lage der Vertikal- zur Horizontal-Synchronisierung genau um eine halbe Horizontalperiode verschieden sein. Man kann die Merkmale zur Unterscheidung zwischen *H*- und *V*-Synchronsignalen auf verschiedene Weise einführen, z. B. durch verschiedene Impulsformen in bezug auf Länge, Amplitude oder Phasenlage oder auch durch verschiedene Impulsarten, wie z. B. kurze Schwingungsgruppen verschiedener Frequenzen usw. Von allen Möglichkeiten hat sich die *Unterscheidung durch verschiedene Länge von Impulsen* mit der vollen Amplitude des Synchronbereichs gut bewährt und solche Schemen sind in den Normen allgemein eingeführt. Maßgebende Gesichtspunkte für die Auswahl der opti-

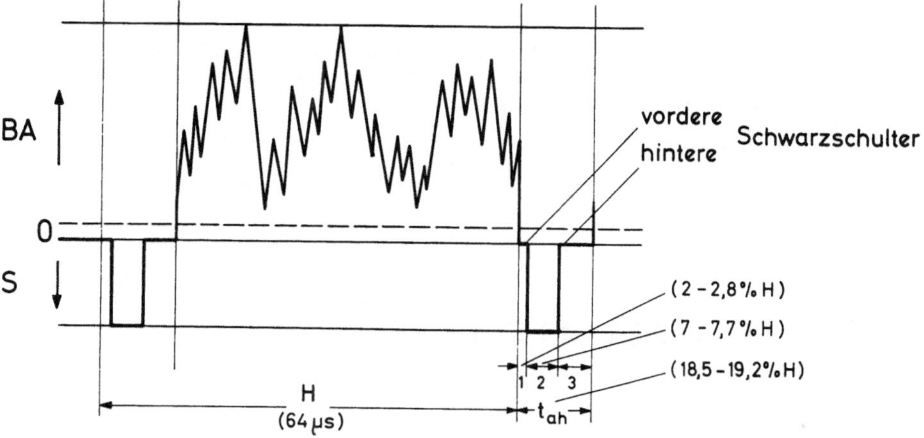

Abb. 4.3. Synchronsignal für die Horizontal-Ablenkung, Aufteilung des *H*-Austastintervalls in vordere und hintere „Schwarzschulter"

malen Lösung waren die Anfälligkeit der Synchronisierung gegen Fremdstörungen und die Einfachheit der praktischen Durchführung im Empfänger.

Die schmalen Impulse sind dem Einsatz der Horizontal-Ablenkung zugeordnet (s. Abb. 4.3). Sie werden im Empfänger aus dem Synchronisierbereich durch differenzierende Schaltglieder herausgefiltert; damit bestimmt die Vorderflanke der Impulse den Einsatz des Synchronisiervorgangs. Um sicherzustellen, daß beim Rücklauf der Abtastung das Signal bestimmt ausgetastet ist, liegt die vordere Flanke des Synchron-Impulses gegenüber dem Beginn der Austastung etwas verzögert. Den auf dem Austastwert liegenden Zeitabschnitt 1 des Austastintervalls t_{ah} in Abb. 4.3 nennt man „*vordere Schwarzschulter*". Entsprechend heißt der längere Abschn. 3 „*hintere Schwarzschulter*". Dieser Signalteil ist für spezielle Schaltungen der Übertragungstechnik als Bezugspegel von großer Bedeutung (z. B. für die sog. Klemmschaltungen). Die in Abb. 4.3 angegebenen Zahlenwerte für die Aufteilung des H-Intervalls beziehen sich auf die Norm mit 625 Zeilen und 5 MHz Videobandbreite (System G), die Verhältnisse in den anderen Normen sind ähnlich.

Die im gleichen Bereich liegenden Impulse zur Auslösung des vertikalen Rücklaufs unterscheiden sich durch ihre Länge. Sie liegen im V-Austastintervall und setzen erst nach dem Beginn der V-Austastung ein. Man findet in den Normen verschiedene Impulsformen. Wir wollen hier als Beispiel das in der 525- und 625-Zeilennorm gewählte Schema betrachten, das eine einfache und störungsfreie Impulstrennung beim Zeilensprungverfahren gewährleistet. Abb. 4.4 zeigt das vollständige S-Signal für zwei aufeinanderfolgende Halbraster zusammen mit dem A-Signal im Bereich der Vertikalaustastung, d. h. am Ende der Abtastung der Halbbilder. Das Vertikal-Synchron-Signal (in Abb. 4.4 gestrichelt markiert) ist 2,5 H-Perioden lang, d. h. sehr viel länger als die Horizontal-Synchron-Impulse (die nur etwa 0,07 H lang sind). Eine Trennung ist da-

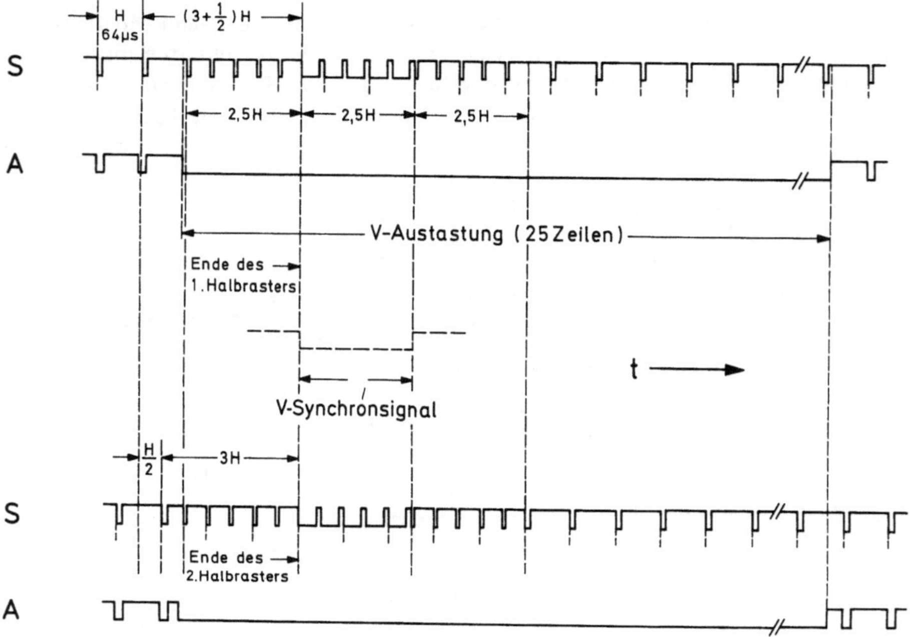

Abb. 4.4. Impulsschema für die Vertikalsynchronisierung im 625 Zeilen-System (Norm B und G)

her mit einfachen integrierenden Schaltgliedern (RC-Glieder) möglich. Allerdings können Fehler und Störungen entstehen, wenn man den langen 2,5 H-Impuls einfach in die Zeitfolge einblendet. Zusätzliche Impulsformen sind daher vorgesehen, wie in Abb. 4.4 zu erkennen ist.

Zunächst muß sichergestellt werden, daß die Folge der Horizontal-Impulse nicht unterbrochen wird. Das erreicht man durch kurzzeitige Einschnitte, die durchgehend an den in Abb. 4.4 mit gestrichelten Bezugslinien markierten Stellen Impulsflanken im Abstand H erzeugen. Nach der Impuls-Abtrennung liefert damit die differenzierende Auswertung dem H-Ablenkgenerator ohne Unterbrechung H-Synchronimpulse.

Das in 3.2.2 erklärte Zeilensprungverfahren mit Halbzeilen bedingt einen Phasensprung der Vertikalsynchronisierung um genau $H/2$ relativ zu den H-Synchron-Impulsen von einem Halbbild zum anderen, wie in Abb. 4.4 zu erkennen ist. Dieser alternierende Phasenunterschied macht die Abtrennung des längeren V-Impulses durch integrierende Schaltglieder schwierig, denn die Vorgeschichte vor Einsetzen des V-Signals ist unterschiedlich, wenn man bei der normalen H-Impulsfolge bleibt. Dementsprechend sind die Anfangsbedingungen für die Integration verschieden. Das kann sich vor allem bei Verwendung der einfachen und in vielen Beziehungen vorteilhaften Langzeitintegration auf die Amplitude des Integrationsproduktes auswirken, denn Unterschiede in der V-Impulsintegration lassen ihrerseits Zeitfehler in der Synchronisierung des V-Ablenkgenerators entstehen, weil der Zeiteinsatz des Rücklaufs von dem Erreichen einer bestimmten Amplitude des synchronisierenden Signals abhängt. So kann die Rasterstruktur paarig werden. Um solche Fehler zu vermeiden, wird dem breiten V-Impuls eine Gruppe von fünf schmalen Ausgleichsimpulsen im Zeitabstand $H/2$ vorausgeschickt. Damit wird die Vorgeschichte weitgehend ausgeglichen, in beiden Halbrasterzügen liegen die letzten Impulse im gleichen Abstand $H/2$ vor dem V-Synchronsignal. Abb. 4.5 zeigt qualitativ, wie sich die Unterschiede der Vorge-

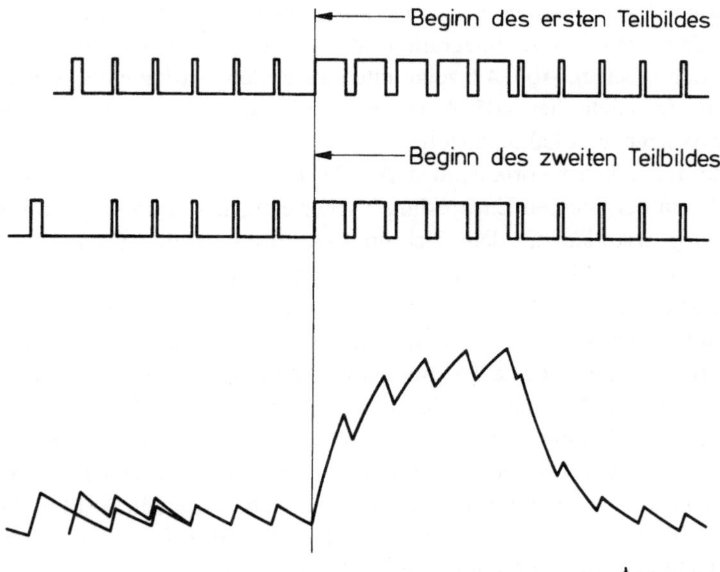

Abb. 4.5. Integration der Vertikal-Synchron-Signale bei der Impulsfolge nach Abb. 4.4. Ausgleichende Wirkung der Vorimpulse mit $H/2$-Periodendauer (Polarität der Impulse hier umgekehrt, entsprechend der „Negativ"-Modulation Abb. 4.8 rechts).

schichte bei der Integration ausgleichen und wie der — für die Synchronisierung des V-Ablenkgenerators bei Beginn des V-Synchronsignals einsetzende — Potentialanstieg bei beiden Halbrasterfolgen vom gleichen Grundzustand ausgeht.

Die Halbzeilenperiode setzt sich im Vertikal-Impuls fort, an den sich eine Gruppe von weiteren fünf Ausgleichsimpulsen anschließt, die eine gleichmäßige Rückflanke der integrierten Vertikalimpulse sichern. Dadurch werden Unterschiede in der Ablenkamplitude verhindert bei empfindlichen Schaltungen, in denen die Form der Synchronimpulse einen Einfluß auf den Ablauf der synchronisierten Ausgleichsvorgänge hat.

Das in Abb. 4.4 dargestellte, in vielen Normen vorgesehene Synchronisierschema macht die Trennung der H- und V-Impulse mit besonders einfachen Mitteln möglich. Die Abtrennung der Horizontal-Impulse erfolgt durch Differentation der Impulsflanken, wobei die Vorderflanke maßgebend ist und die Differentationsprodukte der Rückflanken möglichst unterdrückt werden. Die Steigzeit der Synchron-Impulse ist etwas geringer (etwa 0,2—0,4 μs) als die kürzeste, durch die Grenzfrequenz f_g bestimmte Übergangzeit bei der Übertragung in der Bildmodulation, um Störungen (Überschwingen) durch Übertragungsfehler am oberen Ende des Frequenzbandes zu vermeiden. Andererseits ist die Vorderflanke steil genug, um die geforderte Genauigkeit der Synchronisierung zu erfüllen. Einzelheiten der Normen findet man in [3.2].

Die *Abtrennung des Synchronzeichens* für die Vertikalablenkung geschieht durch Schaltungen, die auf die unterschiedlichen Impulslängen bzw. -formen ansprechen, d. h. mit linearen Integrationsgliedern (RC-Glieder, Resonanzübertrager u. dgl.). Bei den Normen mit mehreren Ausgleichsimpulsen sind einfache Langzeit-Integrations-Schaltungen, z. B. mehrgliedrige RC-Tiefpaßschaltungen mit Zeitkonstanten der einzelnen Glieder von der Größenordnung ein bis zwei H-Perioden üblich.

Unter den Normen der Gegenwart findet man auch andere Synchronisier-Schemen ohne Ausgleichsimpulse, wie z. B. in der in Abb. 4.6 oben gezeigten französischen 819-Zeilen-Norm (s. [3.2]). Der Vertikalimpuls unterscheidet sich auch hier durch die Länge, allerdings ist das Längenverhältnis zu den H-Impulsen sehr viel kleiner. Zur Trennung muß man daher mit Kurzzeitintegration oder speziellen Differenzierschaltungen mit Amplitudensieb arbeiten. Abb. 4.6 zeigt unten als weitere Variante das Synchronimpulsgemisch in der englischen 405 Zeilennorm. Hier setzt die mit Halbzeileneinschnitten unterbrochene Vertikalimpulsfolge unmittelbar am Ende der Abtastung ein. Obwohl sich die Technik der vorlaufenden Ausgleichsimpulse in der Praxis gut bewährt hat, werden in der neueren Entwicklung wieder einfachere Impulsfolgen für die V-Synchronisierung diskutiert mit dem Ziel, im V-Austastintervall recht viel Zeit für die Übertragung anderer Hilfs-, Meß- und Zusatzsignale zu lassen, wofür eine große Nachfrage vorliegt (Prüfzeilen, Datenübermittlung, weitere Ton- und evtl. auch Faksimile-Übertragung). Der V-Synchronimpuls soll also möglichst kurz auf den Beginn der V-Austastperiode folgen mit einem Minimum von Vorimpulsen. Mit der inzwischen hochentwickelten Impulsschaltungstechnik ist auch bei einfachen Synchronimpulsfolgen eine sichere Funktion möglich, problematisch bleibt die Kompatibilität mit vorhandenen Empfangsgeräten. Die Modifikation der V-Synchronimpulse wird auch notwendig, wenn man an die H-Impulse (oder in ihre Nähe) zusätzliche Modulation einbringen will (z. B. zur Tonübertragung), wobei dann Unterbrechungen mit Sonderimpulsen, wie sie mit den Ausgleichsimpulsen gegeben sind, stören. So kann es sein, daß sich die Technik der Synchronisierung und die Form der hierzu vorgesehenen Impulse im Laufe der Zeit noch ändern.

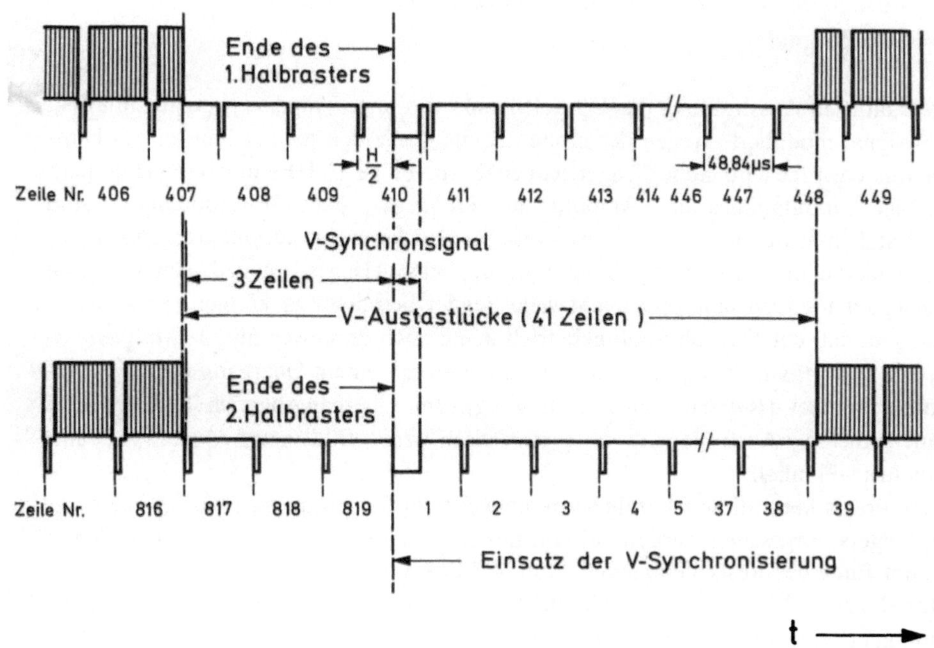

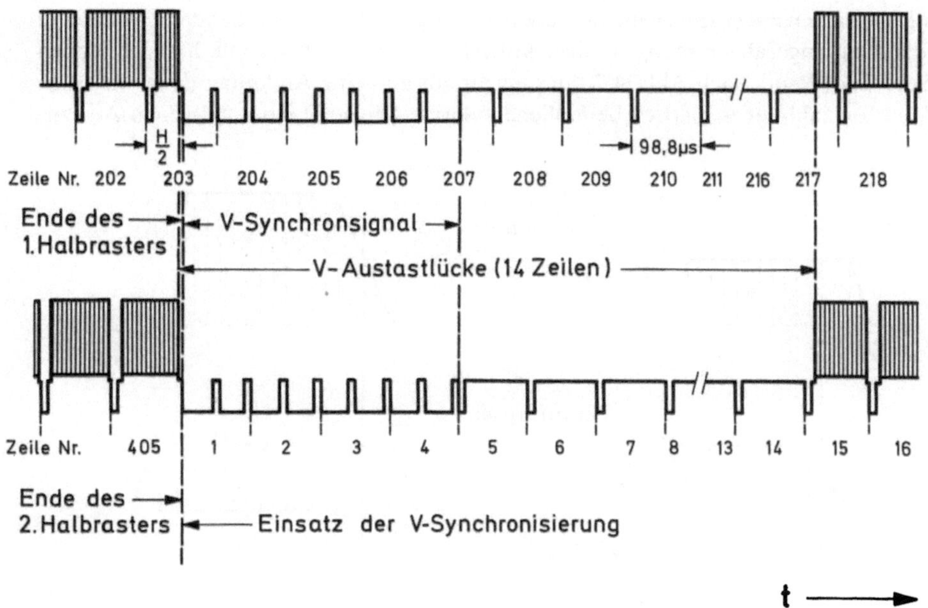

Abb. 4.6. Vertikal-Synchron-Impulsfolge in den Fernsehsystemen mit 819 Zeilen (oben) und mit 405 Zeilen (unten)

4.2 Normen der Trägermodulation bei drahtloser Übertragung der Fernsehsignale

Zur drahtlosen Ausstrahlung der Fernsehsignale wird eine Trägerschwingung mit dem BAS-Signal moduliert. Wegen der großen Breite des Videofrequenzbandes (f_g) kommen nur entsprechend hohe Trägerfrequenzen in Frage (VHF- und UHF-Bereich). Beliebige Modulationsarten (Amplituden-, Frequenz-, oder Pulsmodulation) sind grundsätzlich anwendbar. Bei der Auswahl für den Fernsehrundfunk war jedoch entscheidend, daß die beanspruchte Bandbreite möglichst gering ist, um in den international festgelegten Frequenzbereichen recht viele Sender betreiben zu können. So ist es zu verstehen, daß der Fernsehrundfunkbetrieb heute noch durchweg mit *Amplitudenmodulation und Ausstrahlung nur eines Seitenbandes* mit einem Übergangsgebiet in Trägernähe arbeitet (Restseitenbandübertragung). Im Übergangsbereich hat sich eine frequenzlineare Anstiegsfunktion symmetrisch zur Bildträgerfrequenz bewährt („Nyquist"-Flanke).

In der Praxis kann diese Charakteristik entweder in der Frequenzselektionskurve des Empfängers vorgesehen werden bei konstanter Amplitude des ausgestrahlten Signals bis zum Ende des Restseitenbandes (Abb. 4.7 links) oder umgekehrt, wie in Abb. 4.7 rechts skizziert. Von den beiden Möglichkeiten wurde die erste Art (Nyquistflanke im Empfänger) eingeführt, weil bei der anderen Methode die Erzeugung der abfallenden Amplitudencharakteristik bei dem damaligen Stand der Modulationstechnik (Endstufenmodulation) Schwierigkeiten machte und die effektive Bandbreite des Empfängers größer sein müßte. Heute wären diese Argumente nicht mehr entscheidend, mit der Modulation in Vorstufen kann die Übergangscharakteristik im Sender gut verwirklicht werden, und man könnte mit der Zuordnung nach Abb. 4.7 rechts wegen der größeren Amplituden im Seitenband bei gleicher Trägeramplitude eine größere Seitenbandleistung abstrahlen mit ensprechend größerem Versorgungsbereich des Senders. Außerdem ist die Empfängerabstimmung weniger kritisch. Die Rundfunktechnik hat sich jedoch auf die Zuordnung nach Abb. 4.7 links eingestellt und eine Änderung ist im Hinblick auf die Vielzahl der in Betrieb befindlichen Geräte schwierig, aber bei neuen Anwen-

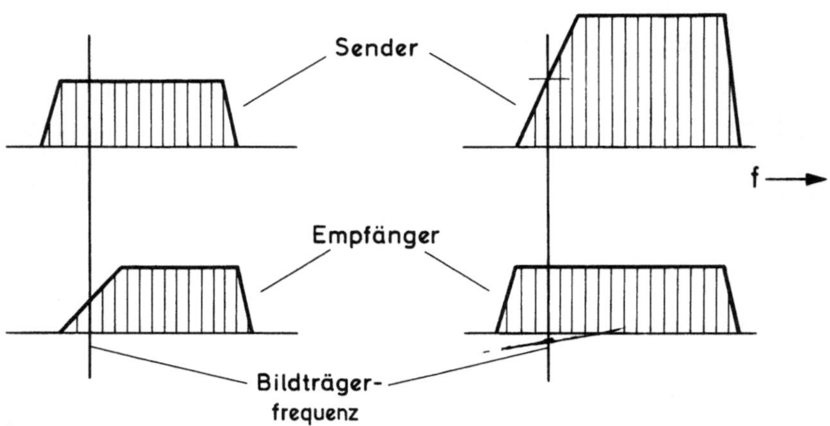

Abb. 4.7. Zuordnungen der Amplitudencharakteristiken im Fernseh-Sender und -Empfänger bei der Trägermodulation im Restseitenbandbetrieb

dungen des Fernsehens wird es sich lohnen, die Vorteile der anderen Zuordnung des Restseitenbandsystems zu erwägen.

Ein anderes Kennzeichen der drahtlosen Übertragungstechnik ist die *Polarität der Modulation,* d. h. die Relation zwischen der Änderung der Trägeramplitude zur Änderung des Videosignals. Hierfür gibt es zwei Möglichkeiten. Abb. 4.8 zeigt links die „Positiv"-Modulation und rechts die „Negativ"-Modulation. Bei der Positiv-Modulation, die im praktischen Betrieb zunächst eingeführt wurde, liegt der Bereich für die Synchronsignale bei den unteren Trägeramplituden von Null bis etwa 30 % der vollen Aussteuerung; daran schließt sich die Bildmodulation an, wobei eine höhere Amplitude einer größeren Leuchtdichte entspricht bis zum Spitzenwert Weiß bei der maximalen Aussteuerung. Alternativ (Abb. 4.8 rechts) liegen bei der Negativmodulation die Synchronsignale im oberen Teil des Aussteuerbereiches, darunter die Bildmodulation mit abnehmender Amplitude für zunehmende Leuchtdichte bis herab zu einem Restträgerwert von etwa 10 %, der für die besonders einfache Technik des „Differenzträger"-Ton-Empfangs belassen wird, damit stets ein Mindestwert des Bildträgers für die Demodulation des Tonträgers vorhanden ist.

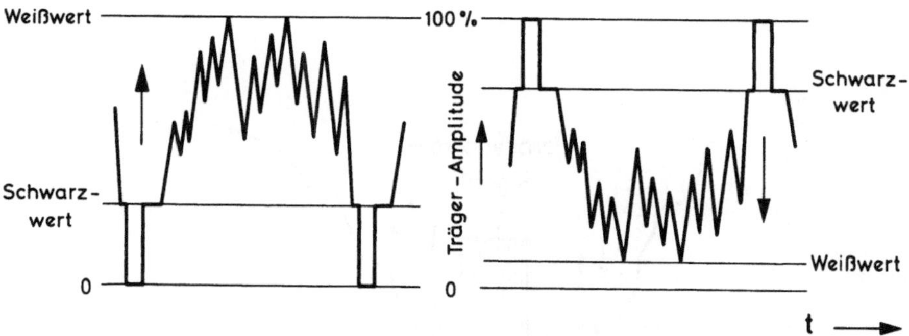

Abb. 4.8. „Positiv"- und „Negativ"-Modulation des Bildträgers im Fernsehsender

Es gibt verschiedene Argumente für die eine und die andere Modulationspolarität. Vorteile der heute weitverbreiteten Negativ-Modulation sind u. a. die gute Ausnutzung des Senders, den man höher „ausfahren" kann, weil der obere Teil des Aussteuerbereiches nur definiert kurzzeitig beansprucht wird, entsprechend der relativ kurzen Dauer der Synchronimpulse. Außerdem bietet die Negativ-Modulation wegen der vom Bildinhalt unabhängigen, in den Synchronspitzen dauernd zur Verfügung stehenden Maximalträgeramplituden, gute Möglichkeiten für die Signalstabilisierung durch automatische Regelung im Empfänger. Hochfrequent additiv einwirkende Störungen verschieben die Tonwerte im Bild nach Schwarz hin; das stört subjektiv im allgemeinen weniger im Vergleich zu den nach Weiß gehenden Störimpulsen bei der Positiv-Modulation. Andererseits ragen additive Störungen bei der Negativ-Modulation leicht in den Synchronsignalbereich hinein, allerdings sprechen die heute üblichen Schaltungen der indirekten Nachlauf-Synchronisierung auf Störungen außerhalb des Zeitbereiches der Synchronsignale relativ wenig an. Die genannten Argumente lassen verstehen, daß im Laufe der Entwicklung der Fernsehrundfunksysteme die Negativ-Modulation bevorzugt wurde.

4.3 Übertragung des Tons

Ein weiteres Problem bei der Normung von Fernsehübertragungssystemen bezieht sich
auf die Übertragungsart der zugehörigen Toninformation, die möglichst eng mit der
Bildsendung verbunden sein soll. Stand der Technik ist heute die in Abb. 4.9 oben
gezeigte Mitsendung des Tons durch Modulation einer Trägerschwingung, die dicht
an der Grenze des vollständig ausgestrahlten Seitenbandes der Bildmodulation liegt,
früher als Amplitudenmodulation, heute bevorzugt nach dem Vorbild der UKW-Hör-
funktechnik als Frequenzmodulation.

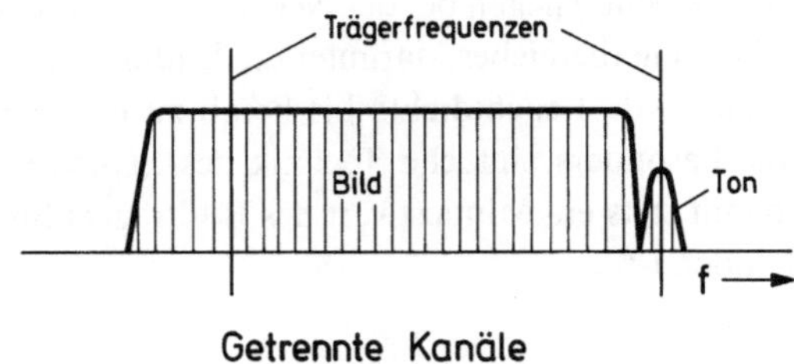

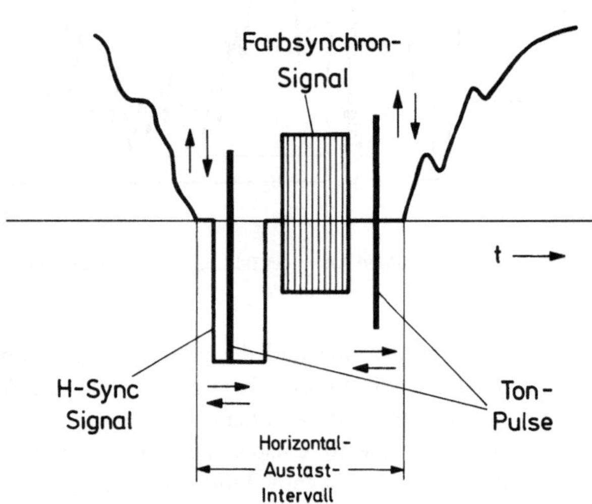

Abb. 4.9. Methoden zur Übertragung des Tons im Fernsehübertragungskanal

Es gibt verschiedene Vorschläge, die Toninformation in den H-Austastintervallen zu
übertragen, die für die Bildübertragung ungenutzt bleiben. In Abb. 4.9 unten sind entsprechende Pulsmodulationsverfahren angedeutet. Es können Pulse in irgendeiner
Modulationsart (Amplitude, Lage, Breite) im Zeitabschnitt der H-Synchronimpulse
oder auch im Zeitintervall der Schwarzschulter eingeblendet werden. Allerdings ist
dabei nach dem Abtasttheorem die Grenzfrequenz auf die halbe Zeilenfrequenz f_h
begrenzt, es sei denn, man verwendet bei der Abtastung des Tonsignals die Sampling-
frequnz $2f_h$ und versetzt jeden zweiten Puls um etwa eine halbe H-Periode, so daß

er innerhalb des *H*-Austastintervalls mitgesendet werden kann. Bei der Wiedergabe muß dann wieder einer von den beiden Tonpulsen in die Zwischenlage zurückversetzt werden. Auch andere Verfahren mit mehreren Pulsen und Codierung sind vorgeschla-

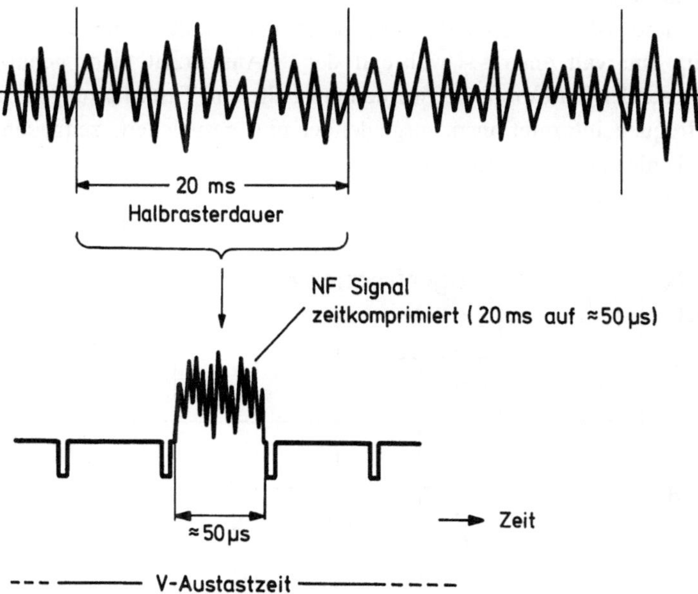

Abb. 4.10. Vorschlag zur Übertragung des Tons während einer Zeilenperiode im Vertikalaustastintervall durch Zeitkompression der in V-Perioden unterteilten Signale [4.2, 4.3]

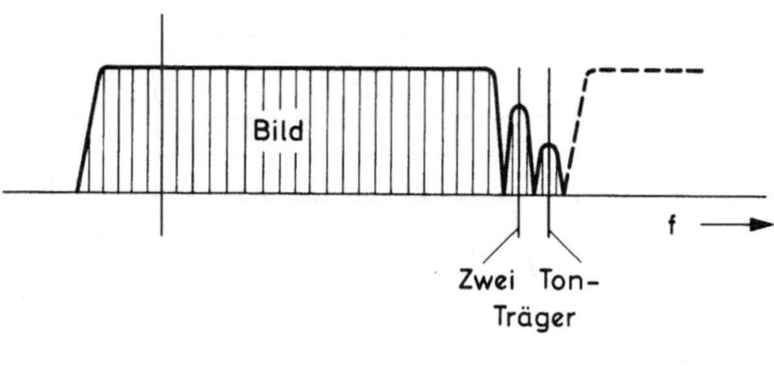

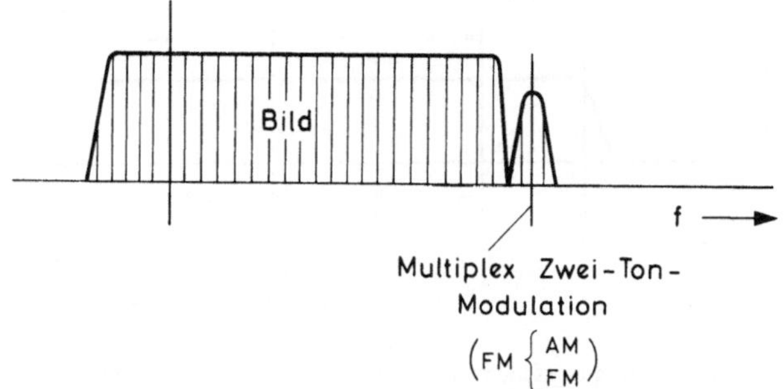

Abb. 4.11. Verfahren zur Übertragung zusätzlicher Toninformation

gen und werden mit gutem Erfolg in Sonderanwendungen eingesetzt (z. B. [4.1]). Interessante neue Vorschläge beziehen sich auf die Übertragung der Toninformation in der V-Austastzeit mit Hilfe von Zeitkompressionen und Dehnungen der Signalabläufe [4.2], [4.3]. Wie in Abb. 4.10 skizziert, wird das Tonsignal in Zeitintervalle der Periodendauer eines Halbrasters (im 50 Hz-System also 20 ms) zerschnitten, die Informationen dieser Abschnitte werden gespeichert und durch rasche Abtastung zeitkomprimiert im Intervall einer — während der V-Austastzeit nicht genutzten — H-Periode mitgesendet. Im Empfänger werden mit Hilfe von Tastschaltungen die kurzzeitigen Hochfrequenzinformationen ausgeblendet und gespeichert, zeitgedehnt ausgelesen und lückenlos aneinandergereiht.

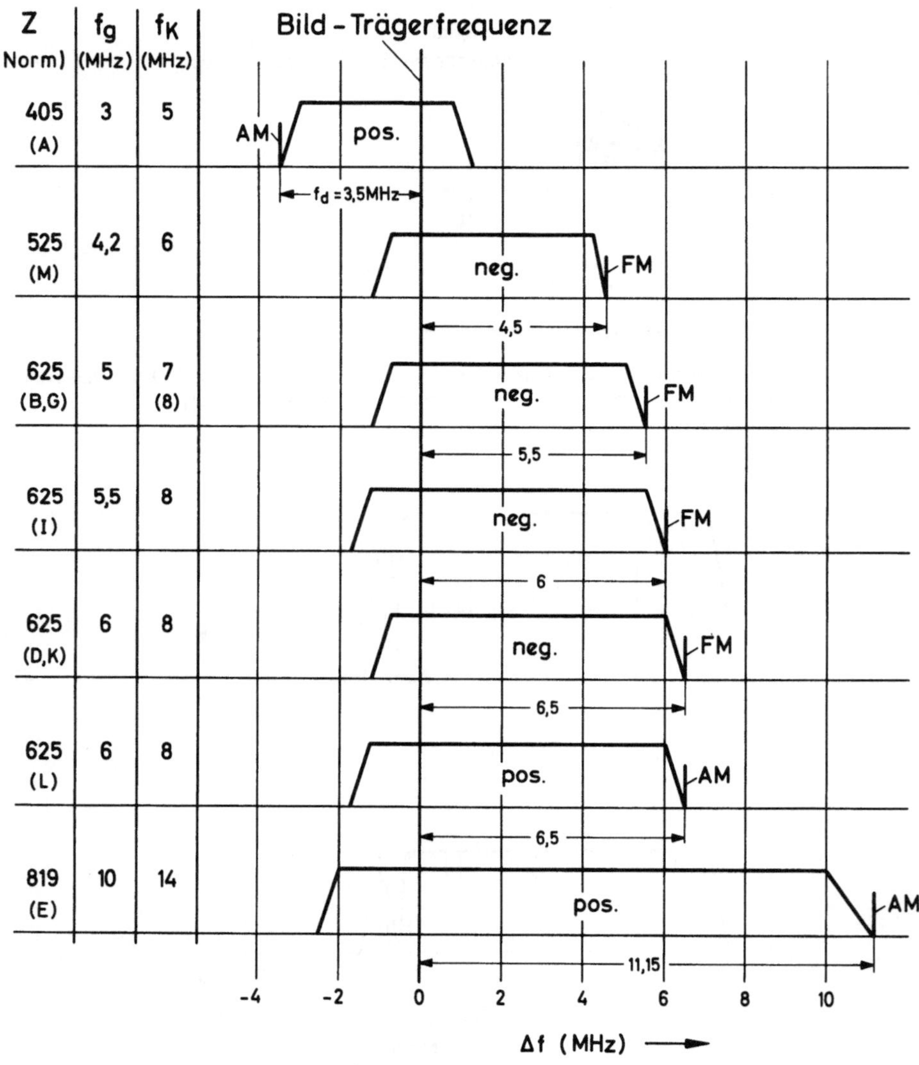

Abb. 4.12. Kenngrößen und Übertragungsschemen verschiedener Fernsehrundfunksysteme. Die Normbezeichnungen beziehen sich auf [3.2]. Die Bedeutung der Kennwerte ist in Abb. 4.13 erklärt

Für die Übertragung zusätzlicher Toninformationen — z. B. für Sendungen in verschiedenen Sprachen oder Stereophonie — gibt es verschiedene Möglichkeiten [4.4]. So kann man einen zusätzlichen Kanal dicht oberhalb der ersten Tonträgerfrequenz vorsehen (Abb. 4.11 oben), wobei die Parameter so gewählt werden müssen, daß keine Störungen in dem benachbarten Frequenzgebiet auftreten (z. B. durch geringere Leistung, wie in der Skizze angedeutet). Andere Möglichkeiten liegen in der Mehrfachausnutzung des vorhandenen Tonkanals im Multiplexbetrieb ähnlich wie die Übertragungstechnik der Hörfunk-Stereophonie, d. h. oberhalb des Frequenzbereiches des ersten Tons wird in einem anschließenden Bereich mit Hilfe eines Zusatzträgers die zweite Toninformation in irgendeiner Modulationsart untergebracht. Natürlich kann man auch die anderen in den Abb. 4.9 und 4.10 skizzierten Übertragungsarten für Mehrtonsendungen heranziehen und viele Kombinationen sind möglich.

Zum Abschluß dieses Kapitels gibt die Tabelle Abb. 4.12 einen Überblick über verschiedene Parameter der hochfrequenten Signalübertragung für die aus der Tabelle in Kap. 3 bekannten Normen. Abb. 4.13 erklärt hierzu die Bedeutung einiger Kenngrößen. Die Sendung eines Fernsehprogramms (Bild und Ton) braucht im Frequenzspektrum eine bestimmte „Kanalbreite" f_k, das vollständig übertragene Seitenband erstreckt sich bis f_g und der Abstand zwischen Bild- und Tonträgerfrequenz beträgt f_d.

Weiterhin sind in der Tabelle die Polarität der Amplitudenmodulation des Bildträgers und die Art der Modulation des Tonträgers angegeben. Dem Fernsehrundfunk sind nach internationaler Übereinkunft und Beratungen bestimmte Frequenzbänder zugeteilt, wie in Abb. 4.14 skizziert. Die Bänder sind in Kanäle f_k unterteilt, die bei der Versorgung ausgedehnter Gebiete mehrfach besetzt werden, wobei die Sender auf gleichem Kanal natürlich räumlich weit auseinander und im „Offset"-Betrieb (s. Kap. 5)

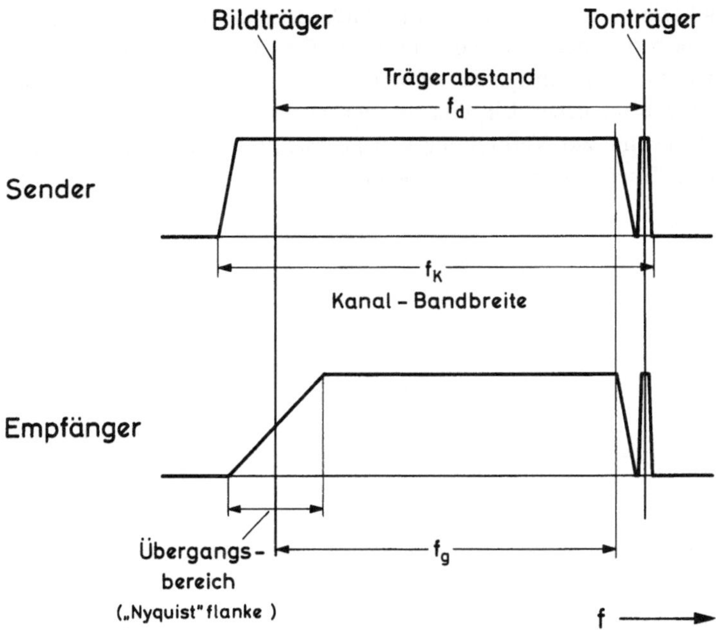

Abb. 4.13. Fernseh-Sende-Empfangs-System mit Restseitenbandübertragung. Erklärung der in Abb. 4.12 zusammengestellten Kennwerte

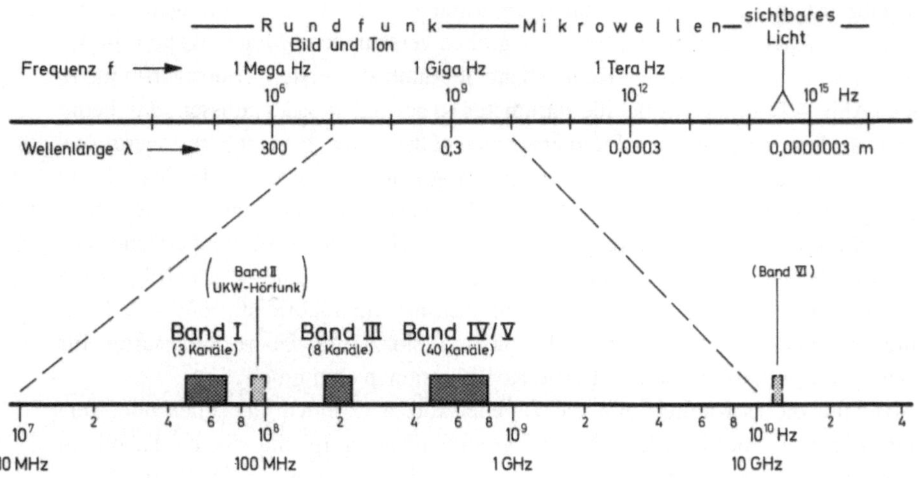

Abb. 4.14. Frequenzbänder für den Fernsehrundfunk

liegen müssen, um Störungen zu vermeiden. Für die Planung eines Sendernetzes wurden in Berücksichtigung vieler Einflüsse und Systemparameter interessante Methoden und Verfahren entwickelt [4.5].

In der Bundesrepublik Deutschland wird das erste Fernseh-Rundfunkprogramm in den Bändern I und III (über Füllsender auch in den Bändern IV/V) gesendet, das zweite und dritte Programm in den Bändern IV/V.

Für die Weiterentwicklung des Fernsehrundfunks steht zusätzlich ein Bereich im Gigahertz-Gebiet (Band VI) zur Diskussion. Außerdem werden Alternativen zu den konventionellen, terrestrischen Systemen mit vielen Einzelsendern diskutiert und zwar die Ausstrahlung von Fernsehsignalen von einem zentralen Sender in Synchron-Satelliten oder über Kabelnetze. Einzelheiten der bestehenden und in der Diskussion stehenden neuen Technik zur Verbreitung von Fernsehprogrammen werden in einem folgenden Band des Buches ausführlicher behandelt.

5 Struktur des Bildsignals

5.1 Analytische Darstellung des Signals

Zur ausreichend fehlerfreien Übertragung der Fernsehsignale wird ein Frequenzband von 0 bis f_g beansprucht. Interessant ist nun die Frage, *in welcher Weise dieses Frequenzband besetzt bzw. ausgefüllt ist.* Man muß vermuten, daß sich die doppelte Periodizität des Abtastvorgangs auch in der Struktur des Signals bzw. in seinem Frequenzspektrum auswirkt. Diese Fragen sind bereits bei den Untersuchungen des Abtastvorgangs in der Bildtelegraphie behandelt worden [5.1]. Die Analyse der Signalstruktur ist nützlich und hat zu bedeutungsvollen Entwicklungen geführt. Aus der Eigenart der Besetzung des Frequenzbandes folgt nämlich, daß Fremdkomponenten je nach ihrer Frequenz unterschiedlich stören. Auf diesen Erkenntnissen beruhen z. B. der „Offset"-Betrieb von Fernsehsendernetzen und die Einschachtelung der Farbinformation in das Frequenzband der Leuchtdichtesignale beim kompatiblen Farbfernsehen, wie im nächsten Kapitel ausführlich dargelegt wird.

Für die theoretische Analyse der Signalstruktur ist es vorteilhaft, wenn man die Darstellung auf einen Produktansatz gründet, dessen Faktoren sich jeweils auf die beiden charakteristischen Abtastrichtungen bzw. Abtastfrequenzen beziehen. Man geht dabei von einer zweidimensionalen Darstellung der Leuchtdichteverteilung des Bildinhaltes aus, der zunächst als ruhend vorausgesetzt wird, d. h. die periodische Abtastung des Bildfeldes findet bei jedem Durchlauf stets die gleiche Konfiguration vor. Die Voraussetzungen sind also erfüllt, daß man sich in vertikaler und horizontaler Richtung die Leuchtdichteverteilung aus einer Überlagerung von sinus- und cosinusförmigen Schwankungen aufgebaut denken kann. Mit dieser Vorstellung kommt man für die quantita-

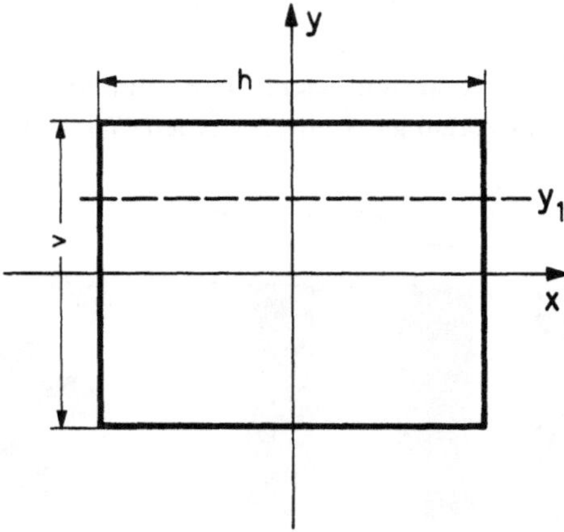

Abb. 5.1. Lage des Bezugssystems für die Bildfeld- und Signalanalyse

tive Darstellung zu Fourier-Reihen. Der einfacheren mathematischen Behandlung wegen ist hier die komplexe Schreibweise gewählt.

Legt man, wie in Abb. 5.1 gezeigt, in die Mitte des Bildfeldes der Breite h und Höhe v ein rechtwinkliges Koordinatensystem (x, y), so gilt für die Leuchtdichteverteilung längs einer Zeile, d. h. für einen herausgegriffenen Wert y_1

$$L(x,y_1) = \sum_{m=-\infty}^{+\infty} A_m \exp 2\pi j m \frac{x}{h}$$

wobei für die komplexen Amplituden A_m bei negativen Werten der Ordnungszahl m die konjugiert komplexen Zahlen einzusetzen sind, d. h.

$$A_{-m} = A_m^*$$

Die Reihendarstellung wird nun auf die vertikale Dimension erweitert durch einen entsprechenden Ansatz für die Koeffizienten A_m

$$A_m = \sum_{n=-\infty}^{+\infty} A_{mn} \exp 2\pi j n \frac{y}{v}$$

Man findet damit für das ganze Bildfeld

$$L(x,y) = \sum_{m=-\infty}^{+\infty} \sum_{n=-\infty}^{+\infty} A_{mn} \exp 2\pi j \left(\frac{mx}{h} + \frac{ny}{v} \right) \tag{5.1}$$

Gl. (5.1) ist der analytische Ausdruck der Vorstellung, daß ein beliebiger Bildinhalt durch eine Superposition von kreuz und quer liegenden, sinusförmig über Höhe und Breite verteilten Schwankungen der Leuchtdichte dargestellt werden kann. Abb. 5.2 zeigt schematisch elementare Beispiele für geometrisch einfache Bilder. Die links und oben angegebene Sinusverteilung ist in den Bildfeldern durch schwarze und helle Felder angedeutet. Sind nur Strukturen in horizontaler Richtung vorhanden, so treten nur Komponenten der Ordnungen n auf (Abb. 5.2 links). Umgekehrt ist es bei rein vertikalen Strukturen (Abb. 5.2 Mitte). Im allgemeinen Fall m und $n \neq 0$ liegen die „Elementarwellen" des Bildes schräg (Abb. 5.2 rechts).

Aus der Ortsverteilung Gl. (5.1) kann nun leicht die Zeitfunktion des Signals i durch Einführung des linearen Abtastvorgangs ermittelt werden. Wir denken uns die perio-

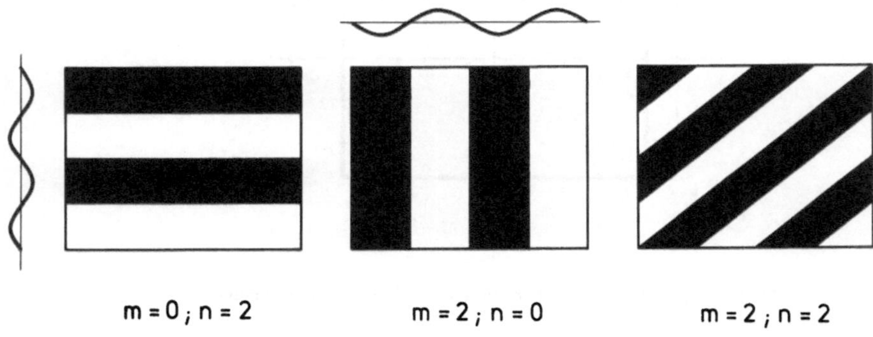

Abb. 5.2. Beispiele für Grundkomponenten der Bildstruktur

disch rückspringend wiederholte Abtastung des Bildfeldes ersetzt durch eine gleichförmig lineare Abtastung einer unbegrenzten Vorlage, in der das optische Bild nach allen Seiten — wie ein Tapetenmuster — periodisch wiederholt ist. Mit dem Ansatz für die zeitproportionale Vorschubbewegung der abtastenden Sonde

$$x = c_x t \quad \text{und} \quad y = c_y t$$

und einen Umrechnungsfaktor c erhält man damit für das Spektrum des Fernsehsignals

$$i(t) = c \sum_{m=-\infty}^{+\infty} \sum_{n=-\infty}^{+\infty} A_{mn} \exp 2\pi j \left(m\frac{c_x}{h} + n\frac{c_y}{v} \right) t \tag{5.2}$$

Da die Horizontal-Abtastgeschwindigkeit c_x, bezogen auf die Zeilenlänge h der Horizontalfrequenz f_h entspricht und analog $c_y/v = f_v$ ist, kann man (5.2) umschreiben in

$$i(t) = c \sum_{m=-\infty}^{+\infty} \sum_{n=-\infty}^{+\infty} A_{mn} \exp 2\pi j \, (mf_h + nf_v) t \tag{5.3}$$

Das Frequenzband ist also vom Fernsehsignal nur an bestimmten Frequenzen besetzt, es ist ein Linienspektrum, dessen Aufbau nunmehr genauer gekennzeichnet werden soll. Die Auswertung von Gl. (5.3) führt zu den Frequenzen

$$f_{mn} = mf_h \pm nf_v \tag{5.4}$$

d. h. Vielfache der Horizontalfrequenz sowie der Vertikalfrequenz mit wechselnden Vorzeichen. Die Gruppierung der mit zunehmender Ordnung in der Amplitude abnehmenden Frequenzen hängt von der Beziehung zwischen f_h und f_v ab. Das Schema Abb. 5.3 zeigt die Verteilung für den Fall einfacher Zeilenfolge, d. h. für $f_h = Z \cdot f_v$ (kein Zeilensprung). Dann ist allgemein

$$f_{mn} = (mZ \pm n)f_v \tag{5.5}$$

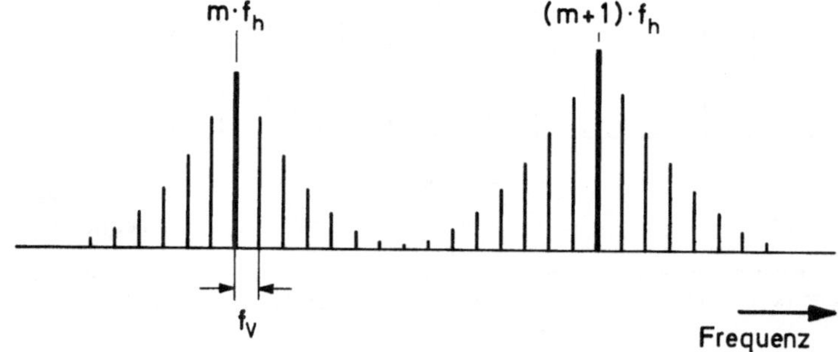

Abb. 5.3. Fernseh-Signalspektrum bei Abtastung in kontinuierlicher Zeilenfolge $f_h = k \cdot f_v$ (k ganz)

Man findet um die Vielfachen von f_h herum „Seitenbandfrequenzen" im Abstand f_v, $2f_v$, $3f_v$... usw. Abb. 5.3 ist grob schematisiert; die Verteilung der Energie auf die einzelnen Linien kann je nach Art des Bildinhalts sehr verschieden sein. Wegen der ganzzahligen Relation von f_h zu f_v ist das Intervall zwischen $(m + 1)f_h$ und mf_h gleichmäßig in Abständen f_v unterteilt.

Eine andere Gruppierung der Teilfrequenzen findet man bei Abtastung mit dem Zeilensprungverfahren [5.2], wobei nach Gl. (3.5) gilt

$$f_h = \frac{2k+1}{2} f_v = (2k+1)f_w \quad k \text{ ganz}$$

damit erhält man

$$f_{mn} = [m(k+\tfrac{1}{2}) \pm n]f_v = [m(2k+1) \pm 2n]f_w \tag{5.6}$$

Das Intervall zwischen zwei Komponenten der Horizontalfrequenz aufeinanderfolgender Ordnung ist

$$f_{(m+1),0} - f_{m,0} = (k+\tfrac{1}{2})f_v$$

d. h. so aufgeteilt, daß ein Rest von $fv/2$ bleibt. Erst der Abstand zur übernächsten Ordnung $(m+2)f_h$ ist in f_v ganzzahlig geteilt. Das Bild der Frequenzverteilung läßt sich damit durch zwei ineinanderliegende, um $f_v/2$ versetzte Spektren darstellen, die den geradzahligen und ungeradzahligen Vielfachen von f_h zugeordnet sind, wie in Abb. 5.4 schematisch dargestellt. In Analogie zu den beiden ineinandergreifenden Halbrastern in der Abtastung sind die Frequenzspektren verschachtelt und man kann die dichtere Besetzung des Bandes sinnbildlich für die Übermittlung einer größeren Informationsmenge beim Zeilensprungverfahren ansehen. Der Mindestabstand zwischen zwei benachbarten Linien beträgt $f_v/2 = f_w$. So muß es auch sein, denn die Wiederholungsfrequenz der Abtastung des gesamten Bildfeldes bestimmt die niedrigste Periode, die sog. Primitivperiode in der Fourier-Darstellung und alle Frequenzen sind Vielfache davon.

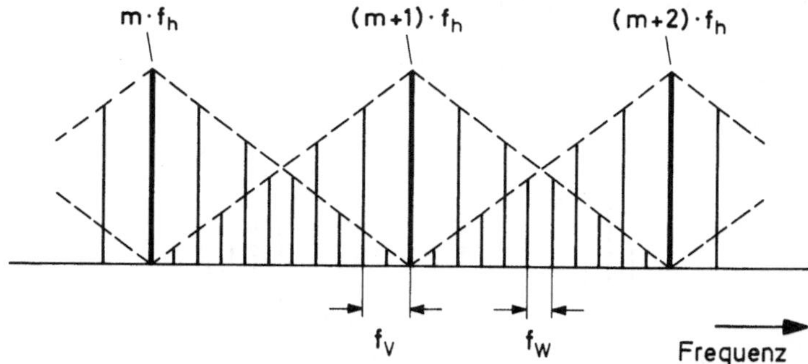

Abb. 5.4. Das Frequenzspektrum des Fernsehsignals ist bei Zeilensprungabtastung wegen der Bedingung $f_h = (k + \tfrac{1}{2})f_v$ verschachtelt. Das grobe Schema bezieht sich auf den Fall $k = 5$

Aus den Skizzen Abb. 5.3 und 5.4 kann man recht gut das Auftreten von Störstrukturen und Mehrdeutigkeiten im Übertragungsvorgang verstehen. Komponenten hoher Ordnung für n, die bei sehr feinen Strukturen im Bild in vertikaler Richtung auftreten, liegen von den „Hauptlinien" mf_h weit entfernt — um so weiter, je feiner die Struktur ist — und kommen somit in die Nähe der benachbarten Hauptlinien, wo sie einer groben Struktur entsprechen. So entstehen die aus den Ausführungen 2.6 qualitativ bereits bekannten Störmuster. Wir müssen in diesem Zusammenhang auch an den

Empfänger denken, der aus dem Signalspektrum nach Gl. (5.3) durch einen äquivalenten Umwandlungsvorgang wieder eine zugeordnete Ortsverteilung (Gl. (5.1)) reproduziert. Dabei kann es zu Mehrdeutigkeiten kommen, weil eine bestimmte Frequenzkomponente nur durch ein Wertepaar der Ordnungszahlen m und n gegeben ist. So entstehen im einfachen Fall der normalen Zeilenfolge nach Gl. (5.4) identische Frequenzen für m, n und m', n', wenn

$$m Z + n = m' Z + n'$$

ist. Die Störkomponenten treten besonders stark hervor, wenn die in den Bereich der Nachbar-Hauptlinien ragenden Signalfrequenzen höherer Ordnung große Amplituden haben.

Die Unterschiede der Störmuster nach Abb. 2.12 in Abhängigkeit von der Schärfe der abtastenden Sonde werden jetzt gut verständlich. Die endliche, durch Nachstellen der Fokussierung veränderte Sondenweite beeinflußt nämlich die Amplituden A_{mn} der Teilkomponenten in Gl. (5.3). Eine entsprechende Erweiterung des theoretischen Ansatzes kann diese Gegebenheiten erfassen. Die bisher dargelegte Frequenzanalyse gilt nur für punktförmige Abtastung. Die Blenden- bzw. Sondeneinflüsse können aber durch zusätzliche Faktoren berücksichtigt werden. Man erhält

$$i(t) = c \sum_{m=-\infty}^{+\infty} \sum_{n=-\infty}^{+\infty} Y_{mn} A_{mn} \exp 2\pi \mathrm{j}(mf_\mathrm{h} + nf_\mathrm{v})t \tag{5.7}$$

mit

$$Y_\mathrm{mn} = \iint\limits_{\text{Sonde}} T(\xi,\eta) \exp 2\pi \mathrm{j}\left(\frac{m\xi}{h} + \frac{n\eta}{v}\right) \mathrm{d}\xi\,\mathrm{d}\eta \tag{5.8}$$

wobei ξ, η die Koordinaten eines im Mittelpunkt der Sonde (Blende) liegenden Bezugssystems und $T(\xi,\eta)$ die Wirksamkeit der Blende bzw. Sonde (Transparenz, Form, Elektronenverteilung usw.) sind. Mit dieser Erweiterung ist nun in allgemeiner Form der Einfluß der endlichen Sondengröße enthalten, den wir in elementarer eindimensionaler Anwendung bereits bei der Abschätzung des Frequenzbandes herangezogen haben.

Betrachtungen mit Hilfe von Gl. (5.7) zusammen mit den äquivalenten Ansätzen für die Bildreproduktion im Empfänger zeigen deutlich den Einfluß der Sondenform auf das Entstehen von störenden Interferenz-Fremdkomponenten und bestätigen die Empfehlung, daß die abtastende Sonde nicht zu scharf sein soll, damit sich die Verwirrungsgebiete zwischen den Hauptlinien nicht störend auswirken (eine ausreichend große Sondenbreite ist ja auch zur Verwaschung der Zeilenstörstruktur nötig, wie in den Abb. 2.9 und 2.10 illustriert).

Die Signaldarstellung als doppelte Fourier-Reihe nach Gl. (5.3) gilt nach Voraussetzung nur für ruhenden Bildinhalt. Es zeigt sich aber, daß auch bei den im Fernsehen vorkommenden Bewegungen im Bildfeld der grundsätzliche Aufbau im wesentlichen erhalten bleibt. Anstelle der scharfen Spektrallinien treten verbreiterte Häufungsstellen im Frequenzband auf. Modellfälle sind im einzelnen untersucht worden [5.2] z. B. durch Einführung einer zeitlich variierenden Phase $\mathrm{d}\varphi_{mn}/\mathrm{d}t$ der Teilkomponenten in Gl. (5.3), d.h. mit dem Ansatz

$$i(t) = c \sum_{m=-\infty}^{+\infty} \sum_{n=-\infty}^{+\infty} A_{mn} \exp 2\pi \mathrm{j}\left(mf_\mathrm{h} + nf_\mathrm{v} + \frac{1}{2\pi}\frac{\mathrm{d}\varphi_{mn}}{\mathrm{d}t}\right)t \tag{5.9}$$

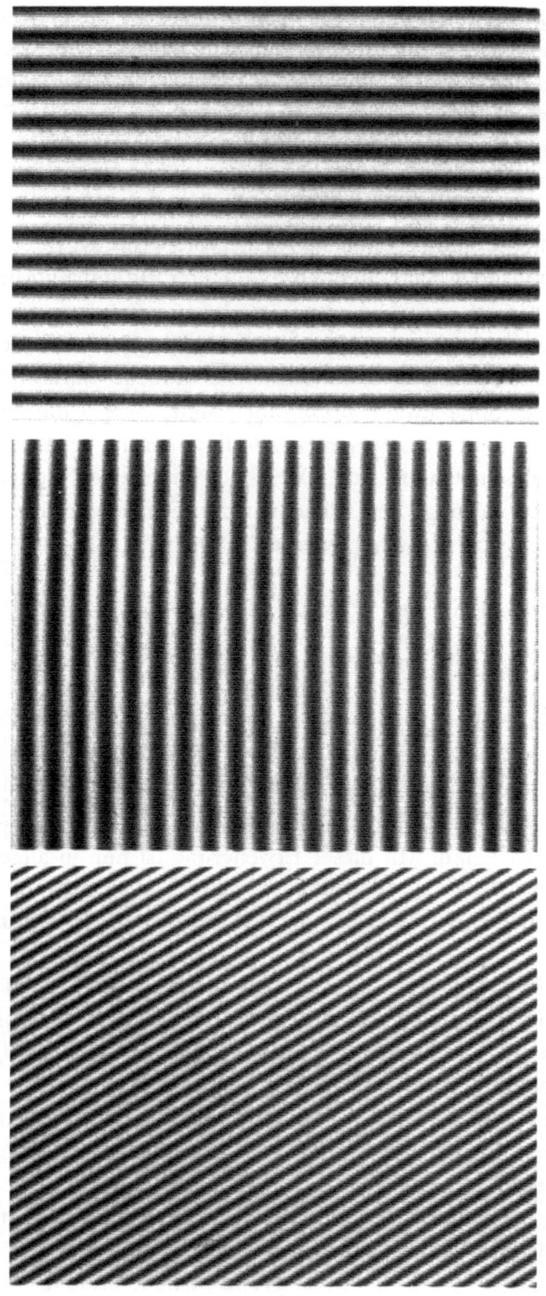

Abb. 5.5. Modulationsfrequenzen von ganzzahligen Vielfachen der Vertikal- bzw. Horizontalfrequenz erzeugen im Fernsehraster ruhende, horizontale bzw. vertikale Streifenmuster. Die Photos zeigen Ausschnitte aus einem modulierten 625-Zeilen-Raster (oben $n \cdot f_v \approx 3$ kHz, Mitte $m \cdot f_h \approx 1{,}5$ MHz). Im allgemeinen Fall, m und n ganz, aber $\neq 0$ entstehen schrägliegende Muster, wie das Photo unten im Beispiel für eine zusammengesetzte Frequenz von der Größenordnung 1,5 MHz zeigt

5.2 Störwirkung von Fremdsignalen im Fernsehbild, Offset-Technik

Die skizzierten Bildfeld- und Frequenzanalysen haben zu interessanten Studien über Zerlegung und Aufbau des Fernsehbildes geführt; darüber hinaus hat man interessante technische Entwicklungen abgeleitet. Wichtig ist der Befund, daß das *Frequenzband nicht vollständig besetzt ist.* Nur bestimmte, zum Bildaufbau passende Frequenzen sind vorhanden. Die Amplitudenverteilung weist allgemein Häufungsstellen um die Vielfachen der Horizontalfrequenz auf, dazwischen liegen relativ leere Bereiche, denn die Seitenbandamplituden nehmen mit zunehmender Ordnung rasch ab. Weiterhin gibt es eine Vielzahl schmaler Leerbereiche zwischen benachbarten Linien von Vielfachen der Vertikalfrequenz f_v bzw. f_w. Der Gedanke liegt nahe, die unbesetzten Gebiete zur Übertragung zusätzlicher Information auszunutzen.

Die Möglichkeiten der technischen Nutzung dieser Gegebenheiten erkennt man aus der Untersuchung, *welche Störungen bzw. Erscheinungsformen auf dem Empfangsbild durch Fremdkomponenten irgendeiner Frequenz, die auf das Fernsehsystem einwirken, entstehen.* Wie zu erwarten, sind je nach der Beziehung der Störfrequenz f_s zu den Spektrallinien des vorgegebenen Fernsehsystems die Wirkungen recht verschieden. Liegt z. B. f_s genau auf einer Linie im Frequenzspektrum, so ist sie als ruhendes Muster deutlich sichtbar, wie Abb. 5.5 in einfachen Beispielen für ganzzahlige Vielfache der Vertikal- bzw. Horizontalfrequenz zeigt. Man versteht diesen Sachverhalt aus der Relation der Störfrequenzperiode zur Abtastperiodendauer.

In Abb. 5.6 oben ist für die Horizontalabtastung der Fall einer ganzzahligen Beziehung zwischen f_s und f_h skizziert, d. h. für den Fall der Aufteilung von $H = 1/f_h$ in q Stör-

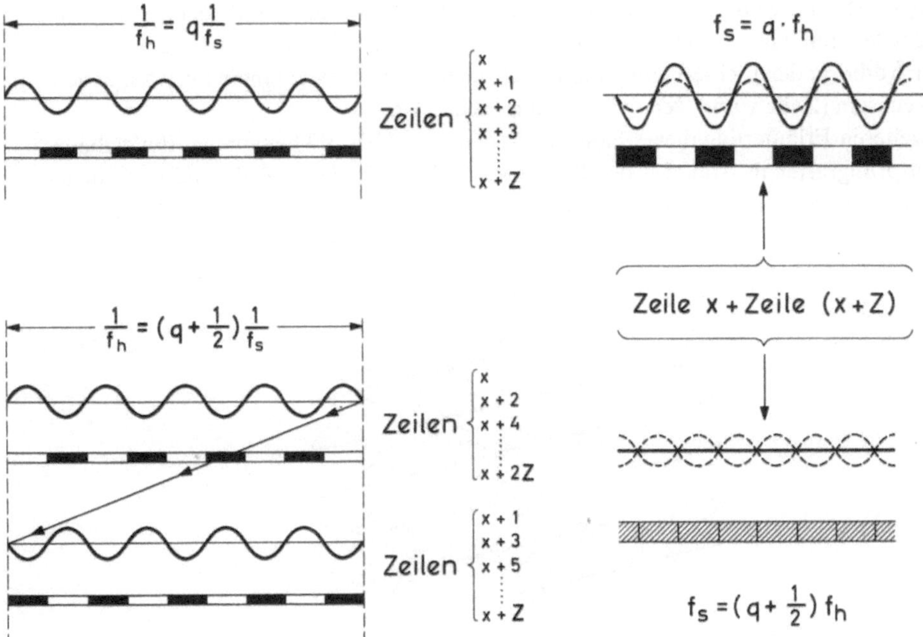

Abb. 5.6. Fremdkomponenten f_s bei Offset- und Nichtoffset-Lage zur Horizontalfrequenz f_h. Erklärung der verschiedenen Störmuster

frequenzperioden $1/f_s$. In der Abbildung ist unter dem Schwingungszug die Bildstruktur längs einer herausgegriffenen Zeile x schematisch durch helle Stücke für die positiven und dunkle für die negativen Halbwellen gekennzeichnet. Wegen der ganzzahligen Beziehung ist die Struktur des Störmusters auf allen folgenden Zeilen $x + 1$, $x + 2, x + 3 \ldots$ die gleiche. So ist es auch nach den Z Zeilen des gesamten Rasterdurchlaufs, es erscheint damit immer an der gleichen Stelle ein kräftiges, ruhendes Muster.

Ganz anders ist das Bild bei einer Störfrequenz, die im Spektrum genau zwischen zwei Hauptlinien mf_h liegt, wie in Abb. 5.6 unten dargestellt. Für diesen interessanten Spezialfall hat sich die Bezeichnung Halbzeilen-„Offset" eingebürgert, also $f_s = (q + 1/2)f_h$. Wie man sieht, ist am Ende einer Zeile x in diesem Fall gerade eine halbe Periode der Störfrequenz abgelaufen, so daß f_s auf der jeweils folgenden Zeile mit umgekehrter Phase einsetzt. Die auf x folgenden Zeilen $x + 2, x + 4, x + 6 \ldots$ zeigen daher die Störmodulation stets in der ersten Phasenlage, die Zeilen $x + 1, x + 3, x + 5$ in der entgegengesetzten. Das Störmuster ist also von Zeile zu Zeile um eine halbe Periode versetzt und stört schon dadurch sehr viel weniger.

Aber es kommt noch eine weitere Abschwächung durch einen Kompensationseffekt hinzu. Nach einem vollständigen Durchlauf des Zeilensprungrasters ist nämlich die Phasenlage bei dem folgenden Gesamtraster umgekehrt (s. Abb. 5.6 rechts). Die erste Zeile im anschließenden Raster ist $x + Z$. Bei Voraussetzung des Zeilensprungverfahrens ist Z eine ungerade Zahl und somit zeigt die Zeile $x + Z$ phasenversetzte Struktur. Erst im übernächsten Raster entspricht die Struktur der ersten Zeile $x + 2Z$ wieder dem Muster in der Anfangszeile x. So wechselt die Phasenlage auch bei allen anderen Zeilen. Das Fernsehbild zeigt also an jeder Stelle dauernd wechselnde Polarität des Störmusters und wenn die Nachwirkung bzw. Speicherung des Bildeindrucks bei der Betrachtung lang genug ist, kann sich dadurch die Störwirkung aufheben, man sieht im Idealfall nur einen konstant grauen Mittelwert, wie es in Abb. 5.6 rechts unten durch Addition der Lichterregung auf der gleichen Zeile in zwei aufeinanderfolgenden Bildwechseln (Zeile x und Zeile $x + Z$) angedeutet ist.

Zur weiteren Erläuterung dieses Falles ist in dem aus Abb. 3.9 bekannten, fünfzeiligen Zeilensprungraster in Abb. 5.7 der Phasenwechsel von Zeile zu Zeile und von einem Durchlauf zum anderen durch überlagerte Kurvenzüge dargestellt. Der Zyklus des

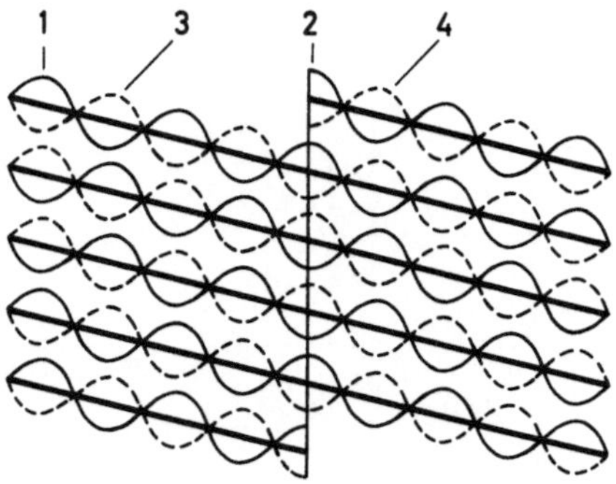

Abb. 5.7. Beispiel der Phasenumkehr einer Störfrequenz f_s im Halbzeilenoffset $f_s = (q + 1/2) f_h$ beim Durchlaufen eines vollständigen Zeilensprungrasters mit $f_h = (k + 1/2) f_v$. Das Beispiel zeigt den Fall $q = 4$ und $k = 2$

Strukturwechsels benötigt zwei vollständige Abtastungen, d. h. vier Halbraster. Das ist aus der Bedingung für diesen Offset-Fall

$$f_\mathrm{s} = \frac{2q+1}{2}\, f_\mathrm{h} = \frac{2q+1}{2} \cdot \frac{2k+1}{2}\, f_\mathrm{v} \tag{5.10}$$

$$= (2q+1)\cdot(2k+1)\,\frac{f_\mathrm{v}}{4} \quad q,k\ \text{ganz}$$

verständlich, denn f_s ist ein ganzzahliges Vielfaches von einem Viertel der Vertikalfrequenz, d. h. von 12,5 Hz bei $f_\mathrm{v} = 50$ Hz.

Abb. 5.8 zeigt schematisiert den Aufbau der Störung durch eine Frequenz f_s nach Gl. (5.10) im Raster des Empfangsbildes. Die Striche kennzeichnen jeweils eine Halbschwingung (hier die positive). In einem einzelnen Halbraster erscheint die Modulation von Zeile zu Zeile versetzt. Das folgende Halbraster fügt die gleiche, um eine Zeilenlage in der Höhe versetzte Struktur hinzu und die darauffolgenden Halbraster 3 und 4 füllen durch die umgekehrte Phasenlage die Lücken auf. So sieht man auch in dieser Darstellung, daß in einer Gruppe von vier Halbrastern, d. h. in zwei vollständigen Raster-Durchgängen, jede Stelle des Bildfeldes eine positive und negative Aussteuerung erfährt.

Abb. 5.9 bestätigt den skizzierten Aufbau des Störmusters durch Photo-Aufnahmen vom Leuchtschirm einer Bildwiedergaberöhre. Man sieht stark vergrößerte Ausschnitte

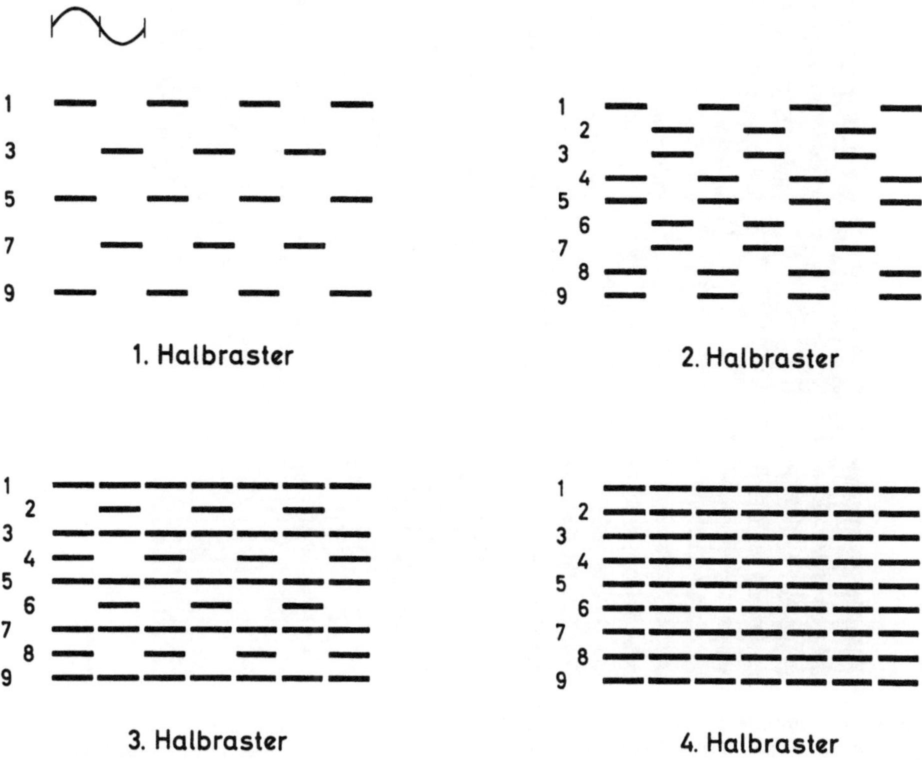

Abb. 5.8. Zusammensetzung des Störmusters einer Fremdkomponente $f_\mathrm{s} = (q + \tfrac{1}{2})\, f_\mathrm{h}$ (Halbzeilenoffset) im Zeilensprungraster. Kompensation der Störung bei Integration über vier Halbraster

aus dem mit einer Frequenz f_s von etwa 4,4 MHz modulierten 625-Zeilen-Raster (Zeilensprung). In der rechten Aufnahmereihe erfüllt f_s die Offset-Bedingung $f_s = (q + 1/2) f_h$. Zum Vergleich sind links daneben die entsprechenden Aufnahmen für die unmittelbar benachbarte Frequenz $f_s = q \cdot f_h$ gezeigt mit der sehr viel größeren Störwirkung. Im Photo erscheint die Kompensation der Störstruktur für den Offset-Fall nach Gl. (5.10) sehr vollkommen (Abb. 5.9 unten rechts). Bei subjektiver Betrachtung des Fernsehbildes zeigen sich jedoch Restfehler und sekundäre Effekte. Grundsätzlich bleiben die Störungen nur dann unsichtbar, wenn das Übertragungssystem linear arbeitet und eine ausreichende Speicherwirkung bei der Betrachtung gegeben ist. Beide Bedingungen sind in der Praxis nur näherungsweise erfüllt.

Nichtlinear sind z. B. die Übertragungskennlinie der Bildröhre und das Empfindungsgesetz im Sehvorgang. Bei kleinen Störungen kompensieren sich zwar die Effekte in

Abb. 5.9. Stark vergrößerte Ausschnitte aus einem 625-Zeilen-Raster, das mit einer Störfrequenz von etwa 4,4 MHz moduliert wurde. Rechts: Lage der Störfrequenz im Halbzeilenoffset, links: in Nichtoffset-Lage. Die Belichtungszeit der Aufnahmen erfaßte jeweils ein, zwei, drei und vier Halbraster der Zeilensprungabtastung

einem gewissen Bereich, aber bei größeren Störamplituden im unteren Halbtonbereich ist das elektro-optische Übertragungssystem sehr nichtlinear und wirkt wie ein Gleichrichter, weil es kein „negatives" Licht gibt. Es bleiben also Reststörungen, die man in Abb. 5.9 durch Hervortreten einer Struktur doppelter Frequenz erkennen kann. Hinzu kommen (im Photo nicht darstellbare) stroboskopische Effekte und gelegentliches Hervortreten einer gleichmäßig wandernden Struktur durch Mitgehen der Blickrichtung, ähnlich wie es bei dem Zeilensprungraster erklärt wurde.

Die Speicherung des Bildeindrucks über vier Halbraster hinweg ist ebenfalls unvollkommen. Es handelt sich in der Praxis um Periodenlängen von $f_v/4 = f_w/2$, d. h. 1/12,5 s bei $f_v = 50$ Hz. Das liegt an der Grenze der Nachwirkungsdauer im Sehvorgang. Eine ausreichende flimmerfreie Kompensation der alternierend phasenverkehrt dargebotenen Störmodulation tritt nur bei feinem Störmuster, d. h. bei Fremdkomponenten im oberen Bereich des Frequenzbandes ein, deren Sichtbarkeit ohnehin geringer ist. Die genannten Unvollkommenheiten schränken zwar die Ausnutzung der „leeren" Bereiche im Fernsehsignalspektrum ein, dennoch bringt die Offset-Technik in verschiedenen Anwendungen beachtliche Vorteile.

Die Betrachtungen der Störwirkung einer Fremdkomponente bezogen sich bisher auf die Spezialfälle der Nicht-Offset- und der Halbzeilen-Offset-Lage. Eine Komponente, deren Frequenz irgendwo im Spektrum liegt und deren Relation zur Horizontal- bzw. Vertikalfrequenz nicht ganzzahlig ist, ruft ein wanderndes Muster hervor. Man kann die Muster-Bewegung anschaulich erklären. Wenn z. B. die Frequenz der Fremdkomponente sehr nahe an einem Vielfachen der Horizontalfrequenz liegt, erscheint das Muster der sinusförmigen Intensitätsmodulation längs der Zeile mit fortschreitender Rasterbewegung von Zeile zu Zeile etwas verschoben, das Muster liegt schräg. Nach einem vollständigen Rasterdurchlauf erscheint die Modulation auf der gleichen Zeile versetzt und die rasche Darbietung der schrittweise versetzten Muster verschmilzt im Bildeindruck zu einer kontinuierlichen Bewegung. Die vorzugsweise wahrgenommene Bewegungsrichtung hängt davon ab, ob die Fremdfrequenz oberhalb oder unterhalb der jeweils benachbarten Linie $m \cdot f_h$ liegt. Die Mittenlage zwischen Vielfachen von f_h entspricht dem Halbzeilen-Offset. In diesem Fall ist die Vorzugsrichtung der Bewegung indifferent, sie wechselt gerade um. Die für diesen Spezialfall $f_s = (q + 1/2) f_h$ beschriebene Kompensation des Störmusters kann man demnach auch so erklären, daß zwei Muster über das Bildfeld gegeneinander laufen und sich dadurch auslöschen.

Die Erkenntnisse über die Struktur des Fernsehbildsignals haben zur Entwicklung bedeutungsvoller Techniken beigetragen. Wie schon erwähnt, findet man das *„Offset"-Prinzip* bei der Einschachtelung des Farbartsignals in das Frequenzband des Leuchtdichtesignals bei den Verfahren der „kompatiblen" Farbfernsehübertragung, wie im folgenden Kapitel ausführlich dargelegt wird. Eine andere bedeutungsvolle Nutzung führte zur „Offset"-Technik im *Gleichkanalbetrieb von Fernsehsendern* [5.3, 5.4]. Es geht dabei um folgendes:

Um ein Land möglichst vollständig mit einem Fernsehrundfunkprogramm zu versorgen, braucht man viele Sender im VHF- bzw. UHF-Bereich. Wie bereits aus Abb. 4.14 bekannt, sind nach internationaler Übereinkunft für den Fernsehrundfunk nur gewisse „Bänder" in diesen Bereichen vorgesehen und es ist unvermeidlich, daß mehrere Sender mit den gleichen Nominalfrequenzen arbeiten. Natürlich wird man die im gleichen Kanal betriebenen Fernsehsender so weit wie möglich voneinander entfernt legen, um Verwirrungsgebiete, in denen der Empfang von beiden Sendern möglich ist, zu ver-

meiden bzw. klein zu halten. Dennoch können durch Überreichweiten und bei besonders hochliegenden Empfangsorten usw. Störungen auftreten. Der Mindestabstand von
Sendern im Gleichkanalbetrieb kann ja nicht beliebig groß gemacht werden, wenn eine
bestimmte, zur Versorgung (z. B. schwieriger Gelände) notwendige Zahl von Sendern
auf eine vorgegebene Zahl von Kanälen in den zugeteilten Frequenzbereichen aufgeteilt werden muß.

Die möglichen Reststörungen in den Grenzgebieten kann man wirksam verringern,
wenn die Trägerfrequenzen der Bildsender zwar nominell auf der mit einer gewissen
Toleranz zugeteilten Frequenz arbeiten, untereinander aber einen geringen konstant
gehaltenen *Versatz Δf (Offset)* einhalten (natürlich muß die Stabilität der Trägerfre-
quenzerzeugung entsprechend gut sein).

Der Frequenzversatz muß so bemessen sein, daß bei Empfang des Hauptsenders die
von dem zusätzlich einwirkenden Sender erzeugte Störung möglichst gering ist. Den
in diesem Abschnitt erläuterten Grundlagen folgend, ist die Störwirkung am kleinsten,
wenn die Spektren ineinanderliegen, d. h. wenn das Spektrum des Störsenders in die
Leerbereiche des Nutzsenders fällt. Man hat diese Möglichkeiten gründlich untersucht
und technische Empfehlungen abgeleitet.

Zunächst kommt es darauf an, den Versatz in bezug auf die Häufungsstellen der Signal-
energie in der Umgebung der Vielfachen der Horizontalfrequenz (mf_h) optimal zu
wählen. Abb. 5.10 zeigt die zu erwartende Abhängigkeit der Störwirkung von dem
Trägerversatz Δf über den Bereich der Horizontalfrequenz. In diesem Bild ist der
erforderliche Störabstand für die subjektiv empfundene Erträglichkeitsgrenze aufgetragen, ermittelt durch Vergleich mit einem Bezugsstörer [5.3]. Abb. 5.10 gilt für
gleiche Modulation (gleiches f_h und f_v) des Nutz- und Störsenders, wie es dem praktischen Gleichkanalbetrieb im Versorgungsnetz mit einem Programm entspricht. Unter
dieser Voraussetzung verschachteln sich mit dem Trägerversatz auch alle übrigen Komponenten der Spektren. Man erkennt aus Abb. 5.10, daß der Trägerversatz beachtliche
Vorteile bringt. Die Halbzeilen-Offset-Bedingung *($\Delta f = f_\mathrm{h}/2$)* ist natürlich am günstig-
sten, der Unterschied zum ungünstigsten Fall bei $\Delta f = 0$ beträgt mehr als 15 dB, d. h.
um diesen Betrag kann der Störsender im Offset-Betrieb stärker einwirken als im Gleich-

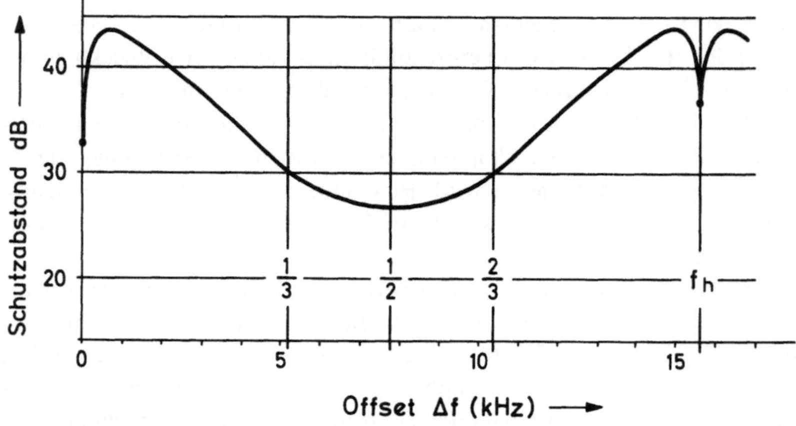

Abb. 5.10. Verringerung der Störung des Fernsehempfangs bei Einwirkung eines Störsenders im gleichen
Kanal durch Versatz (Offset) der Trägerfrequenzen von Nutz- und Störsender [5.3]

kanalbetrieb ohne Versatz. Das Minimum im Bereich des Halbzeilen-Offsets ist relativ flach, so daß man auch schon bei 1/3 und 2/3 Zeilenoffset (auch 4/3 usw.) fast den vollen Gewinn der Entstörung erhält. Um mehr als zwei Sender bei der Offset-Technik zu erfassen, wählt man daher in der heute üblichen praktischen Anwendung meist den Drittel-Zeilen-Offset.

Die Störungen können durch Berücksichtigung der Struktur im Signalspektrum mit Bezug auf die Vertikalfrequenz noch weiter reduziert werden. Man kommt dann zum sogenannten *„Präzisions"-Offset*. Abb. 5.11 zeigt die Feinstruktur der Kurve nach Abb. 5.10 in der Umgebung der 2/3-Zeilen-Offset-Lage. Die Störwirkung hat, wie zu erwarten, einen periodischen Gang mit der Vertikalfrequenz f_v. Ein passender Versatz in die Lücken der zu einer f_h-Hauptlinie zugeordneten Seitenbandlinien, d. h. in den Bereich $(n + 1/2)f_v = (2n + 1)f_w$ (n ganz) bringt eine weitere Entstörung um mehr als 10 dB. Vielfache von f_w (Mitte in Abb. 5.11) gehören zwar zu den Linien im Signalspektrum, die Störwirkung hat aber an diesen Stellen deshalb ein Minimum, weil im Zeilensprungverfahren die Muster gegenphasig in zwei aufeinanderfolgenden Rasterdurchläufen erscheinen. Die Technik des Präzisions-Offsets wird heute in der Praxis der Sendernetzplanung mitverwendet, da es gelingt, die erforderliche hohe Konstanz der Trägerfrequenzen im Betrieb zu halten (Toleranz etwa $\pm$ 1 Hz bei Trägerfrequenzen von $10^8 - 10^9$ Hz!).

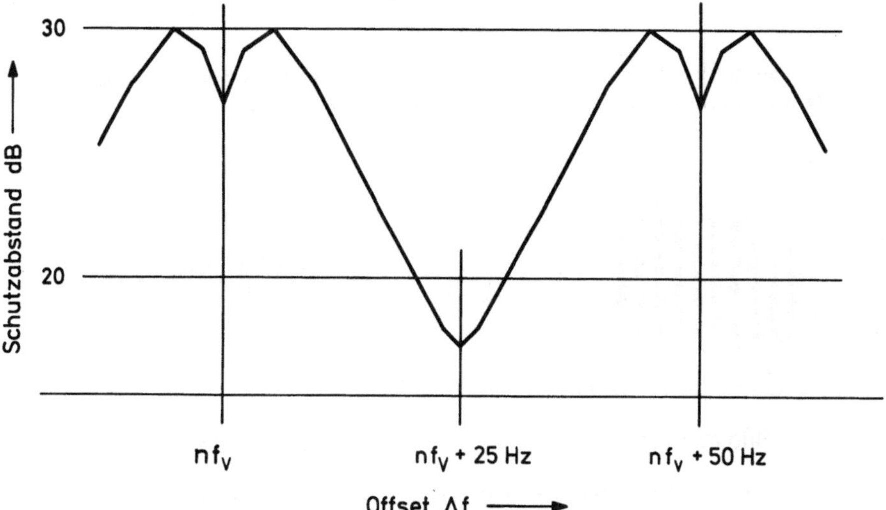

Abb. 5.11. Weitere Verringerung der Störung des Fernsehempfangs bei Einwirkung von Störsendern im gleichen Kanal (Gleichkanal-Störung) durch „Präzisions"-Offset zwischen Nutz- und Störsender [5.3]

Auch beim Farbfernsehen ist die „Offset"-Technik anwendbar. Zwar ist die Problematik wegen der eingeschachtelten Farbartsignale etwas komplexer, aber mit relativ einfachen Korrekturen und einigen Einschränkungen können die bisher für die Planung aus der Schwarz-Weiß-Technik abgeleiteten Schutzabstände beibehalten werden [5.4].

Zum Abschluß der Ausführungen über die Periodizität in der Signalstruktur sei noch eine interessante Betrachtung über die Abtastung periodischer Strukturen in den Bildvorlagen (Streifenmuster mit beliebiger Periodenzahl pro Längeneinheit) angefügt. Es wurde festgestellt, daß bei Übertragung eines ruhenden Bildes das Signal in bekannter Weise als Fourier-Spektrum dargestellt werden kann, d.h. durch eine Superposition von Schwingungen mit Frequenzen von Vielfachen f_w (bzw. f_v und f_h). Weiterhin wurde erklärt, daß durchlaufende Schwingungen mit Frequenzen, die nicht den diskreten Werten im Spektrum der Fourier-Darstellung entsprechen, sich im Bild als wandernde, bzw. in besonderen Fällen als gegenphasig von Raster zu Raster wechselnde Störmuster auswirken. Bei Abtastung einer Bildvorlage mit periodischer Streifenstruktur kann jedoch in mehr oder weniger langen Gruppen innerhalb der Zeilenperiode jede beliebige Frequenz im Übertragungsbereich erzeugt werden, wie Abb. 5.12 erkennen läßt. Eine in der Wahl freie Linienkonstante K (Zahl der Schwarz-Weiß-Wechsel/ Längeneinheit) in der optischen Bildvorlage entspricht im Signal einer zugeordneten Frequenz f_k, die je nach der Abbildung bei der Aufnahme und der Linienzahl jeden beliebigen Wert im Frequenzband annehmen kann. Das widerspricht nicht den Ergebnissen der hier dargelegten Signalanalyse mit einer Fourier-Reihe mit der Summe diskreter Teilfrequenzen, denn die bei der Abtastung erzeugten, irgendwo beliebig in den Leerbereichen liegenden Frequenzen treten nicht kontinuierlich auf, sondern sind im Rhythmus der Horizontalfrequenz getastet (z. B. durch die Unterbrechung des Abtastvorgangs am Ende jeder Zeile) und die Gruppen beliebig periodischer Strukturen in der Bildvorlage nach Abb. 5.12 werden natürlich in der mathematischen Darstellungsart durch die zugeordnete Summe diskreter Teilfrequenzen eindeutig erfaßt.

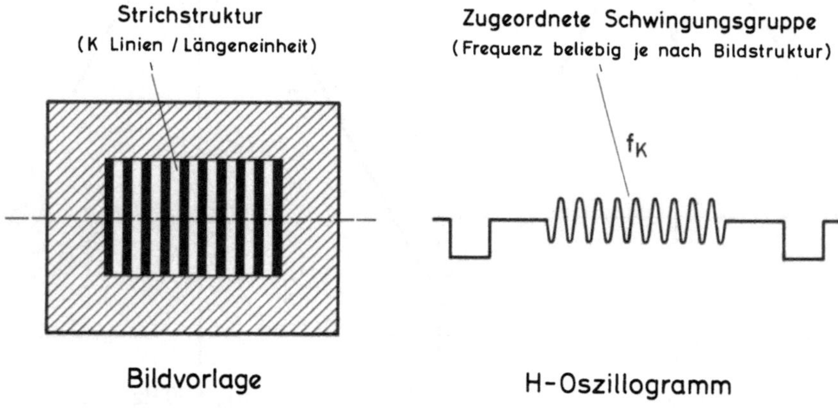

Abb. 5.12. Bildstruktur und Signalfrequenz in der Fernsehübertragung

6 Verfahren zur Mitübertragung der Farbverteilung im Bild

6.1 Vorbemerkungen

Zur Erweiterung des Fernsehens auf die Mitübertragung der Farbverteilung muß neben dem Signal für die Leuchtdichte noch zusätzlich eine Information über die Farbart der jeweils abgetasteten Stelle der Vorlage entnommen und zum Empfänger übermittelt werden. Die Problematik liegt darin, den Grundvorgang der für Schwarz-Weiß eingeführten Übertragung weitgehend beizubehalten (Kompatibilität) und die zusätzliche Informationsmenge auf ein notwendiges Minimum zu beschränken. Vorschläge für das Farbfernsehen gibt es seit langer Zeit, aber erst mit der Einführung neuartiger, hochinteressanter Übertragungsprinzipien wurde die Technik anwendungsreif und in den letzten Jahren in vielen Ländern und für viele Anwendungen eingeführt. Allgemein beruht die Fernsehübertragung auf der Übermittlung von Signalen, die dem optischen Zustand der im Zuge der Abtastung jeweils ausgewählten Elementarbereiche (Bildpunkte) der Bildvorlage entsprechen. Bei Schwarz-Weiß-Übertragung genügt die Auswertung der Leuchtdichte, d. h. die Übermittlung *einer* einzigen Meßgröße (Signal E_Y in Abb. 6.1). Bei Mitübertragung der Farbe kommt die Information über die Farbart hinzu. Kenngrößen der Farbart sind der Farbton und die Farbsättigung. Der Farbton ist mit der dominierenden Wellenlänge des Lichtes gegeben, man spricht von Rot, Orange, Gelb, Grün, Blau usw. Die Sättigung ist ein Maß für die spektrale Reinheit, d. h. wie kräftig die Farbe bzw. wieviel unbuntes Licht (Weiß) beigemischt ist. Mit diesen Kenngrößen der Farbart und der Leuchtdichte ist der Zustand des farbigen Bildpunktes vollständig erfaßt.

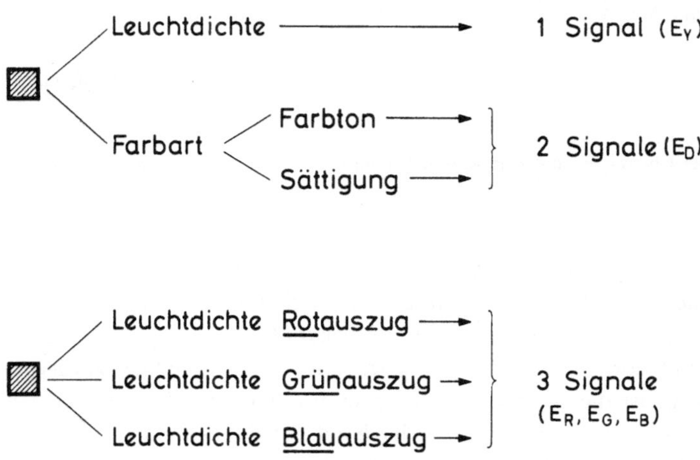

Abb. 6.1. Signalzuordnungen im Farbfernsehen

Für die fernsehtechnische Übermittlung dieser Werte zum Empfänger muß man zugeordnete Signale erzeugen, die am Empfangsort entsprechende Farb-Reproduktionsprozesse steuern. Dabei ist die direkte, in Abb. 6.1 oben angegebene Zuordnung der Signale zu den Kennzeichen der Farbart (E_D) und Leuchtdichte (E_Y) sehr vorteilhaft, weil dann eine geschickte Ausnutzung physiologischer Eigenarten des Farbensehens möglich wird. Das hat in der neueren Entwicklung zu außerordentlich leistungsfähigen, in bezug auf die Frequenzbreite besonders wirtschaftlichen Übertragungssystemen geführt.

Die optimale Signalzuordnung ist jedoch nur mittelbar mit Hilfe von *Codier- und Decodierprozessen* möglich, weil die heute verfügbaren Wandler am Aufnahmeort (Kamera, Filmabtaster) nicht direkt und getrennt die erforderlichen Signale für Leuchtdichte, Farbton und Sättigung liefern; auch gibt es bisher noch keine Wiedergabeeinrichtungen, die mit solchen Signalen direkt gesteuert werden können. So ist es zu verstehen, daß für das Farbfernsehen zunächst andere Signalzuordnungen vorgeschlagen wurden, die sich an die Prinzipien bekannter Farb-Reproduktionstechniken anlehnen, nämlich die Zuordnung der Signale zur Bildstruktur in ausgewählten Farbauszügen (z. B. in Rot-, Grün- und Blau-Auszügen, E_R, E_G und E_B) wie in Abb. 6.1 unten angegeben).

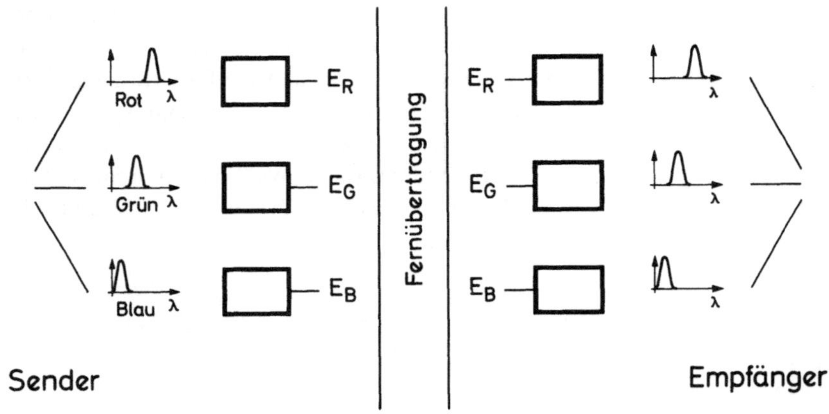

Abb. 6.2. Schema der Übertragung mit Farbwertsignalen im Bereich Rot (E_R), Grün (E_G) und Blau (E_B)

Diesem Prinzip folgend, werden — wie in Abb. 6.2 skizziert — im Farbfernsehen bei der Bildaufnahme von jedem Elementarbereich durch Filterung zugeordnete „Farbwert"-Signale in den ausgewählten Bereichen erzeugt (E_R, E_G, E_B), zum Empfangsort übertragen und dort in entsprechend gesteuerte Farbstrahlungen zurückverwandelt, die durch Synthese die ursprüngliche Farbempfindung reproduzieren. Die Technik des Farbfernsehens gründet sich damit weitgehend auf die bekannten Methoden der Farbanalyse und Synthese und dem interessierten Leser sei ein Studium dieser Grundlagen der Farbenlehre empfohlen (s. z. B. [6.1]). Im Rahmen des vorliegenden Lehrbuches muß es genügen, wenn im folgenden kurz einige Grundprinzipien und die international genormte Darstellung der Farbart in Erinnerung gebracht werden.

6.2 Einige Grundlagen und Darstellungsnormen der Farbenlehre

Eine farbige Lichtstrahlung läßt sich physikalisch eindeutig durch ihre spektrale Energieverteilung im sichtbaren Spektrum kennzeichnen. Die Strahlung in einem Gebiet $d\lambda$ bei der Wellenlänge λ ruft im Auge die Empfindungen „Farbigkeit" und „Helligkeit" hervor. Beide Empfindungen sind von λ abhängig. Die Empfindung der Farbart als Zuordnung zur Wellenlänge ist aus Darstellungen der Spektren wohlbekannt. Die unterschiedliche Hellempfindung der Farben wurde in Versuchsreihen mit vielen Personen ermittelt. Das Ergebnis ist in Abb. 6.3 dargestellt. Bei Voraussetzung energiegleicher Strahlung im Spektrum gibt diese Kurve an, wie hell die Farbe an der Stelle λ beurteilt wird. Es ist die quantitative Angabe der bekannten Tatsachen, daß gewisse Farben (wie z. B. Blau) dunkel und andere (wie z. B. Grün und Gelb) hell wirken. Umgekehrt ausgedrückt gibt die Hellempfindungskurve an, in welchem Verhältnis die Strahlungsdichten zweier Spektralfarben stehen müssen, wenn die beiden Lichter gleich hell empfunden werden sollen.

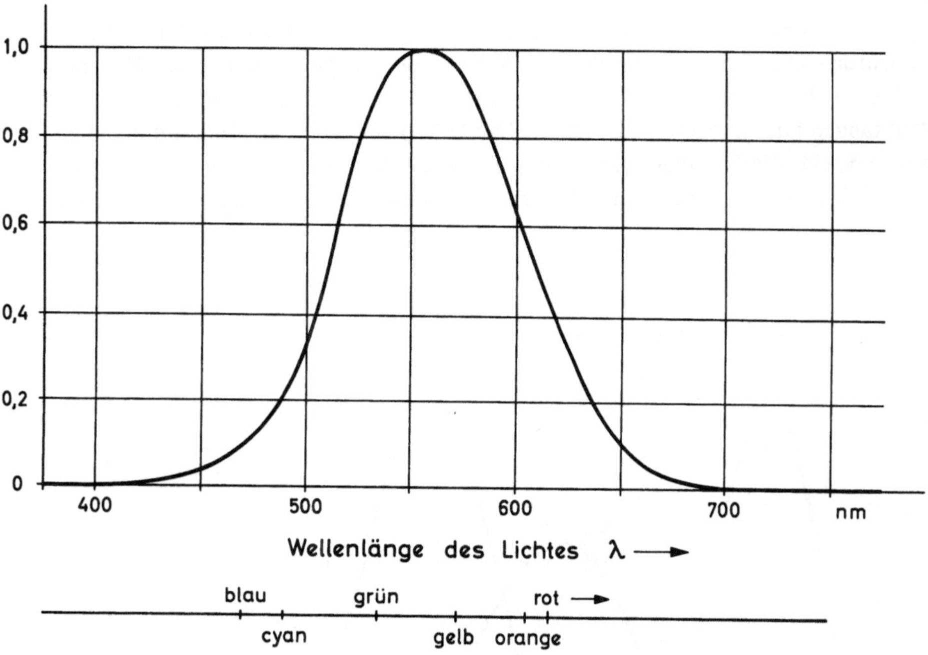

Abb. 6.3. Hellempfindung bei energiegleicher Strahlung im Spektrum

Die Beschreibung farbigen Lichtes durch die spektrale Emissionsverteilung ist zwar physikalisch korrekt und vollständig, aber in der Praxis umständlich. Den entscheidenden Fortschritt brachte bald die Darstellung in Teilkomponenten, die sich auf physiologische Erkenntnisse des Farbensehens gründet, nämlich auf die Annahme von drei verschiedenartigen „Rezeptoren" in der Netzhaut des Auges, die drei Grundempfindungen auslösen, von deren relativer Stärke der Farbeindruck abhängt. Die Rezeptoren sprechen in zugeordneten, relativ breiten Wellenlängenbereichen auf die Lichtstrahlung an und die Farbempfindung ist also ein Ergebnis der entsprechend proportionierten Superposition, d. h. der Mischung von drei Teilerregungen.

Hiernach ist es verständlich und in der Erfahrung bestätigt, daß man eine gegebene farbige Strahlung aus dosierten Anteilen von drei „Primär-Farbstrahlungen" nachbilden kann. Das Prinzip der Mischung aus Teilkomponenten machte die Technik farbiger Bildreproduktionen möglich und führte zu einer zweckmäßigen Farbmetrik. Die sonst notwendige Angabe der Spektralverteilung des zu kennzeichnenden Lichtes wird mit Hilfe der Komponentenzerlegung durch ein Zahlentripel ersetzt, das die erforderliche Stärke der für die Nachbildung zu superponierenden Teilstrahlungen bei drei festgelegten Wellenlängen angibt.

Für die Komponentenzerlegung und -zusammensetzung gelten einfache Gesetze der linearen Superposition. So ist es möglich, die auf ein bestimmtes Primärfarbentripel bezogenen Komponenten auf die Zugehörigkeit zu einem anderen Wertetripel durch lineare Transformationen umzurechnen. Auf diese Weise ist als Ergebnis der Arbeiten der C.I.E. (Commission Internationale de l'Eclairage, in der deutschen Literatur IBK = Internationale Beleuchtungs-Kommission genannt) eine einheitliche Darstellungsart zustande gekommen.

Man ging von Spektralwertkurven aus, die mit einer großen Zahl von Beobachtern ermittelt wurden und die nach allgemeiner Verabredung dem Verhalten des Normalbeobachters entsprechen. Die Spektralwertkurven geben die Anteile der drei Primärfarbstrahlungen an, die beim Vergleich im Dreifarbenmeßgerät zur Nachbildung einer beliebigen Spektralfarbe eingestellt werden müssen. Theoretisch ist man in der Auswahl des Tripels der spektralen „Primärvalenzen" weitgehend frei, allerdings muß die

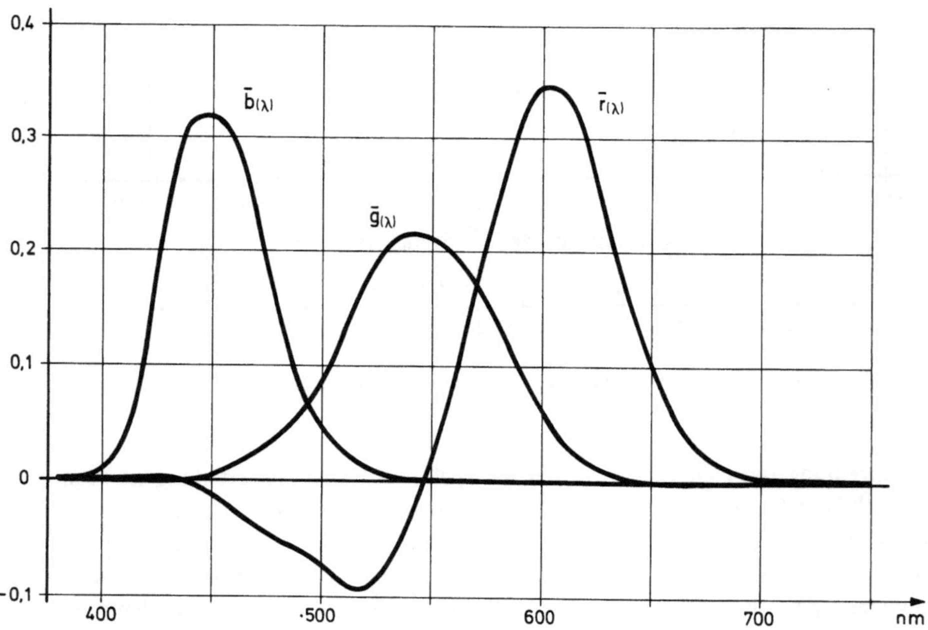

Abb. 6.4. Spektralwertkurven für die Farbmischung mit drei reellen Primärvalenzen

Bedingung erfüllt sein, daß keine der Primärfarben aus den beiden anderen ermischbar ist. Aus verschiedenen praktischen Gründen bezog man diese Untersuchungen auf folgende Spektralwerte für die Primärfarben: $\lambda_1 = 700$ nm, $\lambda_2 = 546{,}1$ nm, $\lambda_3 = 435{,}8$ nm, d. h. auf zwei Farben an den Enden des sichtbaren Spektrums und eine Farbe im Mittelbereich.

Mit diesen Primärvalenzen findet man für den Normalbeobachter die in Abb. 6.4 dargestellten *„Spektralwertkurven"* der Farbmischung. Diese Kurven geben für jede Spektralfarbe das erforderliche Verhältnis der Primärvalenzen an. In der Darstellung fallen die negativen Anteile der Kurvenzüge auf. Einige Spektralfarben kann man also nur nachbilden, wenn zu der vorgegebenen Farbe ein bestimmter Anteil einer oder mehrerer Primärvalenzen zugemischt wird. Rechnerisch bedeutet das eine Subtraktion. Handelt es sich bei der Farbanalyse nicht um eine einzelne Spektralfarbe, sondern eine irgendwie über einen Bereich im Spektrum gegebene Energieverteilung, so kann man Stück für Stück für jeden Elementarbereich die Mischung aus den Kurven ermitteln und das Ergebnis aus der Integration über den gesamten Bereich gewinnen. Für die meist nur graphisch mögliche Integration ist es unangenehm, daß die Spektralwertkurven in einigen Bereichen negative Werte haben. In dieser Beziehung ist es günstiger, wenn man — wie es bei den Transformationen für die international genormte Darstellung eingeführt wurde — die Mischung auf neue fiktive, virtuelle Primärvalenzen bezieht. Daß diese durch Strahlung nicht realisierbar sind, stört nicht, weil sie ja nur als Rechengrößen dienen; man muß lediglich berücksichtigen, daß die reellen Farbvalenzen nur in bestimmten Bereichen der Darstellung liegen und die Gebiete außerhalb dieses Bereiches ausfallen.

Diese Transformation und Normung der C.I.E. hat zu den drei in Abb. 6.5 dargestellten *Normspektralwertkurven* $\bar{x}$, $\bar{y}$, $\bar{z}$ geführt, mit deren Hilfe man aus einer vorgegebenen Farbstrahlung $S\,(\lambda)$ die drei *Normfarbwerte*

$$X = k \int\limits_{\lambda_{\min}}^{\lambda_{\max}} S(\lambda)\bar{x}(\lambda)\mathrm{d}\lambda$$

$$Y = k \int\limits_{\lambda_{\min}}^{\lambda_{\max}} S(\lambda)\bar{y}(\lambda)\mathrm{d}\lambda \tag{6.1}$$

$$Z = k \int\limits_{\lambda_{\min}}^{\lambda_{\max}} S(\lambda)\bar{z}(\lambda)\mathrm{d}\lambda$$

ermittelt. Die Integration erstreckt sich über den Bereich des sichtbaren Lichtes von $\lambda_{\min}$ bis $\lambda_{\max}$, also von etwa 380—780 nm. Ein besonderer Vorteil dieser Art der Komponentendarstellung ist, daß die Kurve $\bar{y}$ der Augenempfindlichkeitskurve Abb. 6.3 entspricht. Damit ist die Komponente Y immer ein Maß für die Hellempfindung, die von der vorgegebenen Farbstrahlung ausgelöst wird. Ein weiteres Kennzeichen der Normspektralwertkurven $\bar{x}$, $\bar{y}$, $\bar{z}$ ist, daß bei energiegleichem Licht ihre integralen Beträge gleich sind,

$$\int\limits_{\lambda_{\min}}^{\lambda_{\max}} \bar{x}(\lambda)\mathrm{d}\lambda = \int\limits_{\lambda_{\min}}^{\lambda_{\max}} \bar{y}(\lambda)\mathrm{d}\lambda = \int\limits_{\lambda_{\min}}^{\lambda_{\max}} \bar{z}(\lambda)\mathrm{d}\lambda \tag{6.2}$$

Für viele Untersuchungen braucht man nur die Darstellung der Farbart ohne Angabe der Leuchtdichte (Reizstärke). Die Farbart ist durch das Verhältnis der drei Normfarb-

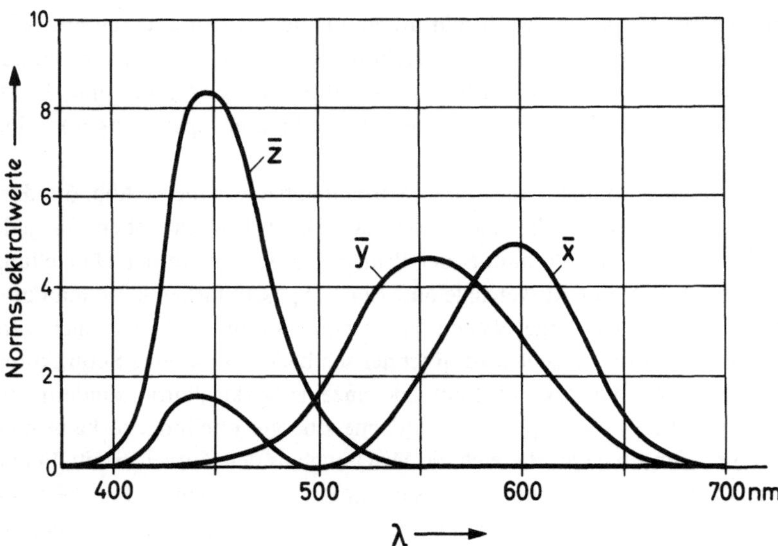

Abb. 6.5. Normspektralwertkurven für die Normfarbtafel nach DIN 5033 (s. Abb. 6.6)

werte X, Y, Z gekennzeichnet. Beschränkt man sich auf die Angabe der Relationen der Komponenten, so wird eine sehr einfache zweidimensionale Darstellung möglich. Man bezieht die Normfarbwerte auf die Summe und erhält:

$$x = \frac{X}{X+Y+Z}; \quad y = \frac{Y}{X+Y+Z}; \quad z = \frac{Z}{X+Y+Z} \tag{6.3}$$

Es ist $x + y + z = 1$, so daß zwei, also die beiden dimensionslosen *Normfarbwertanteile* x und y die Farbart vollständig kennzeichnen.

Die zweidimensionale Darstellung von x und y nach Abb. 6.6 im gewohnten rechtwinkligen Koordinatensystem ist als CIE-Farbtafel bzw. Normfarbtafel nach DIN 5033 bekannt. Sie gibt eine recht anschauliche Übersicht über die Farbart, getrennt nach Farbton und Sättigung. Die Farborte der reinen Spektralfarben liegen auf der ausgezogenen, etwa ein Hufeisen darstellenden Linie, die Wellenlängen sind jeweils angegeben. In der Mitte liegt bei $x = 0,33$ und $y = 0,33$ der Ort E unbunten Lichtes für energiegleiches Spektrum. Auf der Verbindungslinie am unteren Ende des Spektralfarbenzugs liegen die — im natürlichen Spektrum nicht enthaltenen — Purpurfarben (Mischungen von Rot und Blau).

Vom Spektrallinienzug wird die Fläche der reellen Farbvalenzen umschlossen. Die Eigenart dieser Darstellung hat interessante Merkmale: Verbindet man den Unbuntpunkt E mit dem Ort irgendeiner Farbart und verlängert bis zur Spektralfarbenlinie, so gibt der Schnittpunkt dort die dominierende bzw. im Purpurbereich kompensative Wellenlänge, den Farbton an. Wie in Abb. 6.6 eingezeichnet, liegen damit alle Farborte mit farbtongleicher Wellenlänge auf Strahlen, die von E ausgehen. Andrerseits ist die Entfernung des Farbortes vom Spektralfarbenzug bzw. von E ein Maß der Sättigung. Je näher der Farbort zum Unbuntpunkt rückt, um so geringer wird der spektralreine Farbanteil und damit die Sättigung. Somit geben die auch in Abb. 6.6 eingezeichneten, dem Spektralfarbenzug ähnlichen Kurven die Orte konstanten Sättigungsgrades an.

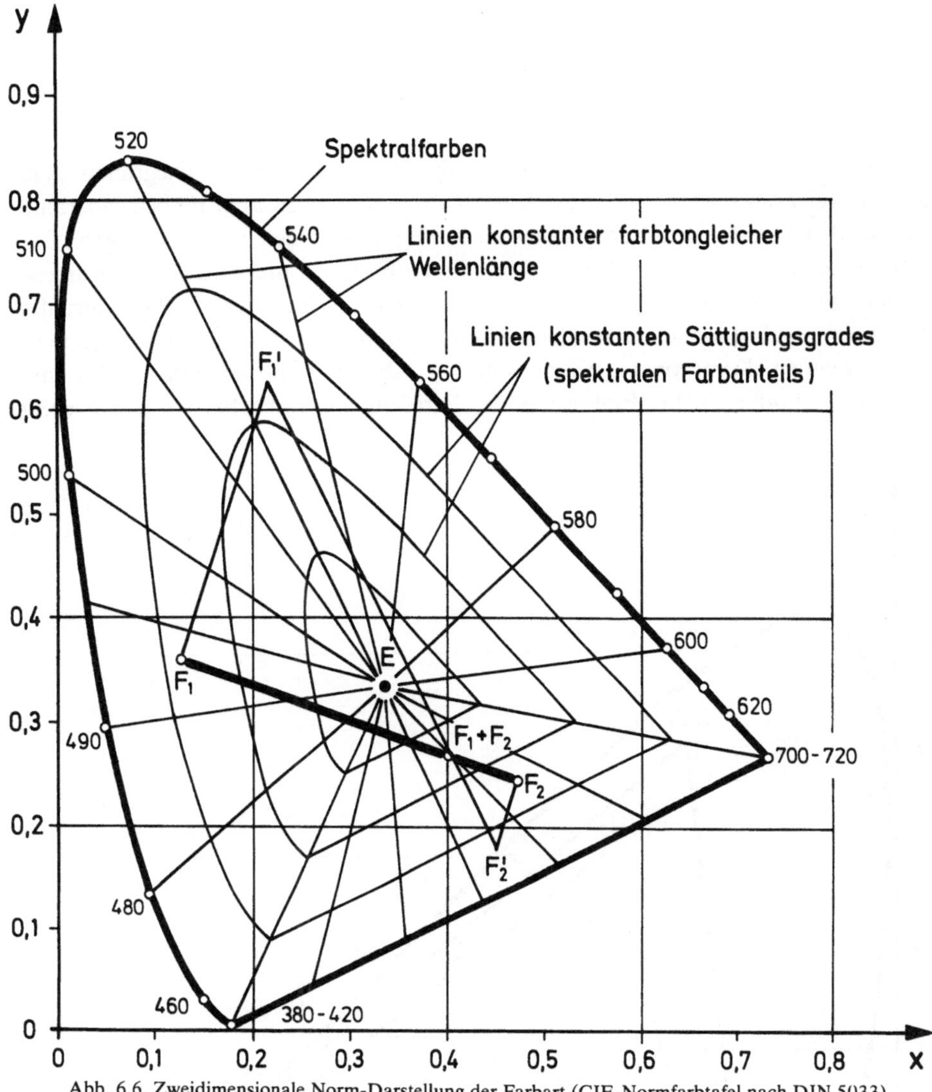

Abb. 6.6. Zweidimensionale Norm-Darstellung der Farbart (CIE-Normfarbtafel nach DIN 5033)

In der Darstellung der Farbvalenzen im x, y-Diagramm nach Abb. 6.6 ist die graphische Lösung von additiven Farbmischungen sehr einfach. Sind zwei Farbstrahlungen F_1 und F_2 mit den zugehörigen Wertanteilen x_1, y_1 bzw. x_2, y_2 und relativen Leuchtdichten Y_1 bzw. Y_2 gegeben, so liegt die Farbvalenz $F_1 + F_2$ auf der Verbindungsstrecke F_1—F_2. Wo sie liegt, hängt vom Unterschied der Leuchtdichten ab. Um den Farbort zu ermitteln, werden an den Endpunkten der Verbindung F_1—F_2 rechtwinklig in entgegengesetztem Sinne die Strecken Y_2/y_2 und Y_1/y_1 aufgetragen. (Y_2/y_2 bei F_1 und Y_1/y_1 bei F_2).

Das führt zu den Endpunkten F_1' und F_2', deren Verbindung die Strecke F_1—F_2 im Punkt ($F_1 + F_2$) schneidet. Dieser Schnittpunkt ist die Valenz der gesuchten Farbmischung. Die Konstruktion gründet sich auf die Beziehungen

$$x_{1+2} = \frac{x_1\, Y_1/y_1 + x_2\, Y_2/y_2}{Y_1/y_1 + Y_2/y_2}$$

$$y_{1+2} = \frac{Y_1 + Y_2}{Y_1/y_1 + Y_2/y_2}$$

$$Y_{1+2} = Y_1 + Y_2$$

Aus der Art der graphischen Darstellung von Farbmischungen im x-y-Diagramm folgt, daß bei drei Primärfarbstrahlern die Vielfalt der reproduzierbaren Farben innerhalb des von den geradlinigen Verbindungslinien eingeschlossenen Dreiecke liegen. Der Farbtonreichtum ist um so größer, je näher die Farborte der drei Strahler am Kurvenzug der Spektralfarben liegen. Andrerseits muß man für die additive Mischung Strahler (d. h. z. B. Leuchtstoffe in der Wiedergaberöhre) mit möglichst hoher Strahlungsintensität verwenden. Kompromisse waren nötig. In Abb. 6.7 sind mit $(R_e)_1$, $(G_e)_1$ und $(B_e)_1$ die Farbörter der bei Einführung des Farbfernsehens in USA von der Federal

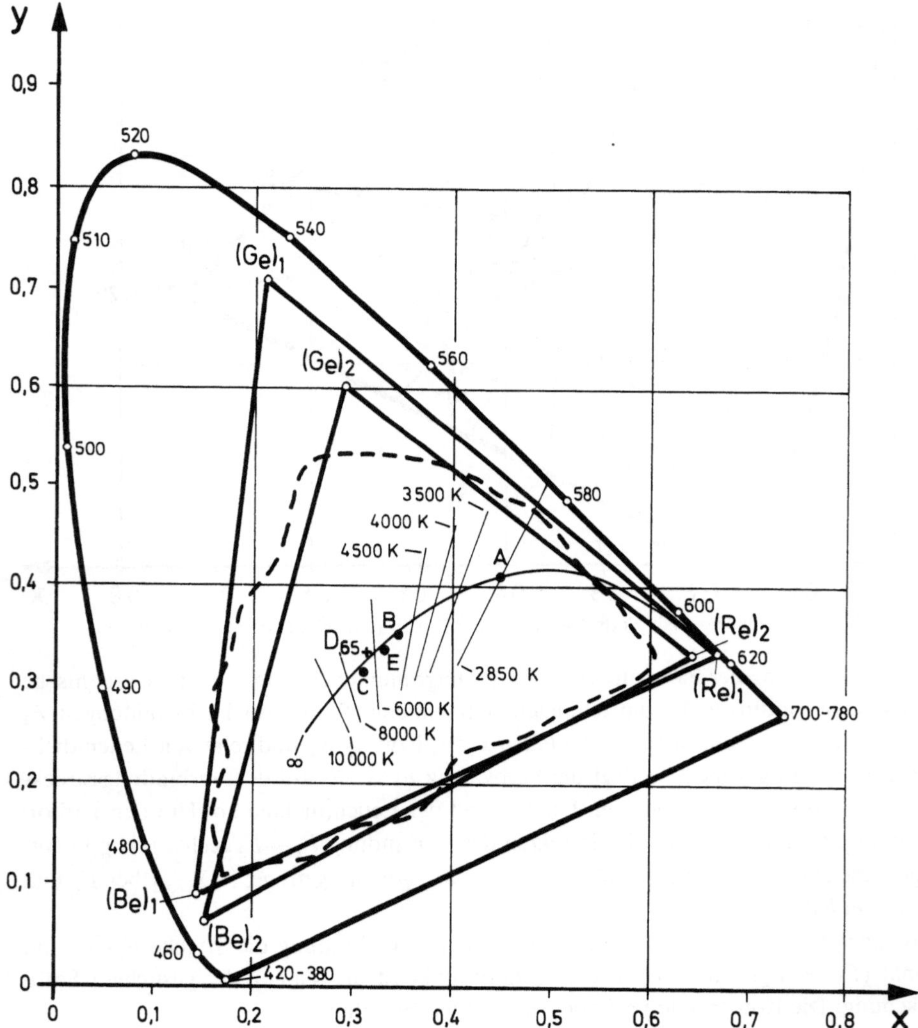

Abb. 6.7. Farbartkoordinaten der Primärvalenzen in Farbfernseh-Wiedergabegeräten und Farbörter charakteristischer Normlichtarten

Communications Commission (FCC) festgelegten Primärvalenzen der Wiedergabeeinrichtung angegeben.

Neuere Entwicklungen besonders leistungsfähiger Leuchtstoffe haben zu etwas anderen Primärvalenzen geführt, für deren Werte die Europäische Rundfunk-Union (EBU)
die in Abb. 6.7 angegebenen Farborte $(R_e)_2$, $(G_e)_2$ und $(B_e)_2$ empfohlen hat. Wie man
sieht, ist der reproduzierbare Farbartbereich kleiner als der vom Spektralkurvenzug
umschlossene Maximalbereich. Dennoch können in dem Dreiecksbereich fast alle Farben erzeugt werden, die von Bedeutung sind, d. h. von anderen Reproduktionsverfahren in der Praxis bekannt sind (Malerei, Photographie, Druck usw.). Dieser Bereich
von praktischer Bedeutung ist in Abb. 6.7 gestrichelt eingezeichnet.

Weiterhin sieht man in der Mitte des Diagramms eine gekrümmt verlaufende Linie,
auf der die Farbörter der Strahlung von schwarzen Körpern in Abhängigkeit der Tem

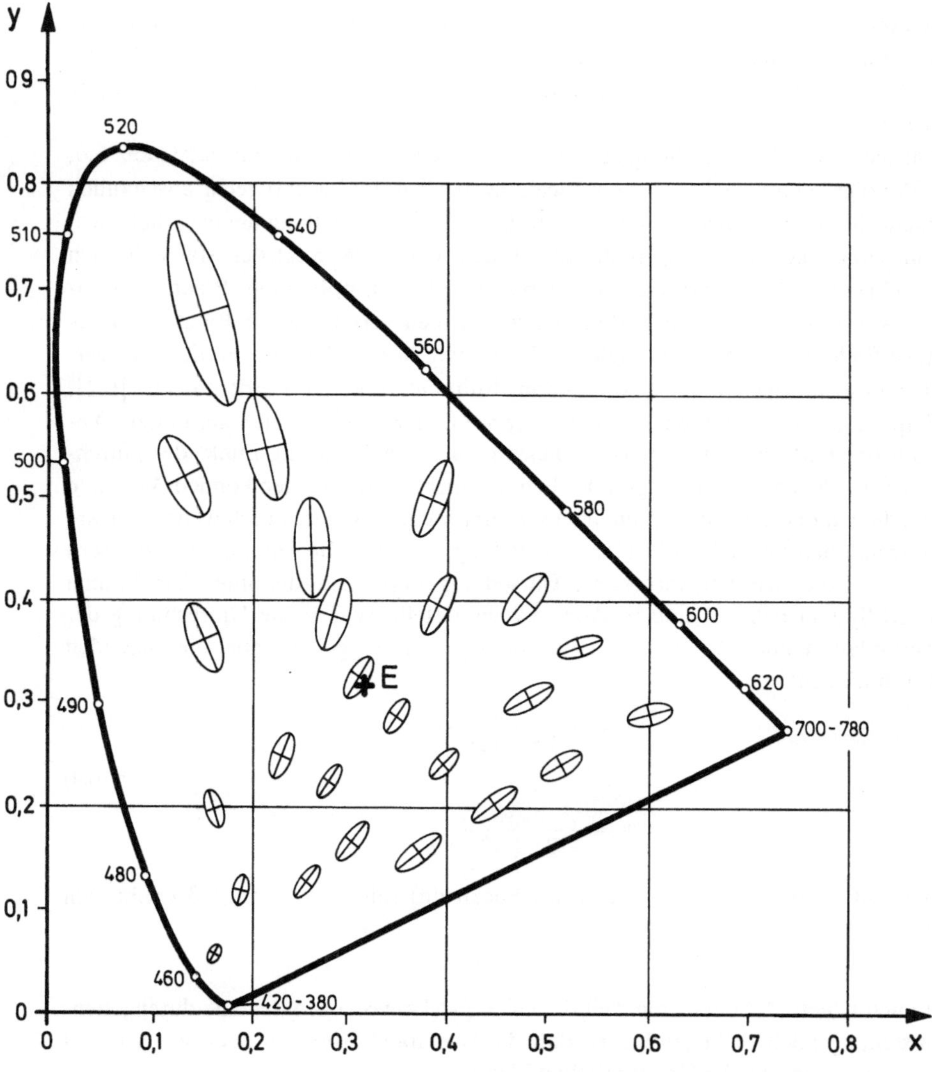

Abb. 6.8. Grenzbereiche wahrnehmbarer Farbartänderungen (10fach vergrößert)

peratur liegen (gemäß der Planckschen Strahlungsfunktion). Schließlich sind in Abb. 6.7 noch die Farbörter der Normlichtarten A, B, C und D_{65} angegeben. Nach internationaler Übereinkunft in der CIE entspricht die Normlichtart A der Strahlung eines schwarzen Körpers auf 2 854 K, die Lichtart B etwa der Spektralverteilung bei Sonne am Mittag. Die Normlichtart C wurde bisher als mittleres Tageslicht angesehen; neuerdings bevorzugt man hierfür die sehr nahe dabei liegende Normlichtart D_{65}. B, C und D_{65} liegen dicht bei dem theoretisch für die Strahlung gleicher Energie im Spektrum definierten Unbuntpunkt, während das gelbliche Licht A relativ weit von E entfernt ist. In der Praxis der Komponentenanalyse und Synthese der Farbarten ist der Bezugspunkt von maßgebender Bedeutung, Fernsehsysteme werden meist auf C bzw. D_{65} bezogen. C und D_{65} liegen zwar nahe, aber nicht direkt auf dem Kurvenzug Planckscher Strahler, man kann aber auch bei „nicht thermischen Strahlern" von Farbtemperaturen sprechen, wobei die Temperatur desjenigen schwarzen Strahlers angegeben wird, dessen Farbart der zu kennzeichnenden am nächsten kommt. Die „farbtemperaturähnlichen" Farbarten liegen auf den in Abb. 6.7 dünn eingezeichneten quer zum Kurvenzug der Planckschen Strahler liegenden Geraden. So ist die Normlichtart C der Temperatur 6 735 K und die Normlichtart D_{65} der Temperatur 6 500 K zugeordnet.

Wie man sieht, hat die Darstellung der Farbart nach CIE, d. h. in der Farbtafel Abb. 6.6, große Vorzüge, dennoch ist sie nicht ideal. Zwar wird die Farbart recht anschaulich von einem Zentrum aus nach Art einer Polarkoordinatendarstellung übersichtlich nach Sättigungsgrad und Farbton getrennt dargeboten, doch entspricht der Maßstab nach den verschiedenen Seiten hin nicht gleichmäßig unserer Empfindung. Wenn man untersucht, wie das Auge kleine Farbdifferenzen in den verschiedenen Richtungen bewertet, so findet man eine recht ungleiche Verteilung, wie in Abb. 6.8 an den sehr verschieden großen sogenannten „Mac-Adam-Ellipsen" erkannt werden kann [6.2]. Die Ellipsen geben den um das Zehnfache vergrößerten Grenzbereich an, in dem Änderungen der Farbart — bezogen auf diejenige an dem Kreuzungspunkt der Durchmesser vorhandenen Farbart — gerade eben wahrgenommen werden können. Wie man sieht, ist die Unterschiedsempfindlichkeit sehr ungleich. So wurde durch weitere lineare Transformationen versucht, die Normdarstellung in dieser Beziehung zu verbessern und 1964 hat die CIE eine verbesserte Darstellung empfohlen, die unter dem Namen CIE-UCS-System bekannt und in Abb. 6.9 dargestellt ist. Für die Umrechnung der Farbwertanteile x und y in die neuen Koordinaten u und v gelten dabei die folgenden Transformationen:

$$u = \frac{4x}{-2x + 12y + 3}$$

$$v = \frac{6y}{-2x + 12y + 3}$$

(6.4)

Für den Unbuntpunkt E (energiegleiches Spektrum) mit $x = y = 1/3$ ergibt sich daraus

$$u_0 = \tfrac{4}{19} \quad \text{und} \quad v_0 = \tfrac{6}{19}$$

Wenn auch neuere Arbeiten zum Teil die UCS-Tafel bevorzugen, ist eine durchgehende Umstellung noch nicht erfolgt, so daß die Normtafel Abb. 6.6 nach wie vor viel verwendet wird und auch offiziell erhalten bleibt.

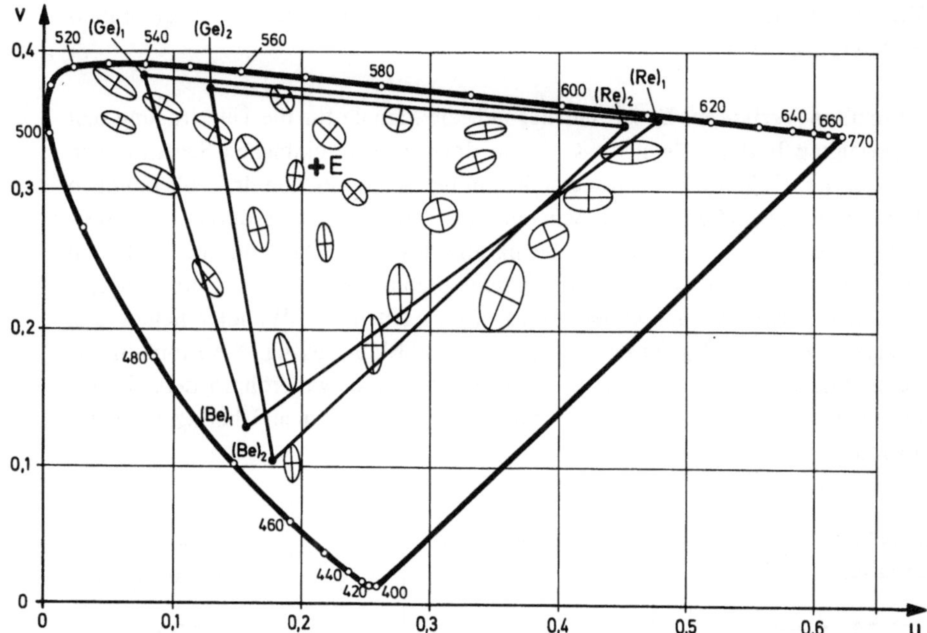

Abb. 6.9. CIE-UCS-Normdarstellung der Farbart, entstanden durch lineare Transformation der Normfarbtafel nach Abb. 6.6

6.3 Übertragung der Signale im Farbfernsehen

Nach dem Exkurs in die Grundlagen und Darstellungsarten der Farbenlehre kommen wir nun auf das Fernsehen zurück. Dem Prinzip der Analyse und Synthese in und aus Komponenten folgend braucht man also für die Mitübertragung der Farbe am Aufnahmeort eine *Einrichtung, die drei der Bildstruktur in den ausgewählten Farbbereichen zugeordnete Signale erzeugt. Am Empfangsort steuern die drei Signale zugeordnete Farbstrahler, deren Licht gemischt wird.* Diese Mischung geschieht heute im Farbfernsehen durchweg *additiv* im Gegensatz zu Photographie und Farbdruck, wo subtraktive Überlagerungen (Superposition von Farbstoffen) stattfinden. Da z. Z. brauchbare technische Lösungen zur elektronischen Steuerung von Farbabsorptionen nicht verfügbar sind, kann man die Bilder im Fernsehen nur durch Addition dosierter Farblichtmengen erzeugen. Die additive Mischung erfolgt entweder durch kontinuierliche Superposition farbiger Teilbilder, oder die Teilbilder werden rasch aufeinanderfolgend im periodischen Wechsel dargeboten. Weiterhin ist die Mischung der Farbstrahlung in kleinen Elementarbereichen möglich (Farbpunktraster im Leuchtschirm einer Wiedergaberöhre).

Die Technik der elektro-optischen Wandler für das Farbfernsehen wird im zweiten Band des Buches behandelt. Hier wenden wir uns jetzt der für die Festlegung der Normen wichtigen Frage zu, wie die zusätzliche Information über die Farbe des Bildes zum Empfänger übermittelt werden soll, d. h. in welcher Weise das Farbfernsehsignal aus den drei Grundkomponenten gebildet wird. Hierfür gibt es verschiedene Möglichkeiten und Verfahren.

6.3.1 Direkte Übertragung der drei Signale, die dem Bildinhalt in drei ausgewählten Farbauszügen entsprechen

6.3.1.1 Simultan-Verfahren. Es ist naheliegend, die Signale für die Übertragung den drei ausgewählten Farbauszügen *direkt* zuzuordnen, wie im einfachen Schema nach Abb. 6.10 gezeigt. Es handelt sich um eine Zusammenschaltung von drei vollständigen Fernsehübertragungskanälen — im Schema durch Bildaufnahmeröhren und Bildwiedergaberöhren gekennzeichnet —, die parallel arbeiten. Das optische Bild wird über einen Strahlenteiler in drei Teilbilder zerlegt, die über Farbfilter auf drei Bildaufnahmeröhren mit synchron laufenden Abtastrastern fallen; die Wandler liefern drei Farbwertsignale E_R, E_G, E_B für den Rot-, Grün- und Blau-Auszug. Am Empfangsort steuern diese Signale drei ebenfalls synchron betriebene Wiedergaberöhren, deren Lichtstrahlung über entsprechende Farbfilter mit Hilfe einer optischen Überlagerung das Bild reproduziert.

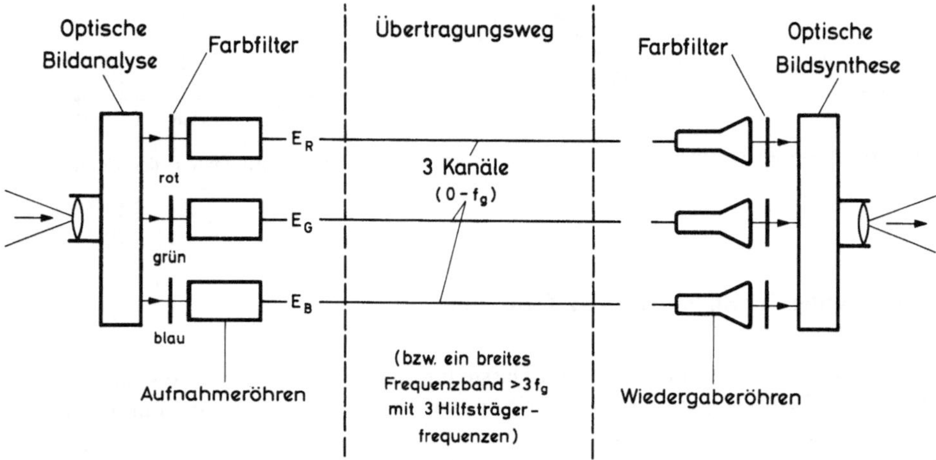

Abb. 6.10. Direkte simultane Übertragung der drei zugeordneten Farbauszugssignale E_R, E_G und E_B

Mit einem solchen Verfahren erhält man eine ausgezeichnete Bildqualität. Aber der Preis ist hoch. Vor allem sind die Anforderungen an den nachrichtentechnischen Übertragungsweg groß. Es werden drei Kanäle von der Frequenzbandbreite einer einzelnen monochromen Übertragung benötigt, denn es wird dreimal mehr Information über die Struktur des Bildes übermittelt. In Sonderanwendungen ist ein solcher Aufwand möglich, z. B. wenn nicht drahtlos, sondern über kurze Kabelstrecken übertragen wird. Insofern hat die Methode der direkten Übertragung der drei Farbsignale auch heute noch eine gewisse Bedeutung, allerdings mit einer anderen Art der technischen Durchführung, wie im folgenden erläutert wird.

6.3.1.2 Farbwechsel-Verfahren. Es sind nämlich erhebliche Vereinfachungen der Apparatur möglich, wenn man die drei Signale nicht *simultan* über *drei* Verbindungen bzw. drei versetzte Trägerfrequenzen, sondern rasch nacheinander, d. h. *sequential* über *eine* Verbindung übermittelt. Wie in Abb. 6.11 skizziert, braucht man hierzu synchron und konphas laufende Umschalter, die den Übertragungsweg nacheinander periodisch wechselnd für die einzelnen Farbauszugssignale freigeben. Frequenzbandbreite wird dadurch nicht gespart, denn die Breite des einen Kanals muß dreimal größer sein ($3 \cdot f_g$), weil in der gleichen Zeit die dreifache Informationsmenge übermittelt wird, bzw. weil für jedes Einzelsignal nur ein Drittel der Zeit zur Verfügung steht.

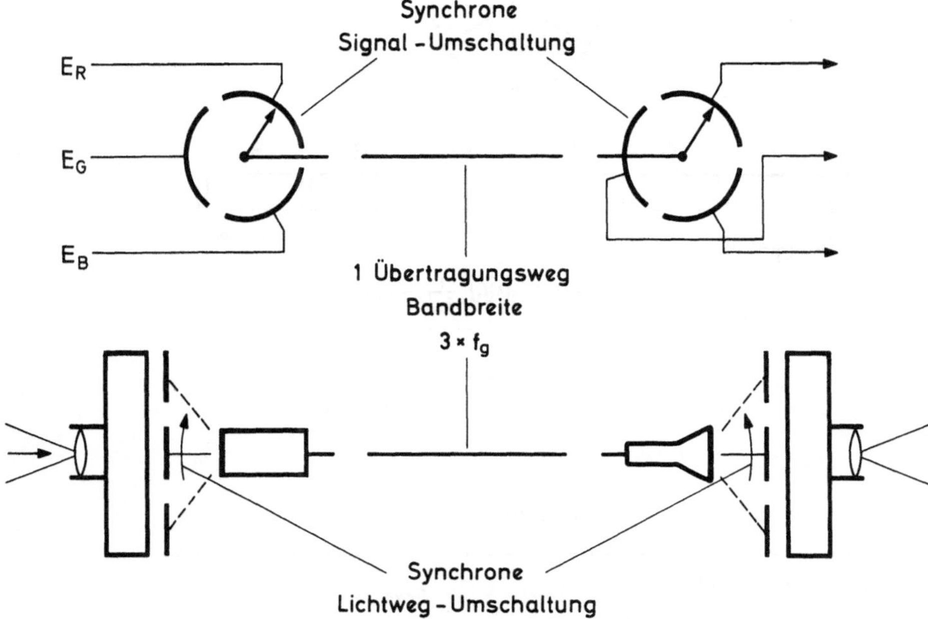

Abb. 6.11. Direkte sequentiale Übertragung der drei Farbauszugssignale durch periodische Umschaltung des Übertragungsweges

Große Vorteile bringt das Sequential-Verfahren für den elektro-optischen Wandler, wenn die Umschaltung optisch, d. h. vor der Bildabtastung und hinter dem Bildschreibvorgang geschieht, wie in Abb. 6.11 unten angedeutet. In diesem Fall kann nämlich die gleiche Aufnahme- und Wiedergaberöhre für alle Farbauszüge benutzt werden und es entfallen die Schwierigkeiten, die bei der Anordnung nach Abb. 6.10 mit der notwendigen Deckung der drei Teilbilder und Zeilenraster verbunden sind.
In der praktischen Durchführung wechselt man die Farbauszugssignale nach jedem Halbbild, man kann das Verfahren daher „Rasterfolge-Verfahren" (field sequential system) nennen. Abb. 6.12 zeigt das Schema. Rotierende Farbfilterscheiben laufen vor normalen, im gesamten Bereich des sichtbaren Lichtes empfindlichen Fernsehübertragungsgeräten, wodurch rasch hintereinander farbige Teilauszüge übertragen werden. Die additive Mischung bei der Betrachtung der Bilder erfolgt sequential und braucht eine entsprechend hohe Farbwechselfrequenz. Ausreichend flimmerfreie Bilder erhält man, wenn im Zeitraum eines Halbbildes der monochromen Übertragung drei Farbauszugsbilder übertragen werden. Man braucht also eine dreimal höhere Vertikalfrequenz, d. h. $3 \cdot f_v = 6 \cdot f_w$ (z. B. 150 Hz). Wie in Abb. 6.12 zu erkennen, werden in dem Zeitintervall $1/f_w$ einer vollständigen Bildabtastung sechs Halbraster im Zeilensprung übertragen, die abwechselnd den drei Farbauszügen zugeordnet sind.
Mit der Einführung der optischen Umschaltung ist die sequentiale Übertragung der drei Farbsignale sehr einfach geworden. Das Verfahren hat sogar eine Zeit lang Aussicht

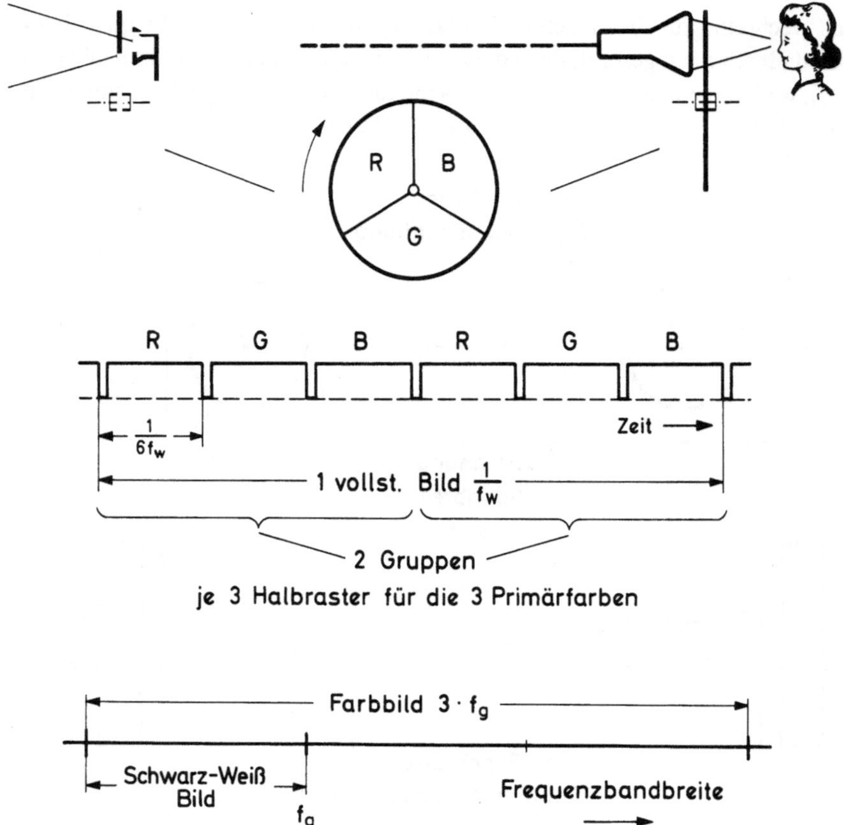

Abb. 6.12. Farbfernsehsystem mit direkter sequentialer Übertragung der drei Farbauszugssignale durch Umschaltung im optischen Bereich mit rotierenden Farbfilterscheiben

auf Einführung im Fernsehrundfunkbetrieb gehabt (z. B. in Amerika mit f_w = 24 Hz, f_v = 144 Hz und Z = 405), aber die Konkurrenz zu den kompatiblen Simultan-Verfahren der neueren Entwicklung war nicht zu halten, weil grundsätzliche Nachteile bestehen:

1. Die für den Übertragungskanal und in den Geräten (Verstärker, Sender, Empfänger, usw.) beanspruchte Frequenzbandbreite ist dreimal größer, da alle Bildeinzelheiten in den drei Farbauszügen vollständig übermittelt werden.

2. . Das Verfahren ist nicht kompatibel. Mit diesem Wort kennzeichnet man die Empfangsmöglichkeit des Farbbildes auf dem normalen, für die entsprechende Zeilenzahl eingerichteten Schwarz-Weiß-Empfänger. Die Vertikal- und damit auch die Horizontalfrequenz sind dreimal höher, wesentliche Parameter der Übertragung sind also verschieden, ein normaler Empfänger kann nicht synchron mitlaufen und die in den Geräten vorgesehene Bandbreite würde nicht ausreichen.

3. Bei schnellen Bewegungen treten im Bild störende Farbaufsplitterungen auf. Das ist eine Folge des sequentialen Wechsels der Farbauszüge. (Ein weißer Tennisball z. B. kann als bunte Perlenschnur erscheinen.) Außerdem können beim Abschweifen vom Bildfeld oder kurzzeitigen Blickunterbrechungen Farbteilbilder stark hervortreten.

In Weiterentwicklungen hat man versucht, die Sequential-Übertragung der drei Farbauszüge zu verbessern. So wurde z. B. zur Reduktion der benötigten großen Frequenzbandbreite analog zum Zeilensprung das „Punktsprungverfahren" in Betracht gezogen, mit dem man theoretisch nochmals die Hälfte der Bandbreite einsparen kann, weil in jedem Rasterdurchlauf nur jeder zweite Bildpunkt, d. h. längs der Zeile die Information an jeder Stelle nur in jedem zweiten Raster übertragen wird. Dabei treten aber zusätzliche stroboskopische Störeffekte auf und der Nutzen des erheblich größeren apparativen Aufwandes erschien fraglich. Mit anderen Arbeiten wurde versucht, gewisse Mängel der Sequential-Übertragung durch Erhöhung der Farbwechselfrequenz zu beheben. Man versuchte Systeme mit Wechsel der Farbe von Zeile zu Zeile *(line sequential)* und kam schließlich zum Wechsel der Farbe in kleinen Elementarbereichen, dem *„dot sequential"*-Verfahren [6.3]. Diese für die Geschichte der Entwicklung des Farbfernsehens bedeutungsvollen Arbeiten sind als Vorläufer einer neuen Entwicklungsrichtung anzusehen, die sich zum Ziele setzte, die Redundanz in der Übertragung zu vermindern. Man ging nämlich zu Systemen über, die feine Details der Farbverteilung im Bild mit geringerer Zeichnungsschärfe im Vergleich zur Leuchtdichteverteilung übertragen und zwar durch Addition der höheren Frequenzkomponenten der Farbsignale (*„mixed highs"* [6.4]). Die konsequente Weiterführung dieser neuen Konzeption führte schließlich zur Entwicklung und Einführung der kompatiblen Simultan-Verfahren.

6.3.2 Systeme mit Simultanübertragung von Signalen, getrennt nach Leuchtdichte und Farbart (NTSC-System und Varianten)

6.3.2.1 Unvollkommenheiten des Farbensehens im Detail des Bildes. Der Hauptnachteil des Farbrasterwechsel-Übertragungsverfahrens liegt in der großen Frequenzbandbreite, weil alle Bildeinzelheiten in einer Abtastperiode in drei Farbauszügen übertragen werden. Der Zweifel, ob dies wirklich nötig ist und ob hierin nicht eine, im natürlichen Sehvorgang vermiedene Redundanz liegt, führte zu dem entscheidenden Wendepunkt in der Entwicklung des Farbfernsehens.

In der Tat finden sich im farbigen Sehen feiner Bildstrukturen Unvollkommenheiten, die man zur Reduktion der zu übertragenden Information ausnutzen konnte. Das Auge ist nämlich im Erkennen kleiner Elementarbereiche relativ farbenblind. Dementsprechend sind bei der Übertragung scharfer Farbübergänge Zugeständnisse in der Reproduktion der Farbart möglich. In der Sprache der Fernsehtechnik heißt das, man kann die Übergänge der Farbe mit geringerer Bandbreite übertragen, d. h. für diesen Signalanteil kann der Faktor η (und p) in der Abschätzung der Grenzfrequenz (s. Gl. (2.13)) sehr viel größer sein.

Im Hinblick auf die Bedeutung für die Ersparnis an Bandbreite hat man die physiologischen Eigenarten des Gesichtssinnes eingehend untersucht und praktische Versuche mit reduzierter Zeichnungsschärfe der Farbübergänge in der Fernsehübertragung durchgeführt. Erwähnenswert sind vor allem die Arbeiten, die in USA in einer besonderen Arbeitsgruppe des „National Television System Committee" (NTSC) für die Festlegung der Normen durchgeführt wurden [6.5]. Zur experimentellen Überprüfung diente z. B. die in Abb. 6.13 skizzierte Versuchsanordnung. Mit geeigneter Signalmischung (+) und Filterung *(TP* und *HP)* kann man eine simultane Farbfernsehübertragung mit drei Kanälen (nach dem in Abb. 6.10 skizzierten allgemeinen Prinzip) so verändern, daß die Ausgangssignale zum Empfänger im oberen Frequenzbereich $(f_z - f_g)$

identisch sind, daß also in diesem Bereich keine Farbigkeit übertragen wird, sondern nur unbunte Leuchtdichtestruktur.

Je nach Wahl der Übertragungsfrequenz f_z kann man eine Grenze einstellen, ab welcher die Bildstruktur in Zeilenrichtung farblos wiedergegeben wird. Die Versuchspersonen

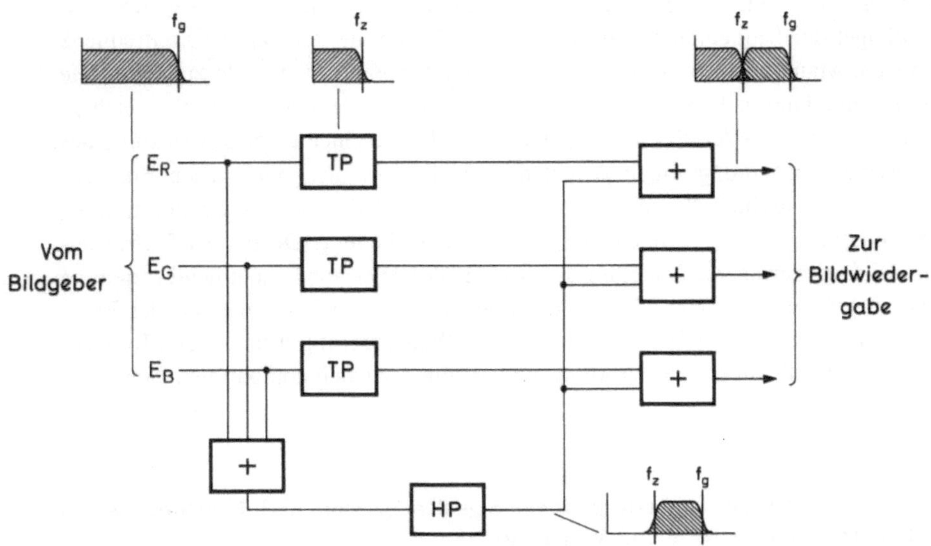

Abb. 6.13. Versuchsanordnung zur Prüfung der Frage, bis zu welcher Grenze man im Detail auf die Farbwiedergabe verzichten, d. h. wie weit man die Frequenzgrenze für die Übertragung der Farbübergänge reduzieren kann [6.5]

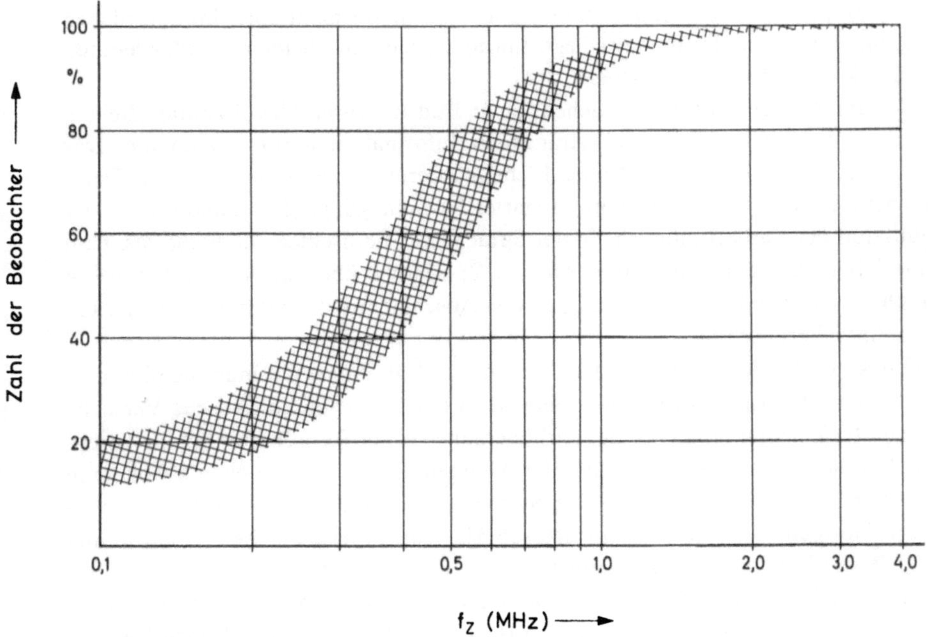

Abb. 6.14. Ergebnis der Beobachtungen mit der Versuchsanordnung nach Abb. 6.13 [6.5]

wurden nach der empfundenen Bildqualität befragt. Abb. 6.14 zeigt in prozentualer Wertung den Anteil der Aussagen, die bei der unten jeweils angegebenen Übergangsfrequenz f_z mit der Farbbildqualität im Vergleich zu einer idealen Übertragung ($f_z = f_g$) zufrieden waren. In dem Ergebnis kommt die unzureichende Farberkennung des Auges im feinen Detail gut zum Ausdruck. Man ist von der gefundenen Größenordnung überrascht. Diese und andere Versuche bestätigen, daß man für die Reproduktion der Farbübergänge etwa mit 10—20 % der Bandbreite f_g auskommt.

Für die Fernsehsignalbildung ist es weiterhin von Bedeutung, daß die ungenaue Farbwertung im Detail von der Art der Farbübergänge abhängt. Besonders unkritisch ist in dieser Beziehung z. B. die Farbe Blau. Eingehende Untersuchungen haben erkennen lassen, daß mit Verkleinerung der Farbflecke die Vielfalt der aus drei Komponenten darstellbaren Farbarten wegen der einsetzenden Farbblindheit zunächst auf eine Zweikomponenten-Mannigfaltigkeit reduziert wird, die schließlich zu Unbunt zusammenschrumpft.

Man hat diese Tendenz in geeigneten Experimenten gut nachweisen können. So zeigt Abb. 6.15 das Ergebnis einer interessanten Untersuchung [6.6]. Farbige Papiere wurden zunächst in großen Flächen betrachtet. Die Ermittlung der zugeordneten Farborte ergab die in Abb. 6.15 auf der Normfarbtafel durch kleine Kreise markierten Punkte.

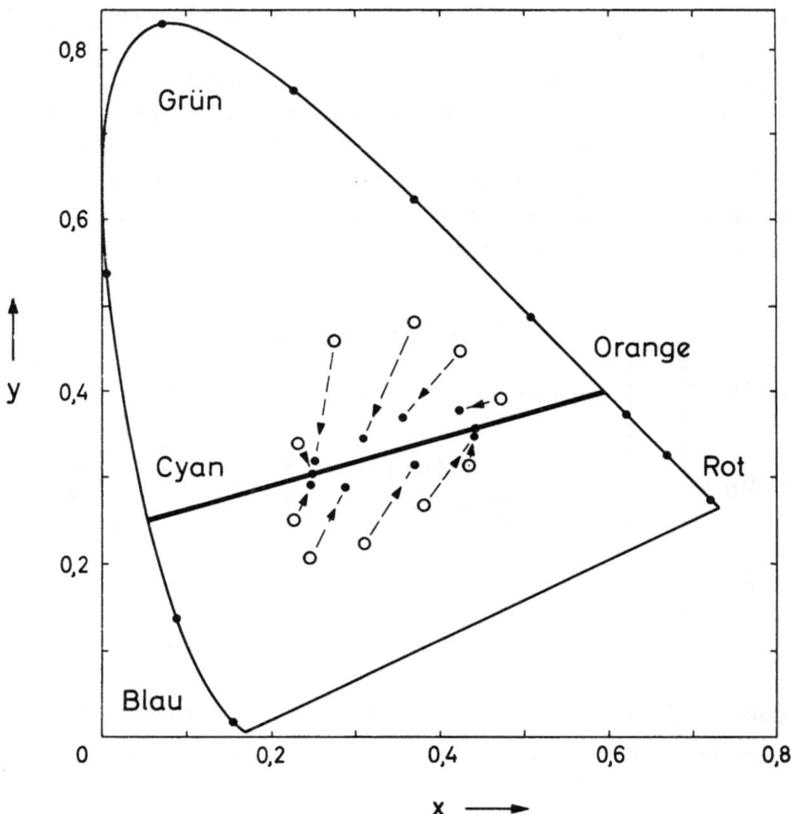

Abb. 6.15. Ergebnis eines Versuchs zur Untersuchung der Abhängigkeit der ungenauen Farbwertung im Detail von der Art der Farbübergänge [6.6]

Man wiederholte dann die Farbortmessung mit kleinen Stücken der farbigen Papiere, die so klein waren, daß der Sehwinkel nur wenige Minuten betrug und fand andere Werte, die in Abb. 6.15 durch Punkte gekennzeichnet sind. Es zeigte sich damit deutlich, daß bei Betrachtung kleiner Flächen die empfundene Farbortverteilung enger zusammenliegt und zunächst einer Vorzugsrichtung zustrebt, die von Rot-Orange nach Grün-Blau hin läuft, bis schließlich die Farbempfindung bei sehr kleinen Elementarbereichen ganz entfällt.

6.3.2.2 Getrennte Signale für Leuchtdichte und Farbart. Die soeben erklärten psychophysischen Eigenarten im Farbensehen lassen eine beachtliche Verminderung der zu übertragenden Informationsmenge zu. Um sie zu nutzen, muß allerdings die Zuordnung der Signale passend gewählt werden. Die im vorhergehenden Abschnitt erklärte sequentiale Übertragung von drei Signalen, die den drei Farbauszügen *(R, G, B)* zugeordnet sind, ist nicht geeignet, weil jedes dieser Signale eine Teilinformation über die Leuchtdichte enthält, die mit der maximalen Frequenzbandbreite übertragen werden muß. Neue Prozesse der Signalaufbereitung mußten also eingeführt werden und in bewundernswert konsequenter Entwicklung entstand in den fünfziger Jahren in USA das erste — als *„NTSC-System"* bekannte — kompatible Farbfernseh-Übertragungssystem dieser Art (s. z. B. [0.6 u. 0.8]).

Als erste Maßnahme war nötig, die von drei Grundfarbwertsignalen nur mittelbar gelieferten Informationen über die Leuchtdichte und Farbart in *neue Signale umzuformen, die eine eindeutig vollständige Zuordnung zu diesen Parametern haben.* Nur so kann man die Frequenzbandbreite für die Farbartsignale reduzieren. Die in Abb. 6.16 skizzierte Signaltrennung erreicht man durch lineare Kombinationen, durch Codierungsprozesse mit Hilfe entsprechender Matrixschaltungen.

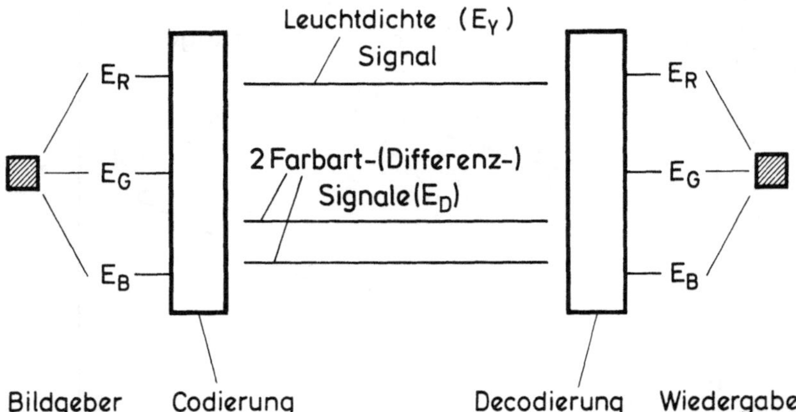

Abb. 6.16. Transformation der Farbauszugssignale E_R, E_G und E_B in neue Signale E_Y und E_D getrennt nach Leuchtdichte und Farbart

Zunächst wird als *Leuchtdichtesignal* E_Y eine bewertete Summe aus den drei Farbwertsignalen gebildet:

$$E_Y = 0{,}30\,E_R + 0{,}59\,E_G + 0{,}11\,E_B \tag{6.5}$$

Die Bewertung der einzelnen Farbbereiche durch die verschieden großen Koeffizienten entspricht ihrer unterschiedlichen Hellempfindung, auf die bereits anhand Abb. 6.3 hingewiesen wurde.

Zwei weitere Signale werden der *Farbart* zugeordnet. Hierzu hat man in sehr geschickter Weise *Differenz-Signale* E_D eingeführt. Es genügen zwei davon, man wählte die Signale

$$E_{\mathrm{D}_1} = c_1(E_\mathrm{R} - E_\mathrm{Y}) \quad c_1 = 0{,}88$$
$$E_{\mathrm{D}_2} = c_2(E_\mathrm{B} - E_\mathrm{Y}) \quad c_2 = 0{,}49 \tag{6.6}$$

Das Signal E_Y enthält ja bereits die Summeninformation der drei zu übertragenden Größen E_R, E_G und E_B und liefert somit die dritte Größe zur Rückbildung der drei Farbvalenzsignale über einen reziproken Decodierprozeß im Empfänger.

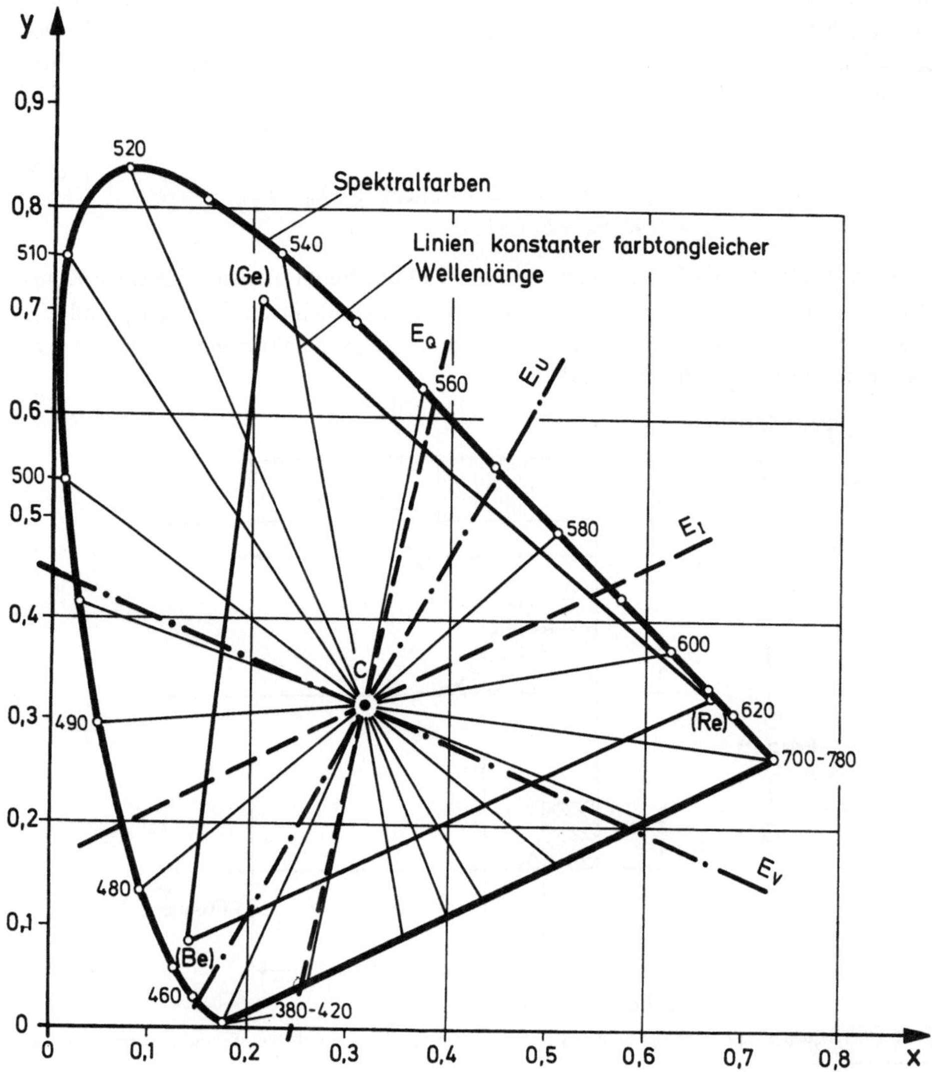

Abb. 6.17. Farbörter der einfachen und transformierten Farbdifferenzsignale (E_U und E_V bzw. E_I und E_Q) in der Normfarbtafel nach Abb. 6.6

Die Verwendung von Differenzsignalen stellt einen beachtlichen Schritt in der Entwicklung dar. Diese Signale enthalten nämlich — unter der Voraussetzung linearer Übertragung — nur Informationen über die Farbart, sie treten nur auf, wenn eine farbige Stelle übertragen wird, bei Unbunt (Grau) verschwinden sie. Ihre Amplitude gibt damit die Abweichung der Farbart vom Zustand „Unbunt" an, sie ist also ein Maß der Sättigung. Der Farbton wird andererseits durch das Verhältnis und Vorzeichen der beiden Signale dargestellt.

Die mit den Differenzsignalen gekennzeichneten Farbarten kann man im Norm-Farbdreieck nach Abb. 6.7 darstellen. Sie liegen in Richtung der von dem Bezugspunkt (hier Normlichtart C) ausgehenden Geraden, die in Abb. 6.17 strichpunktiert eingezeichnet sind (E_U und E_V).

Die sinnvolle Wahl der Farbartsignale kann noch weiter verbessert werden, indem das eine Signal den Farbübergängen der etwas kritischen Orange-Cyan-Linie zugeordnet wird. Im NTSC-System wurde das mit Hilfe einer Drehtransformation um 33° berücksichtigt durch entsprechende lineare Kombinationen der einfachen Differenzsignale:

$$
\begin{aligned}
E_\mathrm{I} &= c_1 \cos 33° (E_\mathrm{R} - E_\mathrm{Y}) - c_2 \sin 33° (E_\mathrm{B} - E_\mathrm{Y}) \\
&= 0{,}74 (E_\mathrm{R} - E_\mathrm{Y}) - 0{,}27 (E_\mathrm{B} - E_\mathrm{Y}) \\
E_\mathrm{Q} &= c_1 \sin 33° (E_\mathrm{R} - E_\mathrm{Y}) + c_2 \cos 33° (E_\mathrm{B} - E_\mathrm{Y}) \\
&= 0{,}48 (E_\mathrm{R} - E_\mathrm{Y}) + 0{,}41 (E_\mathrm{B} - E_\mathrm{Y})
\end{aligned}
\tag{6.7}
$$

Die Richtungen der Farbortabweichung vom Unbunt-Punkt aus sind für diese Kombinationssignale in Abb. 6.17 mit den gestrichelt eingezeichneten Linien E_I und E_Q eingezeichnet, wobei man sieht, daß die Übergänge längs der Vorzugsrichtung Orange-Cyan dem I-Signal zugeordnet sind[1].

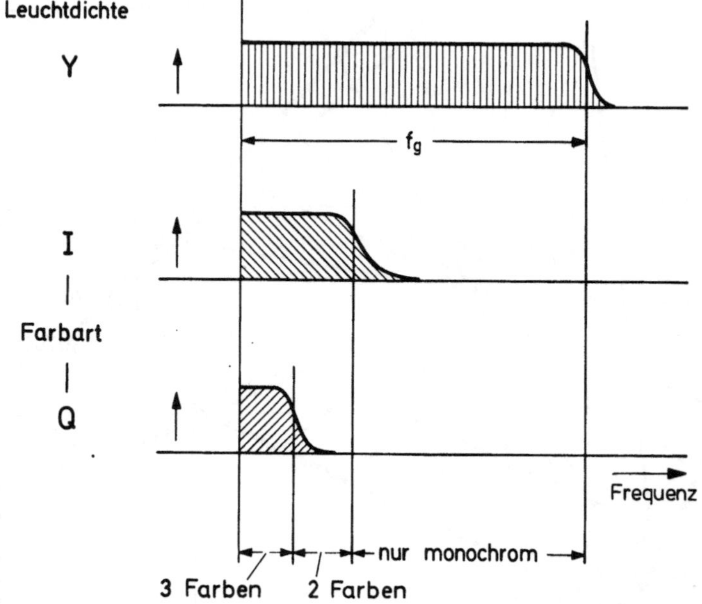

Abb. 6.18. Frequenzbandbreiten der Signale des NTSC-Systems für Leuchtdichte *(Y)* und Farbart *(I* und *Q)*

---

1 Der Einfachheit wegen werden die Signale bisweilen nur mit dem Index bezeichnet, also wie hier I statt E_I, auch Y statt E_Y usw.

Mit der Signalbildung nach dem Prinzip der *Trennung* in *Leuchtdichte- und Farbart-signale* waren die Voraussetzungen zur *Reduktion der Frequenzbandbreite* und zur *Kompatibilität* erfüllt. Das *Y*-Signal wird mit voller Bandbreite in der üblichen Norm übertragen und kann auch vom gewöhnlichen Schwarz-Weiß-Gerät verarbeitet wer-den. Für die Farbsignale braucht man zusätzlich nur noch zwei Kanäle geringerer Bandbreite. Im NTSC-System ist die Frequenzbandbreite des I-Signals auf etwa ein Drittel der Gesamtbreite des Leuchtdichte-Signals reduziert, für das Q-Signal noch erheblich mehr auf etwa ein Achtel. In Abb. 6.18 ist der für eine solche Farbübertra-gung benötigte Bedarf an Frequenzband skizziert (übertragen auf unsere 625-Zeilen-Norm). Abb. 6.19 illustriert den Unterschied der Auflösung (Zeichnungsschärfe) des Leuchtdichtesignals und des Farbartsignals, die zusammen ein Farbfernsehbild mit überraschend guter Schärfe in der nachfolgend weiter erklärten kompatiblen Übertra-gung ergeben. Die Frequenzbandbreite determiniert die Auflösung in horizontaler Rich-tung. Dementsprechend kann man drei Bereiche unterscheiden. Große Flächen, grobe Strukturen und weiche Übergänge der Farbigkeit im Bild, deren Frequenzkomponen-ten nur bis zur Bandgrenze des Q-Signals reichen, werden in der Mannigfaltigkeit aller drei mit den Farbauszugssignalen möglichen Kombinationen übertragen, dann folgt ein Bereich bis zur Bandgrenze des I-Signals, in dem nur noch die Farbigkeit eines Zweifarben-Systems reproduziert wird und darüber hinaus wird alles Detail nur noch als unbunte Leuchtdichtestruktur übertragen.

Abb. 6.19. Unterschied der Zeichnungsschärfe der Leuchtdichte- und Farbartsignale. Vergrößerte Aus-schnitte einer Farbfernsehübertragung im 625-Zeilen-System. Links das Leuchtdichtebild mit voller Auf-lösung, rechts das unschärfere Bild der Farbsignale allein, die mit geringerer Frequenzbandbreite übertra-gen werden

Die beschriebene Signaltransformation zur Gewinnung unabhängiger Signale für Leuchtdichte und Farbart hat zur Voraussetzung, daß der gesamte Übertragungsweg linear arbeitet. Dies ist aber in der Praxis nicht der Fall, so daß gewisse Störeffekte auf-treten, die man jedoch in Kauf nehmen kann. Nichtlinear sind vor allem die Übertra-gungskennlinien der Wiedergabegeräte des Fernsehens, weil die elektronenoptischen Systeme zur Erzeugung der schreibenden Elektronenstrahlbündel gekrümmte Steuer-kennlinien haben, wie im zweiten Band näher erklärt wird (s. auch Kap. 7 dieses Bandes). Die Nichtlinearität muß irgendwo in der Übertragungskette durch eine reziproke Amplitudenverzerrung kompensiert werden. Um den Empfänger nicht mit dieser Entzerrung zu belasten und einfach zu halten, wurde in der Rundfunkfernsehtechnik verabredet, die Gradation im Bildgeber, d. h. am Sendeort vorzuentzerren. Nicht zuletzt mit Rücksicht auf den kompatiblen monochromen Empfang verfährt man im Farbfernsehen in gleicher Weise. Die zu codierenden Signale aus den Grundfarbbereichen werden dementsprechend vorentzerrt, etwa einer Potenzfunktion mit dem Exponenten (Gammawert) von 0,45 entsprechend. Die entzerrten Signale werden durch einen Strich gekennzeichnet. In dieser, im folgenden weiter verwendeten Schreibweise stellen wir die drei Signale des NTSC-Systems nochmals zusammen:

$$E'_Y = 0{,}3\,E'_R + 0{,}59\,E'_G + 0{,}11\,E'_B$$
$$E'_I = 0{,}74\,(E'_R - E'_Y) - 0{,}27\,(E'_B - E'_Y) \tag{6.8}$$
$$E'_Q = 0{,}48\,(E'_R - E'_Y) - 0{,}41\,(E'_B - E'_Y)$$

Die Unabhängigkeit der Leuchtdichte- und Farbart-Information ist bei dieser Signalbildung aber nicht mehr ganz gewährleistet. Mit zunehmender Sättigung der Farben überträgt das $E_Y{}'$-Signal nicht mehr die vollständige Leuchtdichte, sondern ein Teil wird von den Farbartsignalen übernommen. Dadurch ändert sich der Leuchtdichteauszug im kompatiblen Empfang. Im Farbempfang treten zwar keine entsprechenden Fehler in der Helligkeitsabstufung auf — die im Leuchtdichtesignal fehlenden Anteile werden von den Farbartsignalen ersetzt — aber es zeigen sich andere Fehler, wie z. B. eine etwas geringere Auflösung gewisser Farben bei hoher Sättigung (hervorgerufen durch die Signalanteile geringer Bandbreite, die zur Helligkeitsinformation nunmehr beitragen) und eine geringe Verschlechterung des Störabstandes. Das einfache System der Codierung gradationsvorentzerrter Signale hat sich jedoch bisher in der Praxis gut bewährt und die relativ geringen und seltenen Fehler stören kaum.

6.3.2.3 Übertragung der Farbartsignale im Leuchtdichte-Frequenzband. Es war ein

weiterer bedeutungsvoller Schritt in der Entwicklung des NTSC-Systems, daß man den Mut hatte, *die Farbsignale durch Einschachtelung ihrer Spektren innerhalb des Leuchtdichte-Frequenzbandes* zu übertragen. Wie bei der Analyse der Grundstruktur des Fernsehsignals (s. Kap. 5.2) bereits erwähnt, ist eine solche Mitbenutzung des nicht vollständig besetzten Frequenzbandes durch passenden Versatz (Offset) der Signalkomponenten möglich. Um die Reststörungen klein zu halten, muß man dabei die Farbartsignale möglichst weit im oberen Bereich des Leuchtdichte-Frequenzbandes unterbringen als Modulation einer Farbträgerfrequenz f_c, mit einer günstigen Offsetlage zum Hauptspektrum.

So kommt man zu dem allgemeinen in Abb. 6.20 skizzierten — auch für Varianten des NTSC-Systems gültigen — Grundschema der kompatiblen Farbfernsehtechnik. Die in den Farbbereichen aus der Bildvorlage abgeleiteten Signale $E_R{}'$, $E_G{}'$ und $E_B{}'$ werden in einer „Matrix" mit Hilfe linearer Schaltungen umgeformt. Es entstehen das Leuchtdichtesignal, das mit voller Frequenzbandbreite direkt übertragen wird und zwei Farbartsignale, die mit verringerter Bandbreite übertragen werden und in M die Farbträgerschwingungen (f_c) modulieren. Das Modulationsprodukt wird in der Addierstufe A dem Leuchtdichtesignal hinzugefügt. Das zusammengesetzte Farbfernsehsignal wird dem Empfänger zugeschickt, außerdem noch — je nach dem Modulationssystem ver-

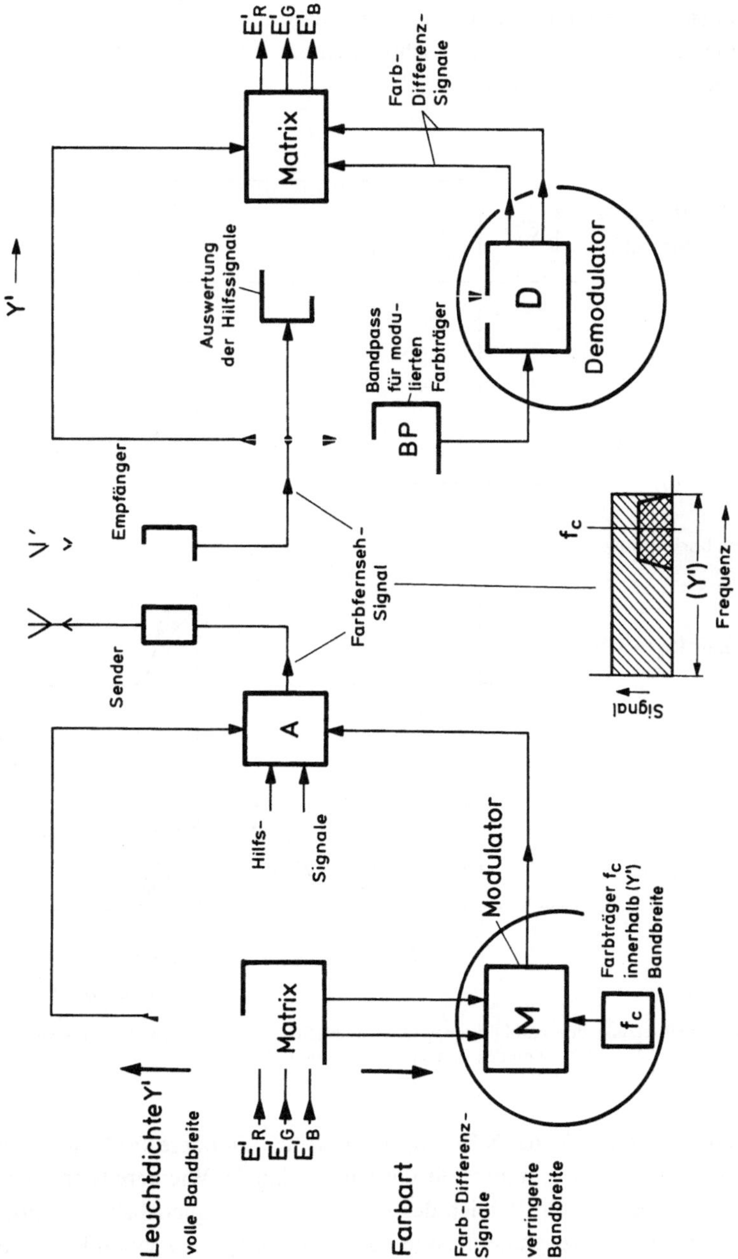

Abb. 6.20. Allgemeines Schema der kompatiblen Farbfernseh-Übertragung mit Signaltrennung nach Leuchtdichte und Farbart und Übertragung der Farbartsignale im oberen Bereich des Leuchtdichte-Frequenzbandes durch Modulation einer Farbträgerschwingung f_c

schiedene — Hilfssignale. Das kleine Frequenzschema in der Abb. 6.20 unten deutet die zusätzliche Besetzung des Frequenzbandes mit den Farbartsignalen an. Sie ist für das NTSC-System in Abb. 6.21 genauer gezeigt.

Am Empfangsort werden die ankommenden Signale wieder getrennt und decodiert. Hierzu dienen der Bandpaß *BP*, der Demodulator *D* (gegebenenfalls gesteuert durch die mitgesendeten Hilfssignale) und entsprechende Matrix-Schaltungen, in denen aus den Leuchtdichte- und Farbartsignalen schließlich die Steuersignale $E_R{}'$, $E_G{}'$ und $E_B{}'$ für die Wiedergabe gebildet werden.

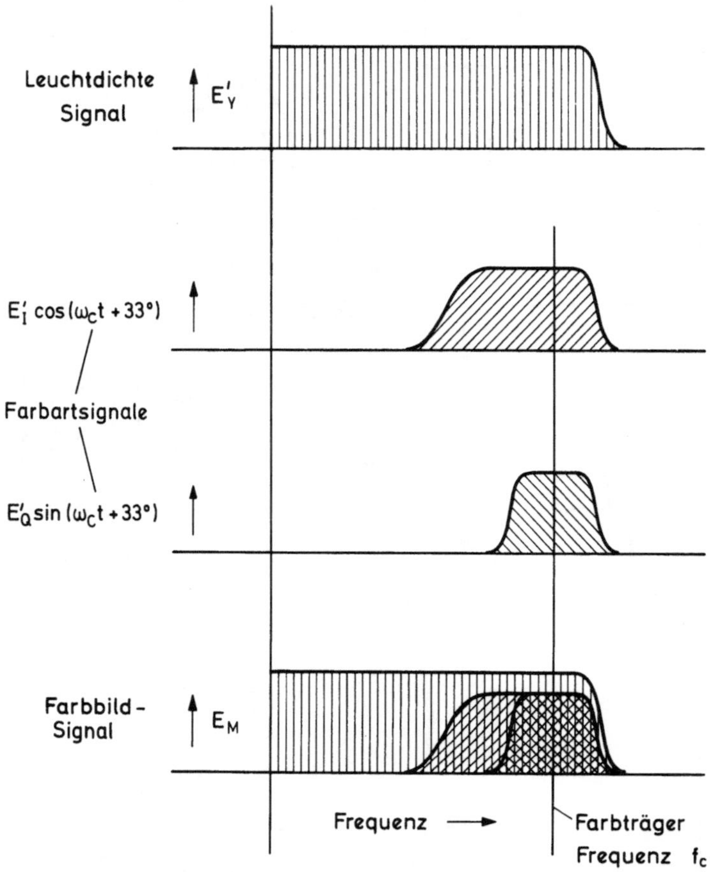

Abb. 6.21. Zusammensetzung des Farbbildsignals E_M im NTSC-System aus dem Leuchtdichtesignal E'_Y und den Farbsignalen E'_I und E'_Q

6.3.2.4 Modulationstechnik des NTSC-Systems.

Eine besondere Problematik liegt in der Wahl des Modulationsverfahrens für die Farbartsignale. Wie bereits erwähnt, muß die Information in den oberen Bereich des Leuchtdichte-Frequenzbandes transponiert werden. Die beiden Farbartsignale müssen dabei unabhängig voneinander so übertragen werden, daß sie im Empfänger leicht getrennt werden können. Im NTSC-System wird hierfür eine simultane *Amplituden-Doppelmodulation* der im Offset liegenden Farbträgerschwingungen f_c in zwei diskreten, um 90° verschiedenen Phasenlagen (φ_0 und $\varphi_0 + \pi/2$) angewendet, d. h. eine sogenannte *Quadraturmodulation* (Sinus- und Cosinusschwingungen, s. Abb. 6.21 und 6.22). Die Trägerfrequenzamplitude verändert sich dabei mit der Größe der Farbartsignale und ist Null, wenn diese Signale selbst Null sind (unterdrückter Träger s. c. = suppressed carrier). Bei Übertragung einer unbunten Stelle treten also keine zusätzlichen Signale im Spektrum auf, an einer bunten Stelle nur mit einer dem Sättigungsgrad entsprechenden Amplitude. Diese sinnvolle

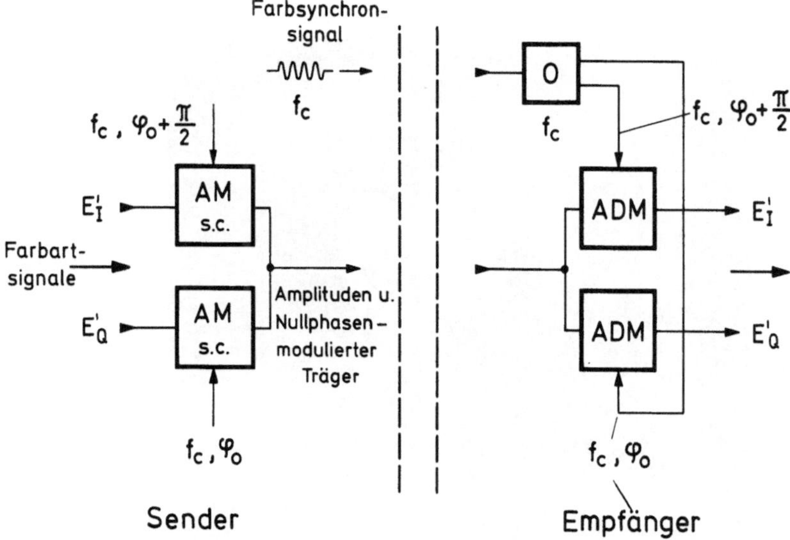

Abb. 6.22. Modulationsschema des Farbträgers f_c im NTSC-System

Wahl des Modulationsverfahrens trägt zur weiteren Reduktion der Reststörungen der Farbmodulation im kompatiblen Schwarz-Weiß-Bild bei.

Abb. 6.23 läßt die vom Farbbildinhalt abhängige Amplitude des feinen Störmusters der Farbträgerschwingung erkennen. Das Photo zeigt einen vergrößerten Ausschnitt des kompatiblen Empfangsbildes auf einem Schwarz-Weiß-Empfänger. Zur deutlichen Erkennung wurde für die Belichtungszeit bei dieser Aufnahme die Dauer von nur zwei Halbbildern gewählt, die Grundstruktur entspricht also dem in Abb. 5.9 rechts, zweite Zeile oben gezeigten Muster. Sie tritt also in diesem Bild absichtlich stark hervor. Bei der subjektiven Betrachtung wird der Störeindruck wegen der Integration über mehrere Halbraster entsprechend der Offset-Technik erheblich reduziert (s. Abb. 5.9 rechts unten).

Die Trägerfrequenz liegt im Halbzeilen-Offset (s. Kap. 5.2), d. h. es ist

$$f_c = \frac{2p+1}{2} f_h, \quad p \text{ ganz}$$

Im amerikanischen 525-Zeilen-System mit $f_g = 4{,}2$ MHz wurde $2p + 1 = 455$ gewählt, mit $f_c = 3{,}579545$, in der auf 625 Zeilen übertragenen Norm mit $f_g = 5$ bis 6 MHz hat man sich auf $2p + 1 = 567$ und $f_c = 4{,}429687$ MHz geeinigt. Da die Periodizitäten der Bildabtastung für Leuchtdichte und Farbart identisch sind, liegen bei der Modulation eines so gewählten Trägers auch die Seitenbandfrequenzen im gleichen Offset ineinandergeschachtelt.

Die Doppel-Amplitudenmodulation führt nach Addition der beiden Modulationsprodukte zu einer resultierenden amplituden- und nullphasenmodulierten Trägerschwingung, deren Amplitude von der Größe der Farbartsignale, d. h. von der Sättigung abhängt und deren Nullphasenlage von dem relativen Verhältnis der beiden Farbartsignale, also vom Farbton bestimmt ist. Diese Zuordnung ist sehr sinnvoll und zweckmäßig.

Abb. 6.23. Kompatibles Schwarz-Weiß-Bild einer Farbfernsehübertragung mit dem NTSC-System. Unten vergrößerter Ausschnitt, Farbträgermuster sichtbar gemacht durch Beschränken der Belichtungszeit der Aufnahme vom Bildschirm auf zwei Halbraster (vgl. Abb. 5.9 rechts, zweite Zeile)

In der praktischen Durchführung der Quadratur-Farbträgermodulation ordnet man die beiden um $90°$ versetzten Schwingungskomponenten den Farbdifferenzsignalen oder deren Kombinationssignalen direkt zu. So kann man den Modulationsvorgang anschaulich in Form des Zeigerdiagramms Abb. 6.24 darstellen. Die beiden Modulationskomponenten sind in senkrecht zueinander stehenden Richtungen aufgetragen. Die verschiedenen Phasenwinkel von 0 bis $360°$ entsprechen zugeordneten Farbtönen, deren Verteilung in dem Bild angedeutet ist mit der allgemein üblichen Bezugslage $\varphi = 0$ für das $+ (E'_B - E'_Y)$-Signal. Bei Zählrichtung entgegen dem Uhrzeigersinn liegt die Phase des positiven $(E'_R - E'_Y)$-Signals dann senkrecht dazu nach oben usw. Die Farbton-Phasenbeziehung gilt für die Modulation mit den einfachen Farbdifferenzsignalen (U, V) nach

$$E'_{U,V} = c_2 (E'_B - E'_Y) \sin \omega_c t + c_1 (E'_R - E'_Y) \cos \omega_c t \qquad (6.9a)$$

bzw. für die zusammengesetzten Signale (I, Q) nach

$$E'_{I,Q} = E'_Q \sin(\omega_c t + 33°) + E'_I \cos(\omega_c t + 33°) \qquad (6.9b)$$

Die Zeigerlage der I,Q-Komponenten ist in Abb. 6.24 ebenfalls eingezeichnet.

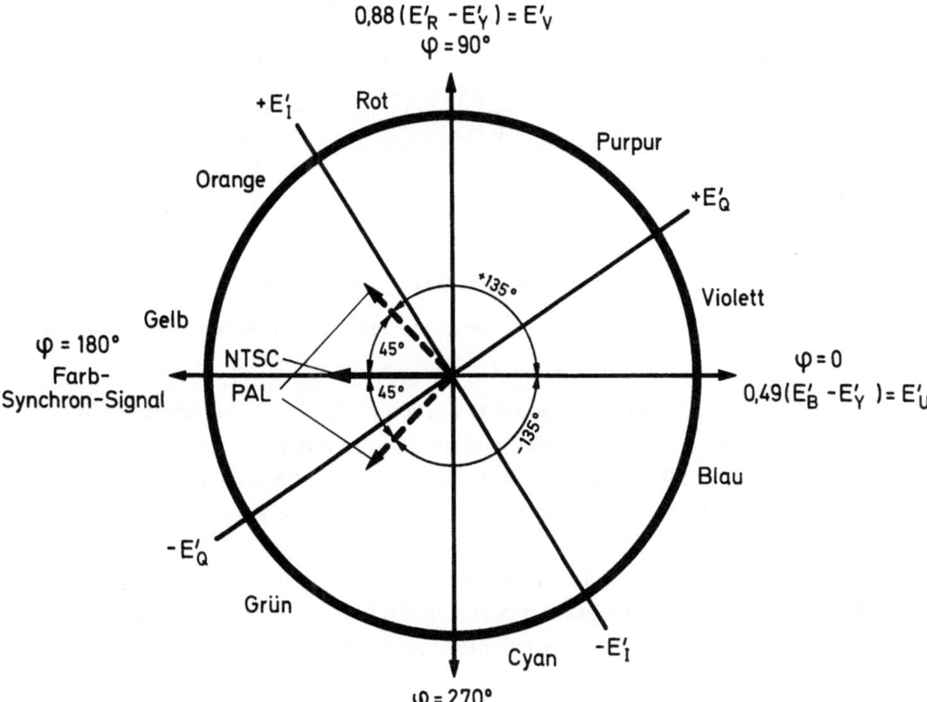

Abb. 6.24. Zeigerdiagramm der Farbträgerschwingung bei Amplituden-Doppelmodulation der zwei um 90° gegeneinander versetzten Teilkomponenten. Zuordnung der Phasenlagen zum Farbton. Achsenlagen der einfachen und transformierten Differenzsignale

Am Empfangsort braucht man für die Demodulation und Trennung der beiden Farbartsignale einen *synchronen Trägerzusatz.* Zur Synchronisierung wird periodisch am Ende jeder Zeile ein Bezugssignal in den H-Austastintervallen mitgesendet, wie Abb. 6.25 erkennen läßt. Die kurze Schwingungsgruppe des Farbträgers (burst) wird im Zeitabschnitt der sogenannten hinteren Schwarzschulter eingeblendet. Wie man in Abb. 6.24 sieht, liegt die Phase dieses Farbsynchronsignals entgegengesetzt zur $+ (E'_B - E'_Y)$-Bezugsphase ($\varphi = 180°$). Das im Empfangsgerät ausgeblendete Farbsynchronsignal steuert den lokalen Oszillator (Abb. 6.22), der zwei um 90° versetzte Trägerschwingungen für die synchrone Amplituden-Demodulation (ADM) liefert. Unerwünschte Demodulationsprodukte werden durch Filter entfernt und man erhält schließlich die beiden Farbsignale für die Rückbildung der Grundsignale $E_R{}'$, $E_G{}'$ und $E_B{}'$ in den Matrixschaltungen.
Die aus gutem Grund relativ hohe Lage des Farbträgers läßt nur für das schmälere Frequenzband des $E_Q{}'$-Farbsignals eine normale Zweiseitenband-Übertragung zu (vgl. Abb. 6.21). Von dem breiteren Band des $E_I{}'$-Signals wird im oberen Bereich nur noch ein Seitenband übertragen. Die dadurch bedingten Übertragungsverzerrungen

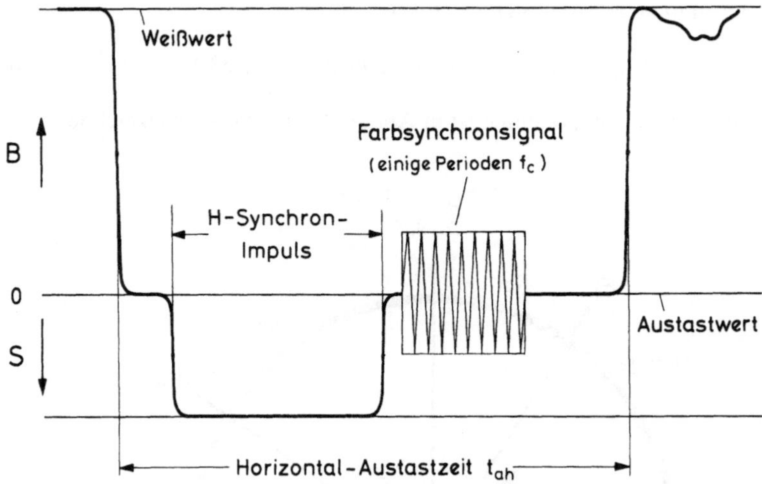

Abb. 6.25. Farbsynchronsignal auf der hinteren Schwarzschulter innerhalb der Horizontal-Austastzeit t_{ah}

müssen in der Signalrückbildung kompensiert werden (z. B. durch Anheben der höheren Frequenzkomponenten des I-Signals), außerdem muß das Band des Q-Signals gut begrenzt sein (etwa auf die Breite des oberen Seitenbandes des I-Signals), um Störeffekte durch Übersprechen zwischen den Farbsignalen infolge des asymmetrischen Seitenbandbetriebs für das I-Signal klein zu halten.

Je nach der Einstellung der Nullphase im Demodulator kann man die Demodulation auf verschiedene Achsen im Zeigerdiagramm beziehen. So kann man bei passender Einstellung die Signale $E_I{}'$ und $E_Q{}'$ direkt wiedergewinnen, aber auch die einfachen Diffe-

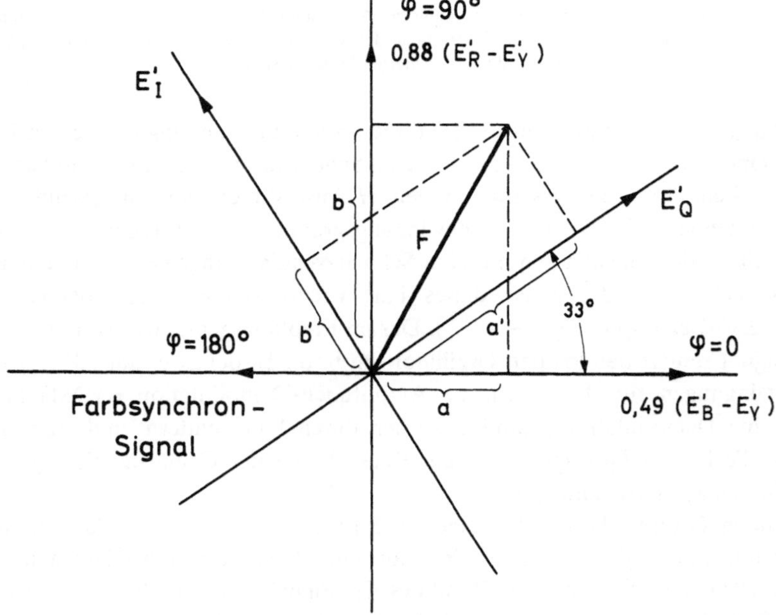

Abb. 6.26. Komponenten der Farbträgerschwingung bei Demodulation auf verschiedenen Bezugsachsen

renzsignale $(E_R{}' - E_Y{}')$ und $(E_B{}' - E_Y{}')$ und auch andere Kombinationen. Bezieht man auf die Differenzsignale, so gelten für die Zerlegung bzw. Zusammensetzung (d. h. Modulation und Demodulation) die Komponenten a und b des Zeigers F in Abb. 6.26. Bezieht man andererseits auf die transformierten Differenzsignale, d. h. auf die um $33°$ gedrehten I- und Q-Achsen, so gelten die Komponenten a' und b'. Bei der Demodulation direkt auf die Differenzsignale gehen zwar die Vorteile der unterschiedlichen Bandbreite in den beiden Farbsignalen I und Q verloren, dafür sind aber die Schaltungen zur Decodierung einfacher und es wird in der Praxis oft von diesen Möglichkeiten Gebrauch gemacht. Man arbeitet dann in beiden Farbkanälen mit der gleichen Bandbreite (etwas größer als die des Q-Signals) und nennt daher diese Technik „Äquiband"-Empfang.

Den Ansatz für das vollständige Farbfernsehsignal des NTSC-Systems erhält man mit Gl. (6.9 b) und dem Leuchtdichtesignal E_Y' zu

$$E_M = E_Y' + [E_Q' \sin(\omega_c t + 33°) + E_I' \cos(\omega_c t + 33°)] \qquad (6.10)$$

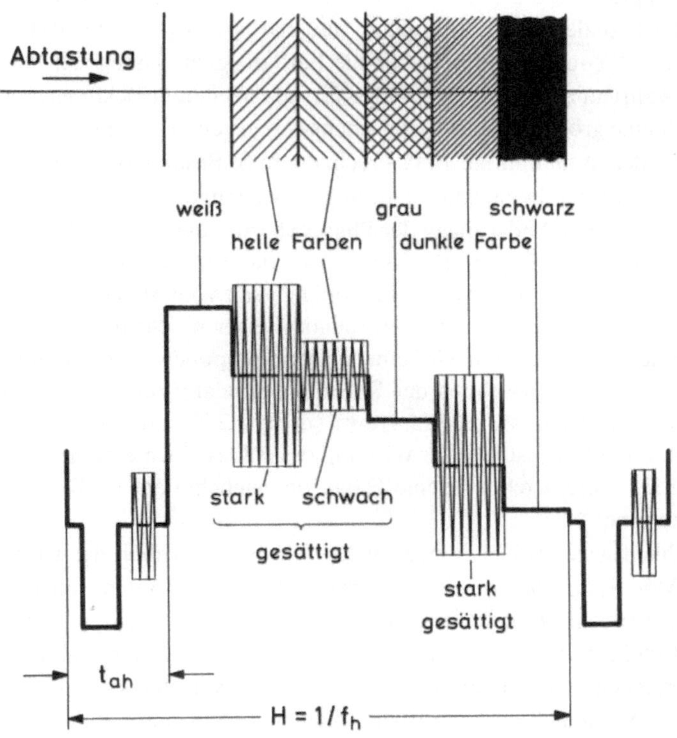

Abb. 6.27. Zeilen-Oszillogramm des Farbfernsehsignals (NTSC-System) bei Überlagerung einer Vorlage aus bunten und unbunten vertikalen Streifen verschiedener Leuchtdichte

Die mit dem NTSC-System begründete Art der kompatiblen Farbfernsehübertragung kann man also ganz einfach so interpretieren (s. Abb. 6.27), daß auch beim *Farbfernsehen das normale Leuchtdichtesignal E_Y' gesendet wird und daß diesem Grundsignal zusätzliche Trägerschwingungen (Farbindikator-Schwingungen) überlagert werden,* deren Amplitude und Phasenlage die Farbart mitteilen und die nur vorhanden sind, wenn eine bunte Stelle abgetastet wird und die wegen der Frequenzbandreduktion nur den oberen Bereich des gesamten Übertragungskanals zusätzlich belasten. Im Interesse eines guten Störabstandes sollen die überlagerten Trägerschwingungen eine möglichst große Amplitude haben, andererseits ist der vorgesehene Aussteuerbereich begrenzt und zwingt zur Einhaltung gewisser Maximalwerte. Da in den praktischen Bildern nur selten stark gesättigte Farben vorkommen, hat man im Hinblick auf den Störabstand eine relativ große Farbträgeramplitude zugelassen, die zwar theoretisch zu Übersteuerungen des BA-Signals führen kann, praktisch aber ohne Schwierigkeiten anwendbar ist. Gute Kompromisse haben zur Wahl der Werte für die in Gl. (6.6) angegebenen Koeffizienten c_1 und c_2 geführt, mit denen das Amplitudenverhältnis relativ zu dem als Einheit angenommenen Leuchtdichtesignal festgelegt ist.

6.3.2.5 Varianten des NTSC-Systems. Die mit dem NTSC-System eingeführte kompatible Übertragungsart hat das Farbfernsehen anwendungsreif gemacht; die Prinzipien der Trennung der Signale nach Leuchtdichte und Farbart, der Signalverschachtelung und Reduktion der Frequenzbandbreite für die Farbartsignale haben sich in der Praxis glänzend bewährt und blieben Grundlage für alle Weiterentwicklungen. An einer Stelle war jedoch eine größere Reserve wünschenswert gegen bestimmte Übertragungsverzerrungen, mit denen man in der Praxis rechnen muß. Besonders unangenehm wirken sich bei der Quadratur-Doppelmodulation die sogenannten differentiellen Phasenverzerrungen aus, das sind Änderungen der Phasenübertragung innerhalb des Aussteuerbereichs des Signals vom Pegelwert Schwarz, wo das Bezugs-Synchronsignal liegt, nach Weiß, d. h. also Phasenänderungen in Abhängigkeit vom Signal-Grundpegel der Leuchtdichte. Der die Phasenlage kennzeichnende Zeiger weicht dann von der Soll-Lage ab und bei der Demodulation wird eine falsche Komponenten-Zusammensetzung reproduziert. Eine Phasenabweichung der Übertragung relativ zum Bezugswert macht sich z. B. von Rot ausgehend (s. Abb. 6.24) entweder als Gelb- oder Blaustich bemerkbar. Da der Farbton auf die ästhetische Wirkung des Bildes einen entscheidenden Einfluß hat, wirken sich bereits relativ kleine Fehler unangenehm aus (z. B. bei der Wiedergabe von Hauttönen).
Die Empfindlichkeit gegen solche Verzerrungen war hauptsächlich der Ursprung der Kritik an dem Modulationsprinzip des Farbträgers im NTSC-System. Hier setzen interessante und geistreiche Weiterentwicklungen in Europa an mit dem Ziel, weniger empfindliche Modulationsverfahren zu finden. Es wurde eine Reihe von Vorschlägen gemacht und untersucht. Obwohl aus der Konkurrenz der verschiedenen Varianten nur zwei Favoriten als Norm ausgewählt wurden, sollen hier auch einige andere Vorschläge kurz dargelegt werden, denn sie können vielleicht für andere Aufgaben der Nachrichtentechnik von Nutzen sein.
Die folgende Übersicht bezieht sich nur auf die Farbart-Übertragungstechnik, d. h. auf den in Abb. 6.20 durch Kreise gekennzeichneten Teil des gesamten Übertragungssystems [6.7].

TSC-Verfahren (1956, [6.8]). Mit diesem Verfahren wurde versucht, die Schwierigkeiten der Doppelmodulation eines Trägers durch Verwendung von *zwei* getrennten Trägerfrequenzen f_{c1} und f_{c2} für zwei Farbsignale (normale Primär-Farbsignale für Rot und Blau, d. h. E'_R und E'_B) grundsätzlich zu vermeiden (Abb. 6.28). Gearbeitet wurde mit normaler Amplitudenmodulation (ohne Trägerunterdrückung, kein burst). Neue Probleme entstanden u. a. im kompatiblen Schwarz-Weiß-Empfang und in der Stabilisierung des für den Farbton maßgebenden Verhältnisses der beiden Trägerkomponenten zueinander.

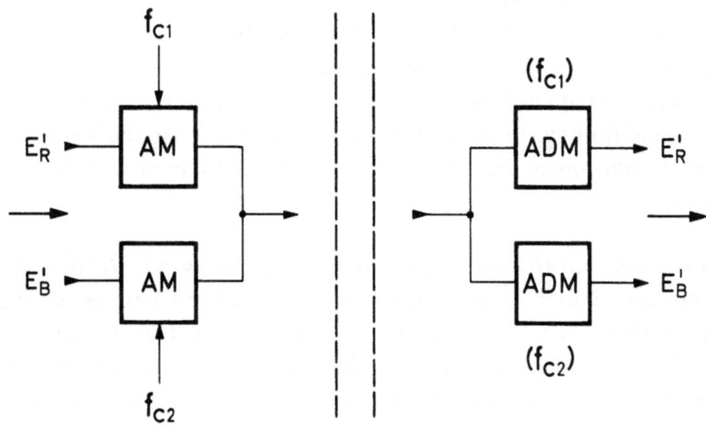

Abb. 6.28. Farbartsignal-Übertragungsverfahren mit zwei Trägerfrequenzen, T. S. C. [6.8]

Verfahren H. de France (1957/58 [6.9]). Etwa zur gleichen Zeit begann eine andere, von H. de France begründete Entwicklung, bei der die Doppelmodulation dadurch vermieden wird, daß man jeweils nur *ein* Farbsignal über einen Farbträger f_c übermittelt. Die Trägerschwingung wird also in sequentialer Umschaltung abwechselnd nur mit dem einen oder mit dem anderen Farbartsignal moduliert (Abb. 6.29). Man

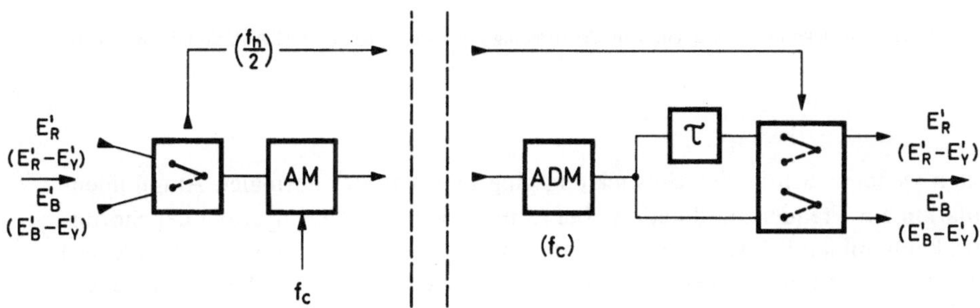

Abb. 6.29. Sequentiale Übertragung der beiden Farbartsignale nach H. de France, [6.9]

läßt also jeweils ein Signal aus. Gewöhnliche Amplitudenmodulation wurde zunächst gewählt, erst mit den einfachen Farbwertsignalen E_R' und E_B', später mit den Farb-Differenzsignalen $E_R' - E_Y'$ und $E_B' - E_Y'$. Ein Farbträger-Synchronsignal (burst) ist bei dieser einfachen Amplituden-Demodulationstechnik nicht nötig, dafür aber ein Signal zur Synchronisierung der richtigen Phasenstellung für die Umschaltung des Übertragungsweges auf die beiden Farbsignale, das während der Vertikal-Austastzeit gesendet wird. Der Wechsel erfolgt von Zeile zu Zeile, die kennzeichnende Frequenz ist also $f_h/2$. Im Empfänger wird ein neues Schaltelement benötigt, eine Verzögerungsleitung für die Zeitdauer einer Horizontalperiode ($\tau = H$), die für den Decoder jeweils die in der vorhergehenden Zeile gesendete andere Farbinformation bereithält, wodurch alle für die Rückgewinnung der Farbauszugssignale notwendigen Grundsignale wieder dauernd zur Verfügung stehen, wenn auch mit einem geringen Ortsfehler in vertikaler Richtung, der aber in bezug auf die Farbauflösung ebenso toleriert werden kann wie die geringere Frequenzbandbreite der Farbsignale und die damit gegebene geringere Horizontalauflösung. In der ersten Entwicklungsstufe lag die Verzögerungsleitung im Videobereich hinter der Demodulation. Das Verfahren wurde weiterentwickelt und es kam zu dem

SECAM-Verfahren mit Ultraschall-Verzögerungsleitung (1959/60 [6.10]). Ein wesentliches Problem lag nämlich in der Entwicklung einer billigen Verzögerungsleitung und dies gelang mit Hilfe einer Ultraschall-Leitung, die aber im Trägerfrequenzbetrieb arbeitet. Abb. 6.30 zeigt das entsprechend veränderte Schema des sequentialen Übertragungsverfahrens. Die Verzögerungsleitung liegt hier vor der Demodulation. Man gab dem Verfahren den Namen SECAM (Abkürzung für séquential à mémoire).

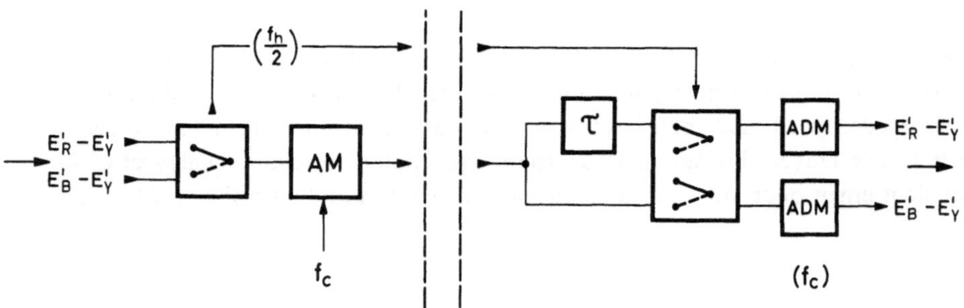

Abb. 6.30. Weiterentwicklung der sequentialen Übertragung der Farbartsignale. SECAM-Verfahren, [6.10]

In einem weiteren Schritt der Entwicklung ging man von der normalen Amplituden-Modulation zur Frequenzmodulation über (Abb. 6.31). Zur Verringerung der Störungen des kompatiblen Schwarzweiß-Empfangs durch den (bei FM immer vorhandenen) Träger wurde eine Reihe weiterer Maßnahmen eingeführt, wie z. B. Phasenwechsel der Trägerfrequenz in jeder dritten Zeile und von Halbbild zu Halbbild sowie eine Pre- und De-Emphasis der höheren Modulationsfrequenzen im Video- und Trägerfrequenz-

bereich und eine Steuerung der Farbträgeramplitude in Abhängigkeit von Frequenzkomponenten des Leuchtdichtesignals im Bereich der Farbträgermodulation (s. [0.14]).

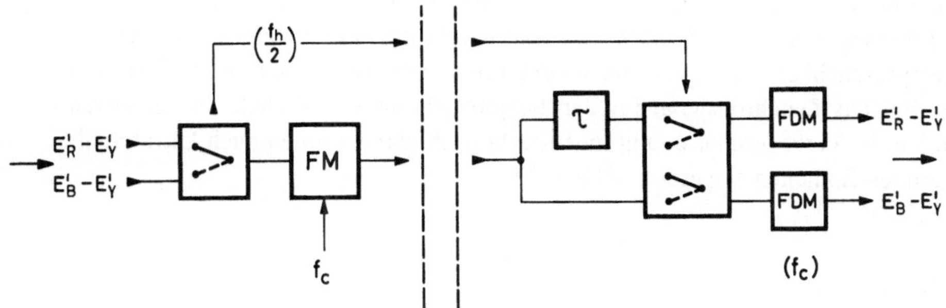

Abb. 6.31. SECAM-Verfahren mit Frequenzmodulation der Farbträgerschwingung, [6.10], [0. 14]

FAM-Verfahren (1960, [6.11]). Dieses Verfahren vermeidet die Empfindlichkeit gegen
differentielle Phasenstörungen durch *unterschiedliche Modulationsarten* eines Trägers für die beiden Farbartsignale (Abb. 6.32). Konventionelle Amplituden- und Frequenzmodulation wurde gewählt, Hilfssignale erübrigen sich, da der Empfang mit gewöhnlichen (nichtsynchronisierten) Demodulatoren erfolgt.

Das $(E_B{}' - E_Y')$-Signal moduliert die Frequenz des Farbträgeroszillators. Die Polarität der modulierten Schwingungen wird von Zeile zu Zeile um 180° umgeschaltet,
um die Störwirkung im kompatiblen Empfang zu reduzieren. Das $(E_R{}' - E_Y')$-
Signal moduliert weiterhin die Amplitude des auf einen Grundwert (bei Unbunt) ein-
gestellten frequenzmodulierten Farbträgers. Das Verfahren ist sehr einfach und kommt
mit einem geringen Geräteaufwand aus, jedoch sind einschränkende Kompromisse für
die Betriebsparameter wie Farbträgeramplitude, Frequenzhub und Amplitudenmodula-
tionsgrad nötig, um Reststörungen klein zu halten.

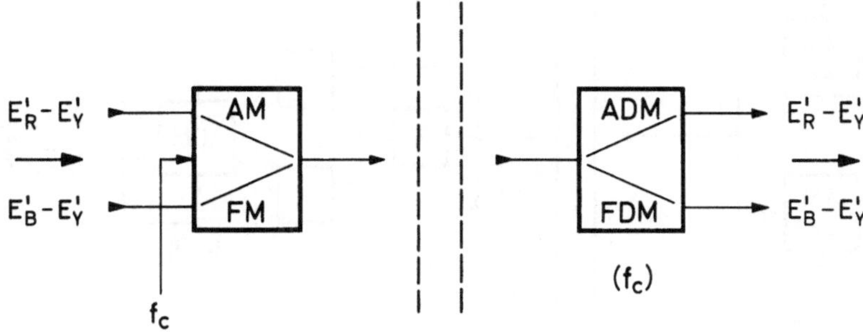

Abb. 6.32. Farbartsignal-Übertragung durch gleichzeitige Amplituden- und Frequenzmodulation einer
Farbträgerschwingung. FAM-Verfahren, [6.11]

SECAM—NTSC—Verfahren (1961/62, [6.12]*).* Nach Bekanntwerden der SECAM-Technik wurden Versuche unternommen, das *sequentiale Übertragungsprinzip mit der Modulationsart des NTSC-Systems zu verbinden,* d. h. anstelle der einfachen Amplituden- oder Frequenzmodulation der Trägerschwingungen die Amplitudenmodulation mit unterdrücktem Träger beizubehalten. Zur synchronen Demodulation braucht man dann allerdings wieder ein Synchronsignal (burst) zur Steuerung des lokalen Oszillators im Empfänger. Wie bei SECAM wird aber jeweils nur ein Farbsignal gesendet, die Phasenempfindlichkeit der Quadraturmodulation bleibt vermieden. Als Hilfssignal ist weiterhin das Synchronsignal für den Schaltrhythmus erforderlich. In der ersten Version lag die Verzögerungsleitung im Videobereich, dann wurden auch Ultraschall-Verzögerungs-Einheiten eingesetzt (Abb. 6.33).

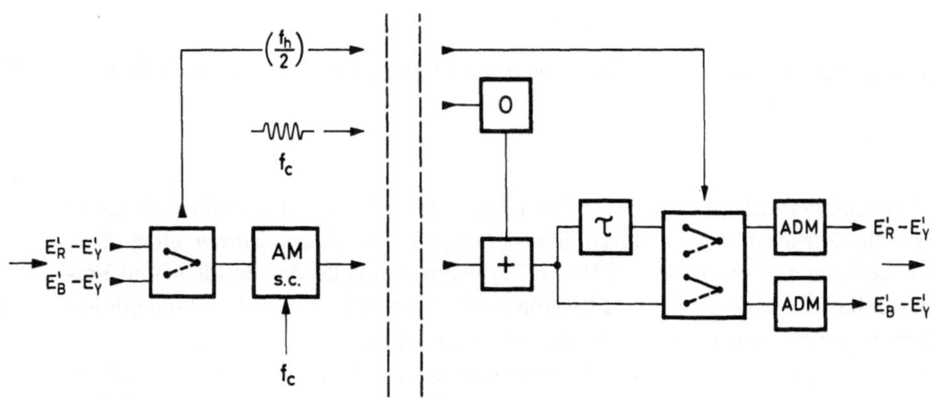

Abb. 6.33. Kombination der sequentialen Übertragung der Farbartsignale mit dem Amplitudenmodulations-prinzip des NTSC-Systems, [6.12]

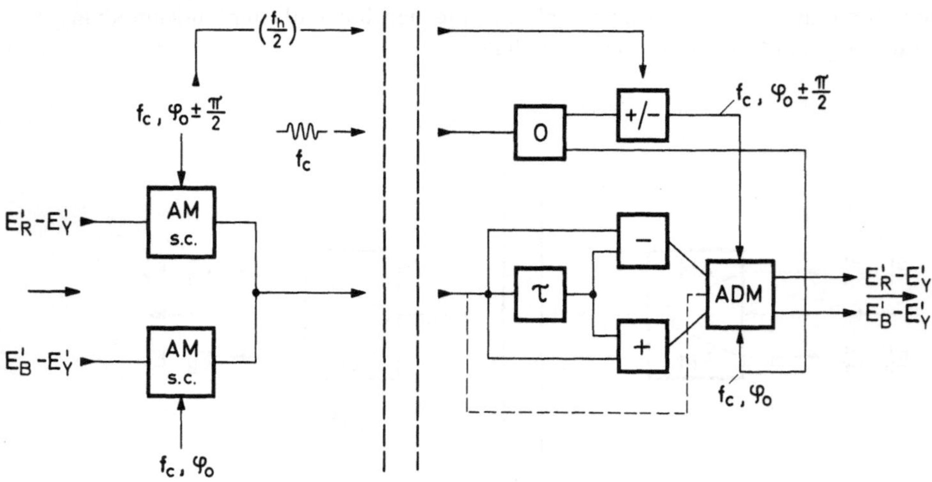

Abb. 6.34. Quadraturmodulation der Farbträgerschwingung mit periodischem Phasenwechsel der einen Komponente von Zeile zu Zeile. PAL-Verfahren, [6.13]

Die Weiterentwicklung der sequentialen Übertragung mit Amplitudenmodulation und Trägerunterdrückung führte dann durch Hinzunahme des zweiten Signals zu dem

PAL-Verfahren (1962, [6.13]). Das sequentiale Prinzip der Farbartsignalübertragung bezieht sich bei dem PAL-Verfahren nicht auf die Auswahl jeweils nur eines Signals für die Trägermodulation, sondern auf den *periodischen Wechsel der Phasenlage eines der beiden stets gleichzeitig gesendeten Signale.* So kommt die Übertragungsart dem Original NTSC-System noch näher, denn die Art der Farbsignalmodulation ist wieder eine Amplituden-Quadraturmodulation der Farbträgerfrequenz. Der Unterschied liegt — wie Abb. 6.34 im Schema zeigt — in der von Zeile zu Zeile periodischen Umschaltung der Phasenlage der einen Komponente von $+ \pi/2$ auf $- \pi/2$ im Sender und Empfänger (PAL ist Abkürzung für Phase-Alternation-Line). Die durch Phasenfehler der Übertragung hervorgerufenen Farbtonfehler wechseln dementsprechend periodisch in entgegengesetzter Richtung im Zeigerdiagramm und mitteln sich bei geeigneter Empfangsart aus, wie in Abb. 6.35 erklärt.

In der Skizze oben ist der Zeiger F einer Farbträgerschwingung in Normallage ($+$ (R' $- Y'$), $+ \varphi$) und in der umgeschalteten Lage ($-$ ($R' - Y'$), $- \varphi$) eingezeichnet. Das Bild in der Mitte zeigt die Auswirkung einer Phasenverzerrung $\Delta\varphi$ auf die Lage der beiden Zeiger. Das untere Bild zeigt die Zeigerlagen nach Rückschaltung der ($R' - Y'$)-Komponente im Empfänger. Wie man sieht, ist die Abweichung der Zeigerlage vom Sollwert in einer Zeile positiv ($+ \Delta\varphi$) und in der folgenden Zeile negativ ($- \Delta\varphi$), die Mittellage beider Zeiger entspricht also dem unverzerrten Sollwert φ. Daraus folgt, daß man bei geeigneter Kombination der beiden periodisch alternierenden Zeigerlagen nach dem Prinzip der Fehlermittlung die Ursprungslage rückgewinnen kann. Dabei entsteht allerdings eine geringe Reduktion der Sättigung, weil bei der vektoriellen Addition der beiden Zeiger in Abb. 6.35 unten und Halbierung die Zeigerlänge auf $F' = F \cdot \cos \Delta\varphi \leq F$ reduziert wird. Das entspricht einer Entsättigung, die aber bei den in der Praxis vorkommenden, relativ kleinen Phasenfehlern unbedeutend ist und ohnehin weniger kritisch im Vergleich zu Farbtonänderungen wahrgenommen wird. (Mit Spezialschaltungen kann man auch diesen Fehler vermeiden.)

Die Grundidee einer so alternierenden Übertragung ist bereits von der Entwicklung des NTSC-Systems her bekannt und wurde seinerzeit erwogen zur Verringerung des Übersprechens zwischen Farbsignalen größerer Frequenzbandbreite bei der Quadraturmodulation im Restseitenbandbetrieb (CPA bzw. OCS [6.14]), wurde dann aber nach Wahl von zwei Signalen unterschiedlicher Bandbreite mit einem Überlappungsbereich, in dem beide Seitenbänder beider Signale übertragen werden (I und Q), nicht mehr weiter verfolgt. Die nachfolgenden Entwicklungen (W. Bruch [6.13]) verbesserten das Verfahren wesentlich, so daß es bei den Diskussionen über die Farbfernsehnormen in Europa besondere Bedeutung bekam. Die neuen Arbeiten konzentrierten sich auf die Umschaltung von Zeile zu Zeile, die Wahl einer hierzu passenden neuen Offsetlage des Farbträgers im Leuchtdichtespektrum und vor allem auf die Mitverwendung der jeweils in der vorhergehenden Zeile gesendeten Farbinformation zur Signalbildung und der damit gegebenen Mittelung des Farbtonwertes, wobei sich die Übertragungsfehler im resultierenden Signal aufheben.

Die Offsetlage der NTSC-Quadraturmodulation ($f_c = (2p + 1) f_h/2$) konnte bei PAL nicht mehr beibehalten werden, weil die periodische Tastung der Polarität des einen Signals von Zeile zu Zeile mit der Tastfrequenz $f_h/2$ die Offsetbedingung aufhebt, so daß im kompatiblen Schwarz-Weiß-Bild große Störungen auftreten würden. Die Viertel-Zeilen-Offsetlage wurde gewählt mit einem zusätzlichen Versatz um $f_v/2$ (25 Hz). Für die Farbträgerfrequenz der PAL-Übertragung gilt also:

$$f_c = (2p - \tfrac{1}{4})f_h + \tfrac{1}{2}f_v \tag{6.11}$$

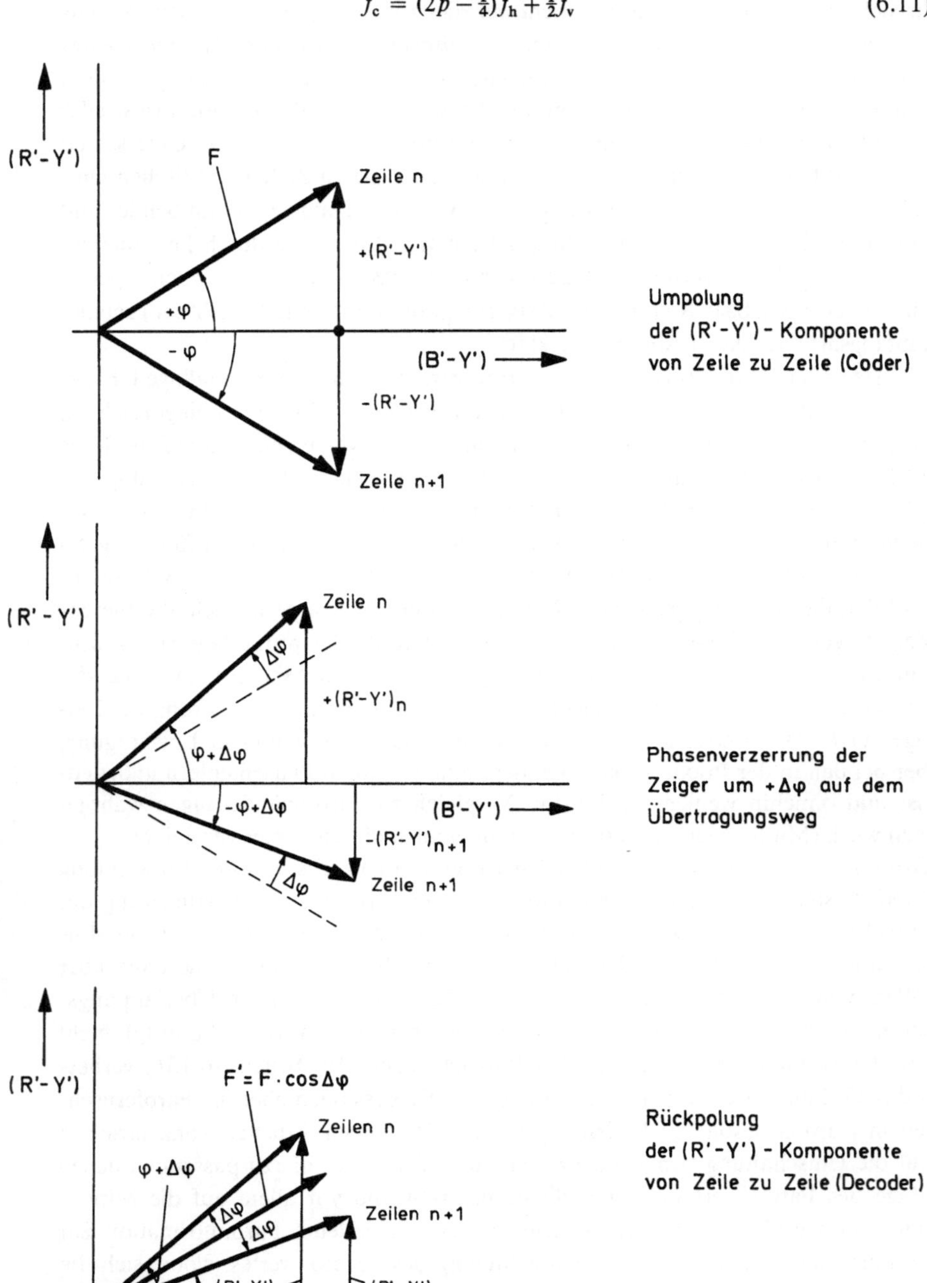

Abb. 6.35. Darstellung des PAL-Verfahrens im Zeigerdiagramm der Farbträgerschwingung

Für die 625-Zeilensysteme hat man sich auf $2p = 284$ geeinigt, so daß bei $f_h = 15\,625\,\text{Hz}$ und $f_v = 50\,\text{Hz}$ die Farbträgerfrequenz

$$f_c = 4{,}43\,361\,875\,\text{MHz}$$

beträgt.

Die weiteren Arbeiten bezogen sich auf die Art der Fehlermittelung. Verwendet man zum Empfang nur die jeweils gesendeten Signale, so ist die Farbartinformation bei Übertragungsfehlern von Zeile zu Zeile entgegengesetzt unterschiedlich und die Mittelung wird dem Auge überlassen. Eine solche Empfangsart ist möglich (PAL-Simple), allerdings zeigen sich bei fehlerhafter Übertragung hochgesättigter Farben leicht stroboskopische, jalousieartige Störmuster. Insofern war es ein bedeutender Schritt in der Entwicklung, mit geeigneten Verfahren die Fehlermittelung bereits in den Signalen einzuführen. Hierzu muß die Information einer Zeile mit der aus der vorhergehenden vereinigt werden. Das ist mit Hilfe der — vom SECAM-Verfahren bekannten — Verzögerungsleitung möglich und mit der Schaltung Abb. 6.34, die bei genauer Einstellung der Laufzeit τ (Zeilendauer) durch Addition und Subtraktion die beiden Farbartsignale getrennt und über jeweils zwei Zeilen gemittelt liefert.

Als Hilfssignale braucht das PAL-Verfahren den burst der Farbträgerfrequenz f_c und ein „Identifikations"-Signal zur Kennzeichnung der Schaltphase ($f_h/2$), das ähnlich wie bei SECAM im Vertikal-Austastintervall gesendet werden kann. Die Information über die Schaltphase hat man aber noch zusätzlich im Farbsynchronsignal unterbringen können. Es gelang durch Aufspaltung des Synchronsignals in zwei Komponenten. Wie in Abb. 6.36 skizziert, wird die Phasenlage der Schwingungsgruppe von der Frequenz f_c abwechselnd um $+45°$ und $-45°$ gegen die Normallage (neg. Farbachse ($E'_B - E'_Y$) versetzt übertragen. Der Oszillator im Empfänger stellt sich auf den als Bezug richtigen Mittelwert ein und die Schaltphase wird aus dem für die Nachsteuerung des Oszillators notwendigen Phasendiskriminator abgeleitet, wie in Abb. 6.36 rechts skizziert. Die bei-

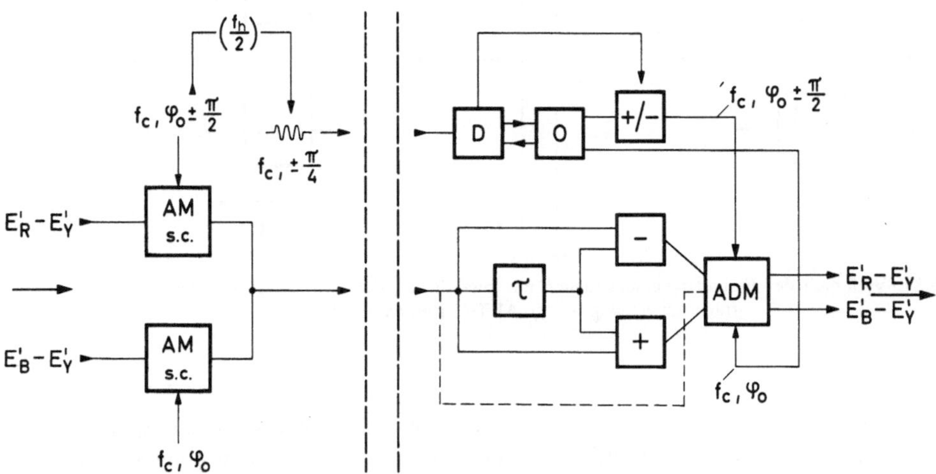

Abb. 6.36. Verbessertes PAL-Verfahren mit kombiniertem Farbsynchronsignal für Frequenz- und Schaltphase, [6.13]

den Phasenlagen für den „alternierenden burst" sind auch in dem Zeigerdiagramm
Abb. 6.24 eingezeichnet.

Die PAL-Technik kompensiert auch Fehler, die bei der Quadratur-Doppelmodulation
des Farbträgers infolge von asymmetrischen Seitenbändern entstehen. Man kann daher
das untere Seitenband der Farbart-Modulationsprodukte beider Signale auf die Größenordnung der sonst nur beim E_I'-Signal im NTSC-System möglichen Breite er-
weitern. So erübrigt sich dadurch die Komplikation der Transformierung der einfachen
Differenzsignale in die I- und Q-Signale und man verwendet bei der PAL-Übertragung
nur die einfachen Farbart-Differenzsignale, die U- und V-Signale mit gleich großer
Frequenzbandbreite und damit guter Übergangsschärfe in allen Richtungen der Farb-
artänderung.

Verfahren mit Bezugsträger (ART [6.15], *NIIR — SECAM IV* [6.16]*).* Der Grund-
gedanke dieses in Abb. 6.37 dargestellten ART-Verfahrens liegt darin, daß zur Demodulation eine *„Pilot"-Schwingung* verwendet wird, die auf dem Signalpegel des Leuchtdichtesignals liegt und damit alle Schwankungen der Lage im Aussteuerbereich mit-
macht, d. h. in gleicher Weise wie das Signal phasenverzerrt wird, so daß der Fehler bei
Bezug auf diese „mitlaufende" Synchroninformation in der Demodulation herausfällt
(ART = Additional Reference Transmission) [6.15].

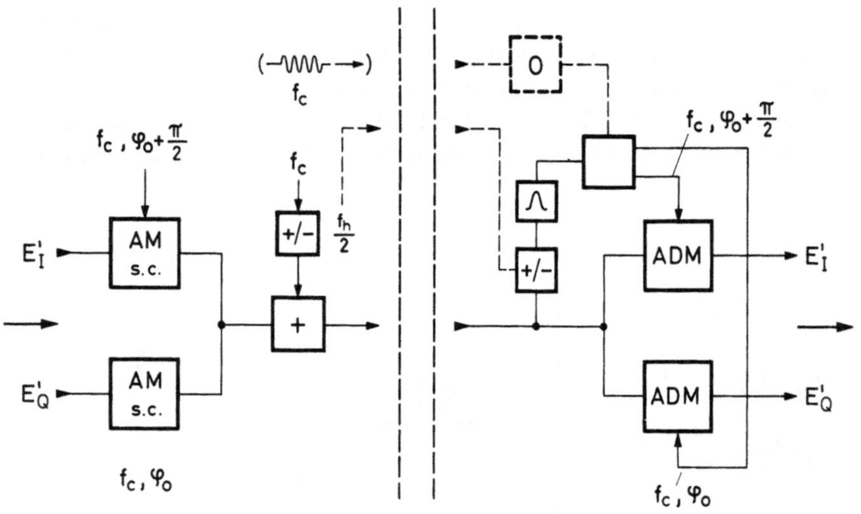

Abb. 6.37. Verfahren der Farbartsignalübertragung mit zusätzlicher, dem Farbsignal überlagerter Bezugsträgerschwingung (Pilot). ART-Verfahren [6.15]

Die mitlaufende Pilotschwingung muß sich von der Nutzfarbträgerschwingung unterscheiden, damit die beiden Informationen voneinander getrennt werden können, d. h.
damit die Bildmodulation keinen Einfluß auf die Steuerung nimmt. Als Unterschei-
dungsmerkmal wurde eine periodische Umtastung der Phase um $180°$ von Zeile zu
Zeile gewählt. In Abb. 6.37 ist eine Methode gezeigt, bei der mit relativ einfachen

Schaltungen die Pilotinformation nach der periodischen Rückpolung durch selektive Filter abgetrennt und dem Oszillator für die Demodulation zugeführt wird. Allerdings wirkt sich hierbei die Fehlerkompensation nur als Mittelung über mehrere Zeilen aus. Wahlweise kann die Synchronisierung auch in der gewohnten Weise mit Hilfe des burst-Signals erfolgen (in Abb. 6.37 gestrichelt eingezeichnet), so daß gegebenenfalls normale NTSC-Geräte und solche, die für ART-Empfang eingerichtet sind, nebeneinander betrieben werden können.

Eine mit dem Leuchtdichtesignal im Aussteuerkanal auf- und abgehende Pilot-Bezugsschwingung kann man im NTSC-System auch dadurch einführen, daß nur jede zweite Zeile die nullphasenmodulierten Farbträgerschwingungen (resultierende Amplitude M mit Nullphase φ als Funktion des Farbtons moduliert) enthält, die zwischenliegenden Zeilen dagegen nur die resultierende Amplitude M mit einer festen Phasenlage φ_r (NIIR, SECAM IV-System [6.16]). Abb. 6.38 zeigt schematisch eine solche Übertragungsart. Die Quadraturmodulation erzeugt die übliche M, φ — und die M, φ_r — Modulation, die alternierend von Zeile zu Zeile, d. h. mit der Umschaltfrequenz $f_h/2$ gesendet. Am Empfangsort werden mit einer der PAL-Technik entsprechenden Verzögerungsleitung und synchronisierter Umschaltung im anschließenden Demodulator die Farbartsignale zurückgewonnen, wobei zur Demodulation jeweils Bezugsschwingungen dienen, die von φ_r abgeleitet werden, d. h. von Trägerschwingungen, deren Grundpegel im Aussteuerbereich mit dem Leuchtdichtesignal (der Nachbarzeile) auf und ab gehen, so daß die Bezugsphase φ_r bei differentiellen Phasenverzerrungen in gleicher Weise wie die der modulierten Farbträgersignale verzerrt werden.

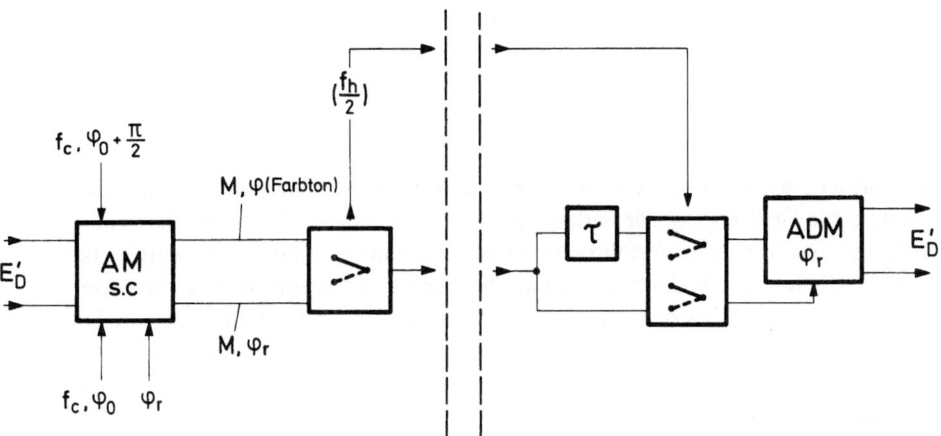

Abb. 6.38. Farbfernseh-Übertragung mit Bezugsträgerschwingung, die in jeder zweiten Zeile dem Leuchtdichtesignal anstelle der normalen Farbartsignalmodulation überlagert wird, [6.16]

Multi-burst-Entzerrungstechnik (1964 [6.17]). Dieses Verfahren bezieht sich nicht mehr auf eine Abänderung der Modulationsart des NTSC-Systems, sondern vielmehr auf eine automatische Regelung von Entzerrern für die differentiellen Übertragungsfehler, die in einem bestimmten Abschnitt der Übertragungskette auftreten. Wie Abb. 6.39 zeigt, werden hierzu in Ergänzung des normalen burst-Signals zwei weitere Signale dieser Art mitgesendet (multi-burst), die auf dem Pegel Grau und Weiß liegen. Die Verzerrung dieser Testsignale kann auf dem Übertragungsweg mit einer Einrichtung S

ermittelt und über C zur Justierung eines Entzerrers in geeignete Korrektursignale umgeformt werden.

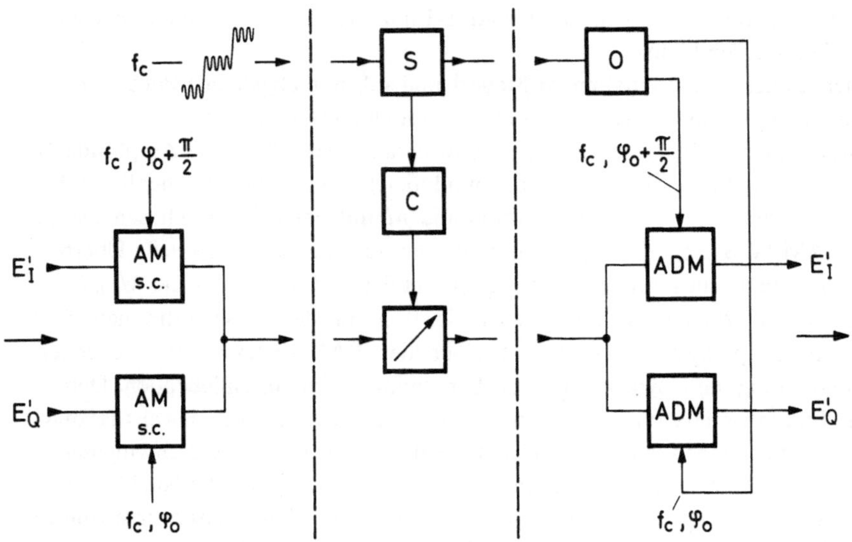

Abb. 6.39. Übertragung mit mehreren Farbsynchronsignalen auf verschiedenen Pegelwerten im Aussteuerbereich. „Multi-burst"-Verfahren [6.17]

6.3.2.6 Normen des Fernsehrundfunks für Farbfernsehen. Von den verschiedenen Varianten für die Übertragung der Farbartsignale im kompatiblen Farbfernsehen haben das SECAM- und das PAL-Verfahren besondere Bedeutung erlangt und wurden neben dem NTSC-System als Übertragungsnormen für den Fernsehrundfunk aufgenommen (Einzelheiten der Normen siehe [6.18]). In Abb. 6.40 sind die unterschiedlichen Modulations- und Demodulationstechniken nochmals gegenübergestellt. Natürlich ist es schade, daß es nicht gelang, für Europa eine einheitliche Norm festzulegen. Da aber die Farbfernsehsysteme mit den verschiedenen Modulationsverfahren für die Farbartsignale in wesentlichen Grundprinzipien verwandt sind, ist es möglich, mit sogenannten *Transcodierungsgeräten* Signale der einen Modulationsart so umzuwandeln, daß sie in der anderen Modulationsnorm wiedergegeben werden können [6.19, 6.20]. Die erstaunlichen interkontinentalen Direkt-Fernsehübertragungen über Satelliten lassen erkennen, daß es sogar gelungen ist, mit Normwandlern NTSC-Signale des 525-Zeilensystems in PAL- bzw. SECAM-Signale der 625-Zeilen-Norm umzuwandeln [3.4, 3.5]. Die Geräte sind allerdings aufwendig und kompliziert und gewisse Qualitätsverluste bleiben unvermeidlich, so daß man das Ziel einer einheitlichen Weltnorm im Auge behalten sollte.
Im Fernsehbetrieb der Bundesrepublik Deutschland wurde, wie in vielen anderen Ländern, die PAL-Modulationstechnik eingeführt. Das Farbbildsignal dieser Norm hat die

Zusammensetzung

$$E_M = E'_Y + E'_u \sin \omega_c t \pm E'_v \cos \omega_c t$$
$$\uparrow$$
$$\text{Wechsel von Zeile von Zeile}$$

$$E'_Y = 0{,}3\,E'_R + 0{,}59\,E'_G + 0{,}11\,E'_B$$
$$\text{(Frequenzbandbreite 5 MHz)}$$
$$E'_U = 0{,}49\,(E'_B - E'_Y)$$
$$E'_V = 0{,}88\,(E'_R - E'_Y)$$
$$\text{(Frequenzbandbreite} \approx 1{,}5\,\text{MHz)}$$

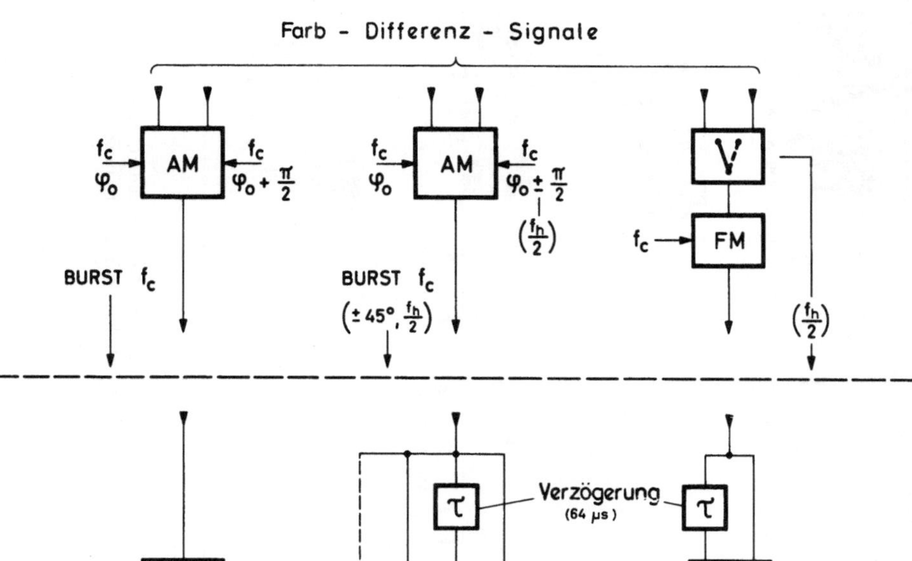

Abb. 6.40. Gegenüberstellung der heute im Fernsehrundfunk verwendeten Modulationsverfahren für die Farbartsignalübertragung

Der Zeitablauf des Farbfernsehsignals (FBAS-Signal) ist durch das Hinzukommen der überlagerten Farbträgerschwingungen und des Farbsynchronsignals komplizierter als bei Schwarz-Weiß. Die Abb. 6.41 und 6.42 zeigen Synchron- und Pegelschemen im Be-

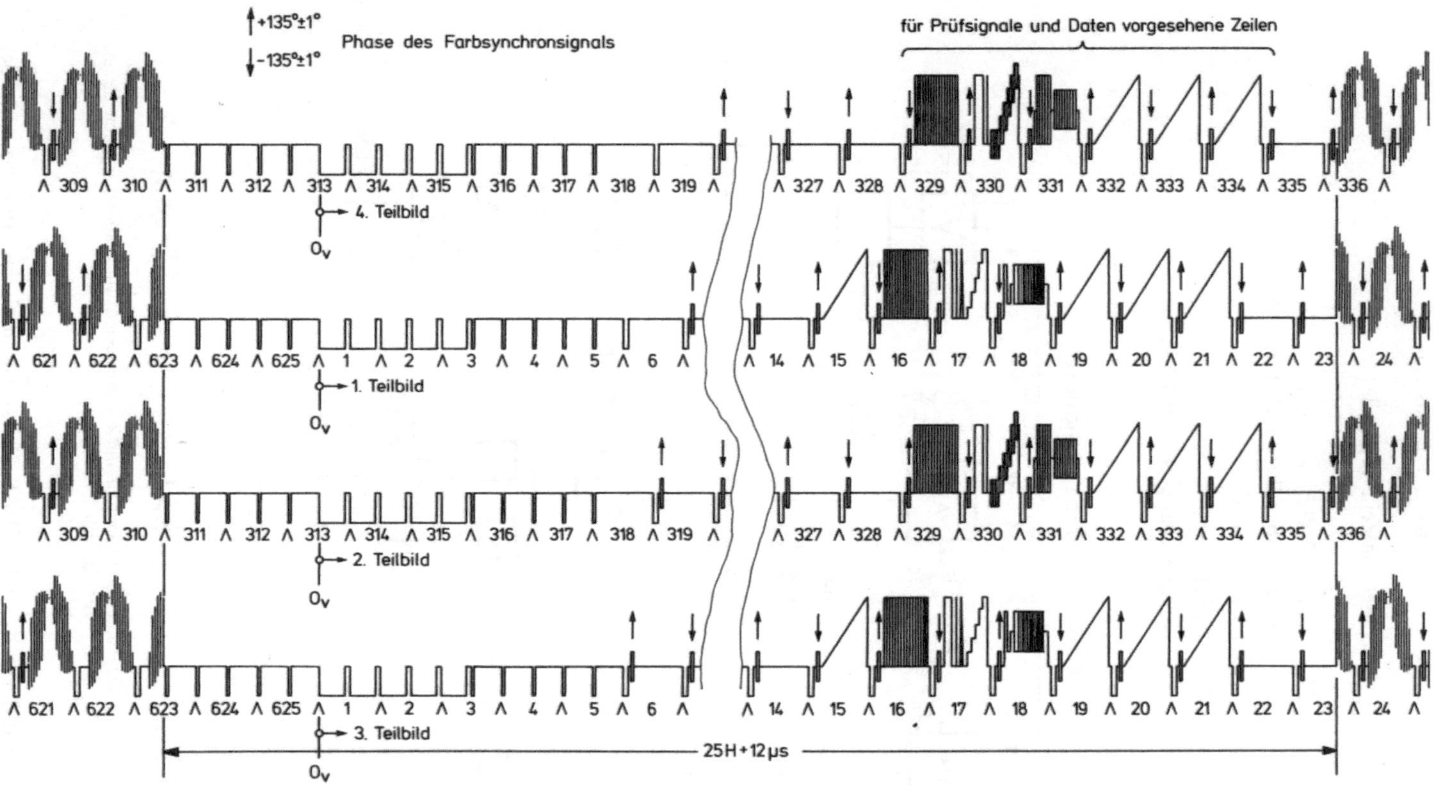

Abb. 6.41. Synchronschema des Farbfernsehsignals (FBAS) im 625 Zeilen-PAL-System (Norm *B* und *G*, eingeführt in der Bundesrepublik Deutschland). Signalausschnitt im Bereich der Vertikalaustastung

reich der Vertikal- und Horizontalaustastung für das 625-Zeilen-PAL-System (Norm *B* und *G*, eingeführt in der Bundesrepublik Deutschland). In Abb. 6.41 erkennt man die Unterbrechung der Farbsynchronsignale während des Vertikalsynchronintervalls und die Relation der alternierenden Phasenlage dieses Signals zu den einzelnen Zeilen in vier aufeinanderfolgenden Teilbildern des Zeilensprungrasters. Abb. 6.42 zeigt Einzelheiten des FBAS-Signals im Bereich der Horizontalaustastung mit Angabe der Pegelverhältnisse und Toleranzen, wie sie in den Pflichtenheften des Fernsehrundfunks festgelegt wurden.

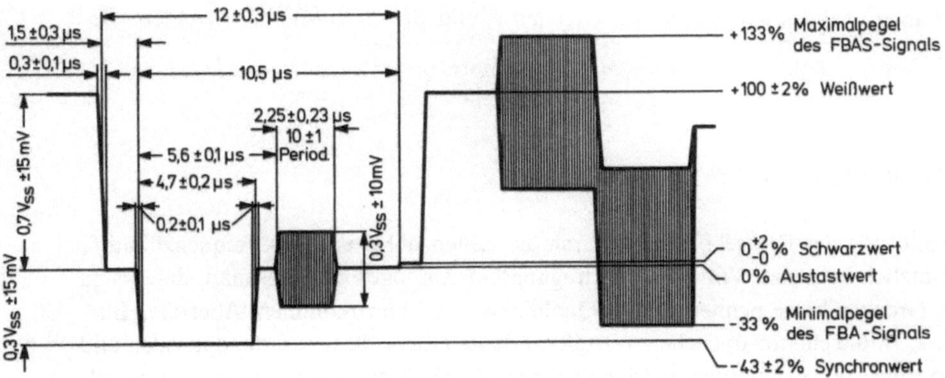

Abb. 6.42. Pegelschema des FBAS-PAL-Signals (Norm *B* und *G*). Signalausschnitt im Bereich der Horizontalaustastung

7 Maßgebende Parameter für die Bildqualität der Fernsehübertragung

In den vorstehenden Kapiteln wurden die Übertragungsprinzipien, Normen und Signaleigenschaften beschrieben. Als Abschluß des Bandes „Grundlagen" dieses Buches sollen nun noch verschiedene Qualitätsparameter diskutiert werden, mit denen man die Bildgüte der Übertragung kennzeichnen und messen kann. Aus der Vielzahl der Merkmale haben *Auflösung, Gradation, Geometrie* und der *Störabstand* besondere Bedeutung.

7.1 Auflösung

Die Auflösung des Fernsehbildes ist durch die Zeilenzahl Z und das Frequenzband f_g grundsätzlich begrenzt. Von den Übertragungseinrichtungen erwartet man, daß bis zu diesen Grenzen keine nennenswerten Qualitätsverluste hinzukommen. Aber die Hilfsmittel, z. B. die elektro-optischen Wandler, arbeiten nicht ideal gut, die optischen und elektro-optischen Abbildungsvorgänge haben z. B. Fehlertoleranzen, in den Umwandlungsprozessen treten Wechselwirkungen zwischen benachbarten Bildelementen auf, hervorgerufen durch Lichtstreuung, Streuelektronen, elektrische Kopplungen auf den Speicherflächen usw.

Zur Kennzeichnung der Auflösungsverluste gibt es verschiedene Verfahren. Eine geläufige Methode bezieht sich auf die Angabe des Verlaufs der Modulationstiefe, die im Signal bzw. im Bild bei Übertragung einer feinen, vertikal verlaufenden Schwarz-Weiß-Streifenstruktur vorhanden ist (Abb. 7.1). Wird die Streifenzahl k je Längeneinheit variiert, so erhält man eine Kurve, die als Maß der Auflösung gut geeignet ist. Eine solche Übertragungsfunktion ist bereits von der Diskussion des Einflusses der Blenden- bzw. Sondenfläche auf die Wiedergabe feiner Streifenstrukturen bekannt (s. Abb. 2.7 und 2.13). Auch in der Optik hat man eine derartige Darstellungsart als sog. „Kontrastübertragungsfunktion" eingeführt. In Ordinatenrichtung wird die Modulationstiefe M des Signals bzw. der Leuchtdichte im Bildfeld der Wiedergabe aufgetragen ($M = a/A_o$) und in Abszissenrichtung die Feinheit der Streifenstruktur, die man als Ortsdichte (Zahl der schwarzen und weißen Streifen je Längeneinheit oder pro Bildbreite bzw. -höhe) angeben kann oder — wegen der linearen Vorschubgeschwindigkeit der abtastenden und schreibenden Sonden — auch als äquivalente Frequenzen. Die Frequenz ergibt sich aus dem Verhältnis der Streifenzahl k_h pro Bildbreite h zu der Abtastzeit, also der Zeilendauer $H = 1/f_h$ minus Rücklaufzeit t_{rh} zu

$$f_{kh} = \frac{1}{2} \frac{k_h}{H - t_{ah}}$$

Der Faktor 1/2 rührt daher, daß schwarze und weiße Streifen gezählt werden.

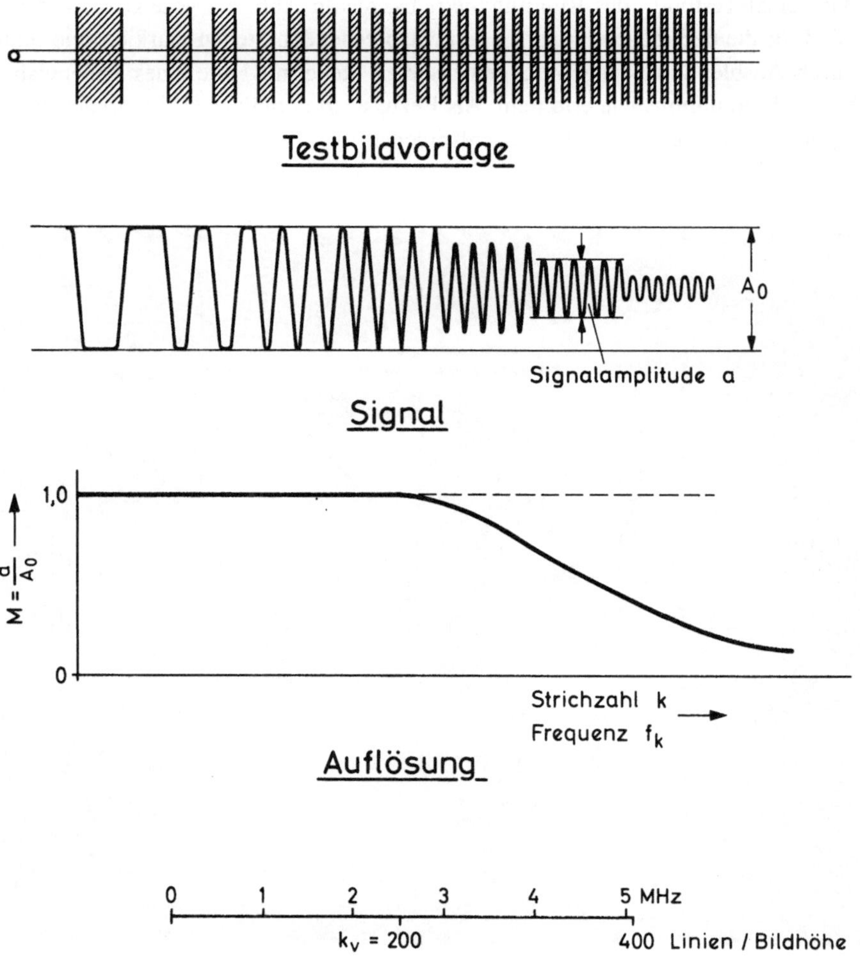

Abb. 7.1. Kennzeichnung der Auflösung durch den Modulationsgrad des Bildsignals bei Abtastung einer Testbildvorlage mit vertikal liegenden Schwarz-Weiß-Streifen zunehmender Feinheit. Bei einer gegebenen Abtastnorm steht die Strichzahl k (bzw. die Linienzahl/Bildhöhe) in einem festen Verhältnis zur Frequenz f_k, wie unten für die 625/25-Zeilen-Norm angegeben

Gibt man — wie es oft geschieht — mit k_v die Streifenzahl (Zeilen) pro Bildhöhe v an, so wird

$$f_{kv} = \frac{1}{2}\,\frac{h}{v}\,\frac{k_v}{H - t_{ah}}$$

Für die 625-Zeilen-Norm findet man den in Abb. 7.1 unten gezeigten Zusammenhang zwischen k_v und f_{kv}. Als Richtwert kann man sich merken, daß 400 Streifen pro Bildhöhe (schwarze und weiße gezählt), etwa der Frequenz 5 MHz entsprechen.

Zur Prüfung der Auflösung verwendet man häufig Testfiguren in Form von schmalen Sektoren aus radial orientierten Prüfsternen, d. h. Schwarz-Weiß-Streifen, die sich keilförmig zu einem Zentrum hin verjüngen. Solche Testvorlagen finden sich z. B. in dem „Universal-Testbild" des Rundfunkbetriebs, das in Abb. 7.2 gezeigt ist. Die f_k-Werte sind für die 625-Zeilen-Norm an den entsprechenden Stellen markiert und man kann durch Ausblendung der jeweils gewünschten Stelle mit Hilfe eines Zeilenwahlschalters die Modulationstiefe ermitteln. Als Bezugswert enthält die Bildvorlage einige Streifen, die der Frequenz $f_k = 1$ MHz entsprechen.

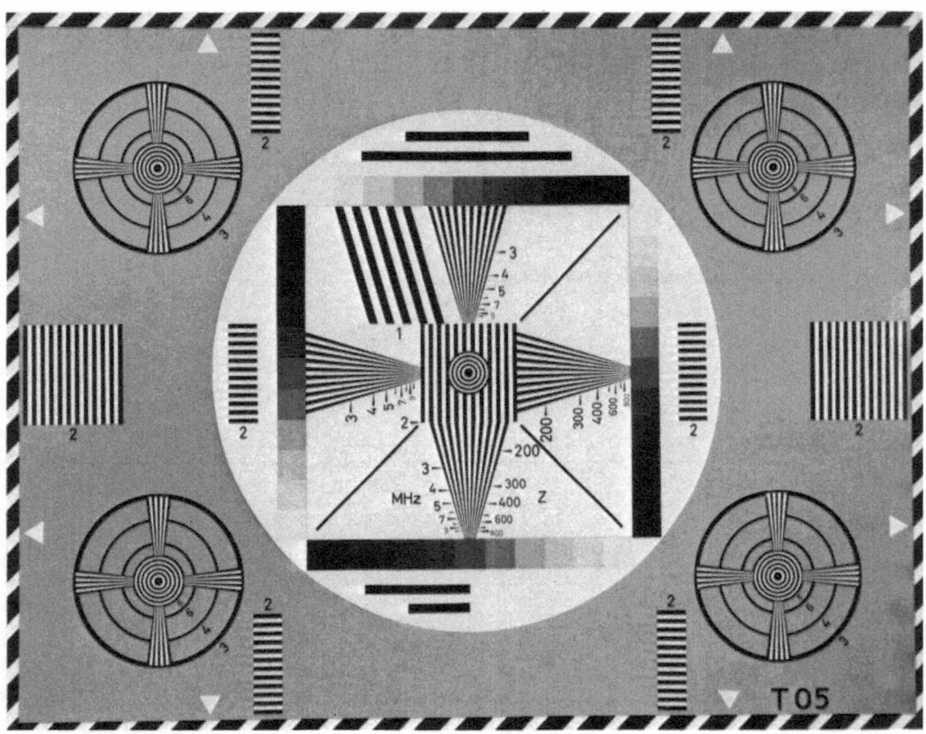

Abb. 7.2. Universaltestbild zur Beurteilung der Übertragungsqualität

Man hat erwogen, anstelle der Streifenmuster mit scharfkantigen Schwarz-Weiß-Übergängen entsprechende Muster mit sinusförmiger Verteilung zu verwenden. Das ist naheliegend, weil die gewohnte Prüfung der Übertragungseigenschaften nachrichtentechnischer Geräte mit Sinus- (und nicht Mäander-)Schwingungen erfolgt. Die Herstellung von einwandfreien Sinusrastern in optischen Testbildern ist jedoch schwierig. Deshalb werden einfache Streifenraster bevorzugt, die sich für den relativen Vergleich der optisch-elektrischen Wandler (Bildgeber) gut bewährt haben. Bringt man allerdings bei übergeordneten Betrachtungen des Übertragungsvorgangs die so gemessenen Auflösungskurven in Zusammenhang mit anderen Meßergebnissen, die mit Sinusfrequenzen gewonnen wurden, so muß man die Unterschiede berücksichtigen. Man muß z. B. beachten, daß nach höheren Frequenzen hin die Meßwerte der Modulationstiefe bei dem Streifenraster größer als bei dem Sinusraster sind und daß bei Begrenzung des Frequenzbandes durch Unterdrückung der Oberschwingungen eines nicht sinusförmigen Signalverlaufs die Anzeige der verbleibenden Grundschwingung andere, etwas günstigere Werte vortäuscht.

Für die Prüfung von Bildwiedergabe- und Übertragungseinrichtungen (z. B. Strecken, Sender, Empfänger) hat man weiterhin rein *elektrische Testbildgeber* eingeführt, die durch passend gewählte Zusammensetzung von Impuls- und Schwingungsgruppen (mit f_v und f_h synchronisiert) auf dem Empfangsbildraster bestimmte Bildmuster erzeugen. Ein Beispiel eines so erzeugten Bildes zeigt Abb. 7.3, das in der Mitte eine Gruppe von Sinusschwingungen zunehmender Frequenz enthält (von 1 bis 5 bzw. 4,5 MHz) sowie Gitterlinien, eine Grautreppe, Schwarz-Weiß-Felder und einen Kreis. Vorteil solcher elektrischer Testbilder ist, daß der Fehleranteil des elektro-optischen Bildgebers entfällt und es können ohne große Schwierigkeiten beliebige Strukturformen und Signalarten (z. B. Streifenmuster oder Sinusschwingungsgruppen) erzeugt werden.

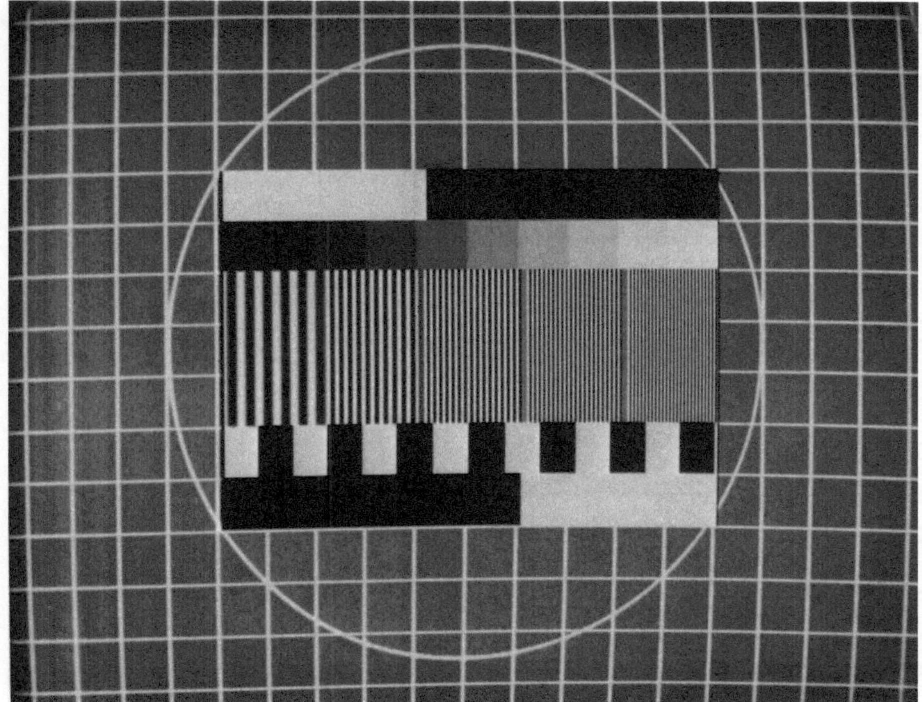

Abb. 7.3. Elektronisch erzeugtes Testbild

Die neuen Ausführungsformen der elektrischen Testbilder enthalten auch Testfelder für die Farbübertragung. In Abb. 7.4 ist das in der Bundesrepublik Deutschland eingeführte elektrische Universal-Farbtestbild gezeigt (Einzelheiten sind in der Bildunterschrift erklärt, s. auch [7.1]).
Die Prüfung und Messung der Auflösung mit periodischen Streifenmustern bzw. Frequenzgruppen ist zwar ein geläufiges Verfahren, aber es gibt weiterhin Testsignale und Bildvorlagen mit Impuls- und Sprung-Charakter, mit denen Verzerrungen und Übertragungseigenschaften im Fernsehen besonders systemgerecht erkannt werden können. Es ist gut verständlich, daß Impuls- und Sprung-Testbildvorlagen für die Fernsehtechnik sehr zweckmäßig sind, denn die Elementarstruktur eines Bildes besteht

mehr aus diskontinuierlichen Übergängen (Sprünge der Leuchtdichte und Farbart) als aus regelmäßigen periodischen Streifenstrukturgruppen. Die in den Abb. 7.2, 7.3 und 7.4 gezeigten Testbilder enthalten daher neben den periodischen Frequenzgruppen für die Prüfung der Auflösung auch eine große Zahl verschiedenartiger Schwarz-Weiß-Sprünge.

Die periodische Unterbrechung der Bildübertragung in den Austastintervallen (Rücklaufzeiten) macht es möglich, in den hierdurch gegebenen Zeitlücken während der

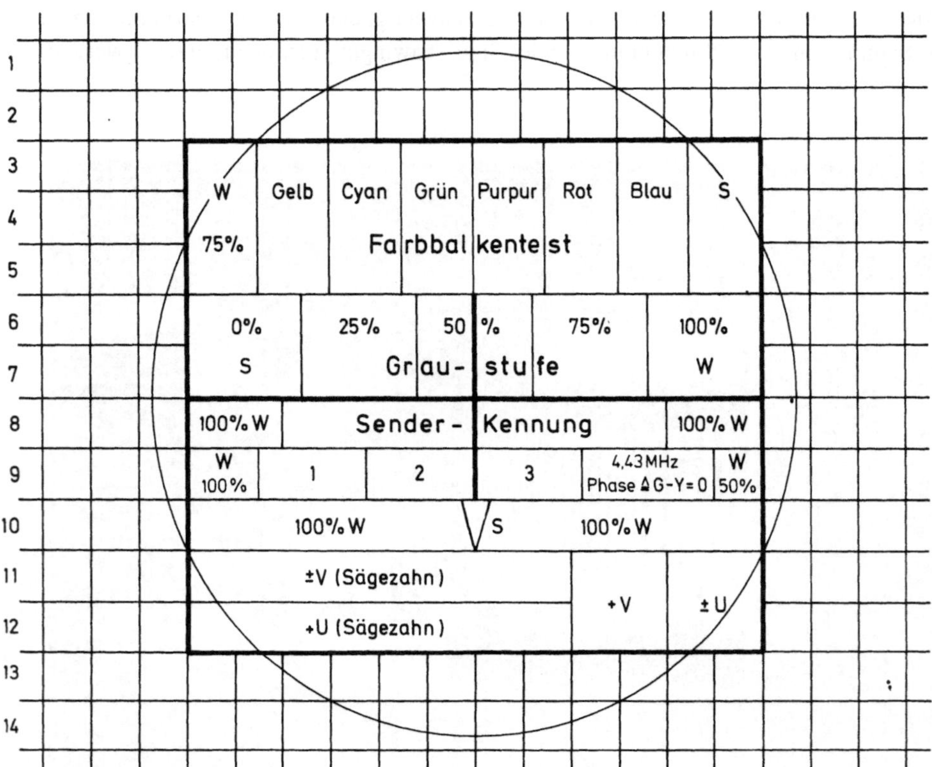

Abb. 7.4. Zusammensetzung des in der Bundesrepublik Deutschland eingeführten elektronischen Farbtestbildes. Das graue Umfeld hat 25—30 % des Weißwertes. Zur Geometrieprüfung sind 15 waagerechte und 19 senkrechte weiße Linien mit gleichen (Zeit-)Abständen und eine weiße Kreislinie eingeblendet. Im rechteckigen Mittenfeld liegen oben (Streifen 3 bis 5) „Farbbalken-Signale", deren Amplitude 100 % Sättigung entspricht. Der Gesamtpegel dieser Signalfolge ist jedoch auf 75 % reduziert, um Übersteuerungen zu vermeiden. In den Streifen 6 und 7 liegt eine lineare Graustufentreppe von Schwarz (0 %) in drei Stufen zu 25 %, 50 % und 75 % auf Weiß (100 %). Streifen 8 hat links und rechts Weißfelder (100 %), die Mitte ist schwarz zur Einblendung der Senderkennung. Zeile 9 enthält von links nach rechts: Weiß (100 %), dann Frequenzgruppen, 1, 2 und 3 MHz (Sinus-Schwingungen mit Weiß-Amplitude), anschließend ein Feld mit der Farbträgerschwingung 4,43 MHz (Phasenlage $G - Y = 0$ mit Weißamplitude). Streifen 10 liegt auf dem Weißwert, in der Mitte ist ein schwarzer Pfeil eingeblendet. In den folgenden Streifen werden spezielle Farbsignale gesendet und zwar im Streifen 11 ein „Rotkeil" ± V, d. h. ein Sägezahnsignal der Leuchtdichte mit überlagertem Farbträger. Die Phasenlage des Farbträgers entspricht der des V-Signals mit Umtastung der Polarität von Zeile zu Zeile (also + V, − V, + V, − V u. s. f.). Darunter liegt ein „Blaukeil" + U, entsprechend wie der Rotkeil, aber ohne Polaritätswechsel der U-Phasenlage. Dann folgen in den Streifen 11 und 12 Testsignale zur Prüfung der Farbträgerdemodulation. Sie müssen grau erscheinen. Im Graufeld + V ist dem Leuchtdichtesignal von etwa 37 % des Weißwertes ein Farbträger mit der Phasenlage des V-Signals überlagert und analog im Graufeld ± U mit alternierender Phasenlage der des U-Signals

V und U entsprechen den Farbdifferenzsignalen $(R - Y)$ und $(B - Y)$ [$E_V = 0{,}88\,(E'_R - E'_Y)$, $E'_U = 0{,}49\,(E'_B - E'_Y)$, s. Kap. 6]

Sendung laufend Testsignale einzublenden, mit deren Auswertung der Zustand der Übertragungsqualität jederzeit überprüft werden kann. Mit dieser *„Prüfzeilen"*-Methode [7.2] hat sich ein bedeutender Zweig der Fernsehmeßtechnik entwickelt. Charakteristische Teilsignale für die Prüfzeilen sind Impulse mit der Halbwertsbreite T und $2\,T$ ($T = 1/2f_g$), „geträgerte" Impulse (Farbträgerfrequenz) mit 20 T-Halbwertsbreite, treppenförmig ansteigende Signale, auch mit überlagertem Träger und andere Kombinationen geeigneter Test- und Hilfssignale [7.3]. In Abb. 7.5 sind verschiedene, in internationalen Gremien diskutierte Prüfzeilensignale zusammengestellt. Die heute hochentwickelte Prüfzeilenmeßtechnik bietet ausgezeichnete Möglichkeiten zur automatischen laufenden Messung von Fernsehsignalverzerrungen und darüber hinaus sogar zur unmittelbaren, automatischen Korrektur der Fehler durch Steuerung entsprechender Geräte. Die Prüfzeilen werden am Ende des V-Austastintervalles eingetastet, z. B. in die Zeilen 17, 18 bzw. 330 und 331 des 625-Zeilensystems (s. Abb. 6.41). Störungen der Übertragungsfunktion im Video-Frequenzband zeigen sich in der Frequenzabhängigkeit der Modulationstiefe der den abgebildeten Strichstrukturen zugeordneten Signalkomponenten bzw. in entsprechenden Verformungen der Impuls-Sprung-Signale, für deren Abweichung von der Idealform Toleranzschemen ausgearbeitet worden sind [7.4].

Die Kette der Fernsehübertragung ist vielgliedrig und viele kleine Fehler können sich sehr leicht zu einem merkbaren Verlust in der Bildauflösung aufsummieren. Überall, wo es technisch möglich ist, muß man daher durch entsprechende Dimensionierung (z. B. im Verstärker, Richtfunksystem, Sender usw.) die Amplitudenübertragung bis zur oberen Bandgrenze frequenzunabhängig auf dem Maximalwert halten, damit die Verluste auf diejenigen Engpässe beschränkt bleiben, die durch physikalische Grenzen, insbesondere in den elektro-optischen Umwandlungsprozessen gegeben sind.

Die heute üblichen Bildaufnahmeröhren (s. Band 2) haben zur oberen Grenze des Frequenzbandes hin bereits einen merklichen Abfall der Modulationstiefe, bis herunter zu etwa 50 %. Auch bei den Wiedergaberöhren findet man Verluste. So ist es verständlich, daß *Techniken der Signalaufbereitung* („Aperturentzerrung") entwickelt wurden, mit denen durch „Anheben" der den feinen Bildstrukturen zugeordneten Frequenzkomponenten die Detailstruktur in der Bildwiedergabe verstärkt wird. Aber die Anwendung dieser Entzerrungsmethoden ist durch den Störabstand im Bildsignal begrenzt, weil die überlagerten statistischen Schwankungen (vgl. hierzu Kap. 7.4) in gleicher Weise verstärkt werden und die Bildgüte dementsprechend verschlechtern.

7.2 Gradation

Ein weiteres Problem der Fernsehübertragung liegt in der richtigen bzw. optimalen Halbtonwiedergabe (Gradation). Maßgebend hierfür sind die Übertragungskennlinien, d. h. der *funktionelle Zusammenhang zwischen den Ausgangs- und Eingangswerten der Leuchtdichte und der Signale in den elektro-optischen Umwandlungsprozessen.* Hinzu kommen sekundäre Effekte wie z. B. die Nachbarschaftseinflüsse durch Streulicht, der Einfluß der notwendigen Umfeldbeleuchtung bei der Bildwiedergabe und die Lage der Grundeinstellungen in den Wandlern.

Die *Übertragungskennlinien der Wandler sind zum Teil nichtlinear und nur in einem begrenzten Bereich ausnutzbar.* Die Nichtlinearität kann sich durch gegensinnige Krümmungen im Bildgeber und Empfänger selbst ausgleichen, oder sie muß durch Kompensation mit reziproken Kennlinien im Signalverstärker ausgeglichen werden (Schaltungen mit amplitudenabhängiger differentieller Verstärkung). Die Begrenzung des Übertragungsbereichs zwingt in der Praxis zu Kompromissen, insbesondere bei der

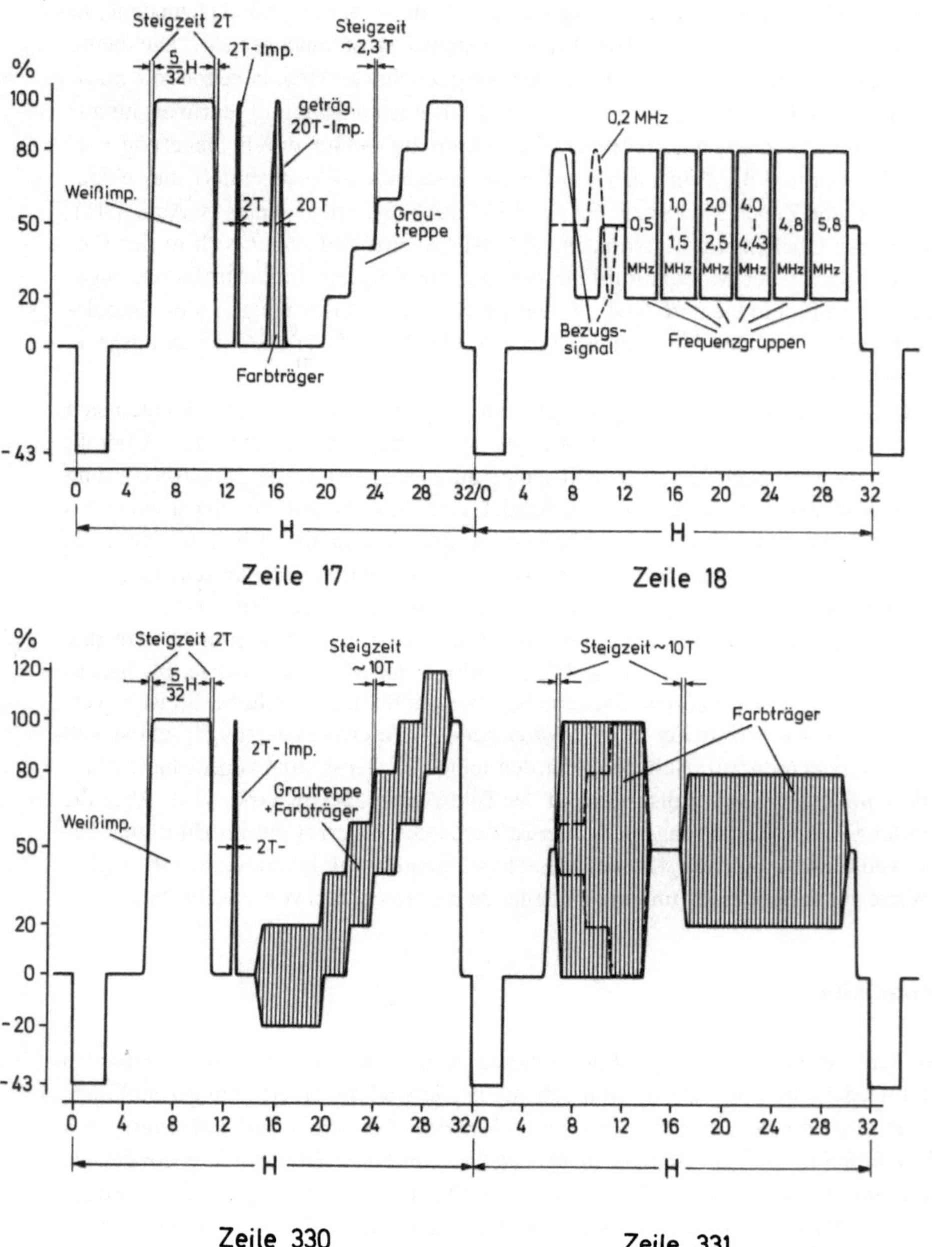

Abb. 7.5. Vorschläge für Testsignale, die in „Prüfzeilen" während der vertikalen Austastzeit laufend mitgesendet werden können (nach internationaler Verabredung in der CMTT „gemischte Kommission des CCIR und des CCITT für Fernsehübertragungen") $T = 1/2fg$

Übertragung von Szenen bzw. Bildvorlagen mit großem Kontrast. Man muß die Übertragungsbedingungen (z. B. durch Lichtstromregelung) so wählen, daß der wesentliche Bildinhalt in den Bereich des verzerrungsfrei übertragbaren Kontrastes fällt, bzw. man muß dort, wo es möglich ist, durch Beleuchtung und Szenengestaltung den Kontrast in optimalen\Grenzen halten.

Für die Darstellung der Übertragungskennlinien gibt es verschiedene Möglichkeiten. Man kann sie in linearen, logarithmischen oder auch gemischt linear-logarithmischen Maßstäben auftragen. Das hängt von der Art der darzustellenden Größe ab.

So ist es bei Leuchtdichten sinnvoll — wegen des etwa logarithmischen Empfindungsgesetzes unseres Gesichtssinnes — die Werte logarithmisch aufzutragen, weil dann die Abstände auf den Koordinatenachsen etwa den Änderungen der empfundenen Helligkeit entsprechen. Die elektrischen Signale hingegen trägt man zweckmäßig auf linearen Skalen auf. Gründe sind z. B., daß Nullpunkte, Bezugspunkte und negative Zahlenwerte klar erkennbar sind und weil die zur Signalüberwachung benutzten Oszillographen linear anzeigen.

Die *„Über-Alles"-Kennlinien* des gesamten Fernsehsystems stellen die Beziehungen zwischen Leuchtdichten der Aufnahme und Wiedergabe dar und werden dementsprechend doppelt logarithmisch aufgetragen, wie in Abb. 7.6 skizziert. Die Kennlinien sind in dieser Darstellungsart in der Regel etwa Geraden mit der Steilheit eins oder etwas darüber. Größere oder kleinere Steilheiten bedeuten bei geraden Kennlinien (in

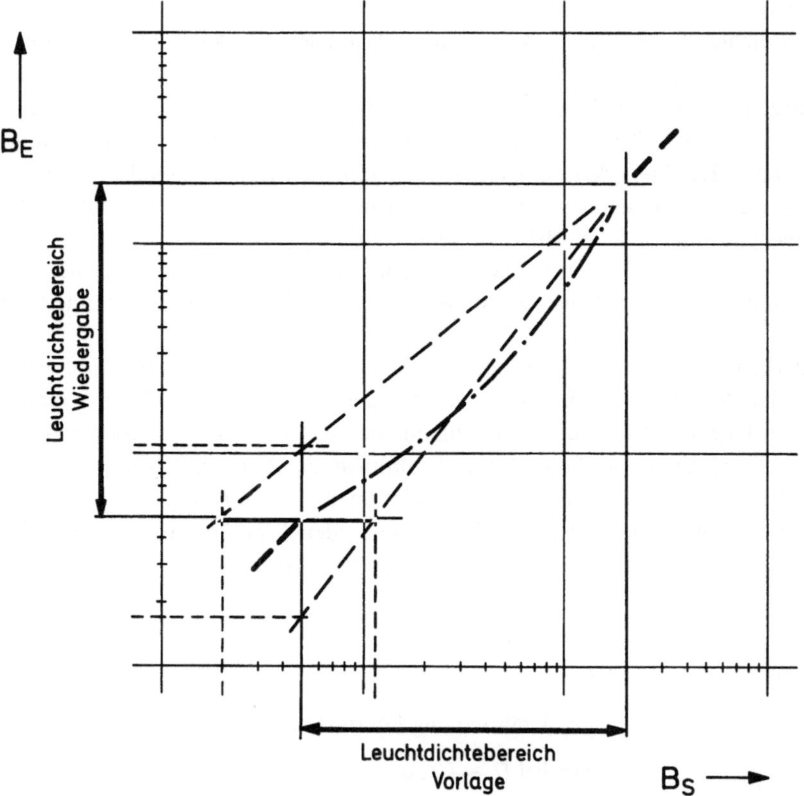

Abb. 7.6. Darstellung von „Über-Alles"-Kennlinien im doppeltlogarithmischen Maßstab

Abb. 7.6 gestrichelt eingezeichnet) gleichmäßige Dehnung bzw. Kompression der Graustufenbereiche bei Aufnahme und Wiedergabe relativ zueinander. Krümmung der Kennlinien (in Abb. 7.6 strichpunktiert) bedeutet ungleichmäßige Dehnung bzw. Kompression der Graustufenverteilung im Übertragungsbereich.

In der Praxis der üblichen Fernsehtechnik erstreckt sich der nutzbare Bereich der Kennlinie auf nur etwa eineinhalb Größenordnungen, wie in Abb. 7.6 angedeutet. Der Kontrast als Verhältnis der größten zur kleinsten Leuchtdichte ist in der Regel auf etwa 50 : 1 beschränkt. Die Begrenzungen des Übertragungsbereiches ergeben sich einerseits aus Übersteuerungseffekten und physikalisch-technologisch bedingten Grenzen der maximal erreichbaren Leuchtdichten in den Wiedergabeeinrichtungen (Bildröhren) und andererseits aus den Störungen im unteren Bereich der Leuchtdichten, z. B. durch überlagerte statistische Schwankungen (s. Kapitel 7.4), durch Toleranzen des an jedem Empfänger heute noch manuell einzustellenden Grund- (Schwarz-) Wertes und durch Einflüsse der notwendigen Umfeldbeleuchtung bei der Betrachtung der Fernsehbilder. Wir kommen darauf noch ausführlicher zurück.

Der Kontrast von etwa 50 : 1 erscheint relativ klein, aber auch unser Gesichtssinn kann bei festgehaltenem Adaptationszustand nicht sehr viel mehr als diesen Umfang verarbeiten. Allerdings besteht ein wesentlicher Unterschied darin, daß sich die Einstellung des Auges der Leuchtdichte des Betrachtungspunktes und dessen unmittelbarer Umgebung jeweils anpaßt, so daß bei der direkten Betrachtung der Szenen mit dem Auge insgesamt ein größerer Leuchtdichtebereich erfaßt werden kann bzw. zur Wirkung kommt. Die technischen Aufnahmegeräte können demgegenüber nur an eine mittlere Szenenleuchtdichte angepaßt werden, z. B. durch Wahl der Blendenöffnung bzw. durch Einschalten von Graufiltern.

Für die Betrachtung der *elektro-optischen Wandlervorgänge* ist die *halblogarithmische* Darstellung nach Abb. 7.7 zweckmäßig, weil Signale und Leuchtdichten in Verbindung gebracht werden. Die Steuerkennlinien der heute üblichen Bildwiedergaberöhren sind bei den allgemein bevorzugten, einfachen elektronenoptischen Systemen nichtlinear. Dementsprechend muß auf der Bildgeberseite in der opto-elektrischen Umwandlung eine reziproke Nichtlinearität vorhanden sein oder eingeführt werden, unter der Voraussetzung, daß die „Über-Alles"-Kennlinie etwa eine Gerade mit der Steilheit eins sein soll.

Die Wandlerkennlinien selbst werden oft *näherungsweise durch Potenzfunktionen* dargestellt. In der doppelt logarithmischen Darstellung sind diese Kennlinien Geraden mit einer vom Exponenten abhängigen Steigung, die man in Anlehnung an die übliche Darstellung photographischer Schwärzungskennlinien als „*Gamma*"-*Wert* bezeichnet. Bei dieser Näherungsdarstellung ist die Gradation mit dem Produkt der einzelnen Gammawerte gegeben. Denn der Ansatz für die beiden Wandlerprozesse im Sender (Leuchtdichten in Signale, Index s) und Empfänger (Signale in Leuchtdichten, Index e)

$$U_s = c_s B_s^{\gamma_s}$$

$$B_e = c_e U_e^{\gamma_e}$$

c_s, c_e Umwandlungskonstanten

führt bei $U_e \sim U_s$ zu

$$B_e = c_{e,s} B_s^{\gamma_e \gamma_s}$$

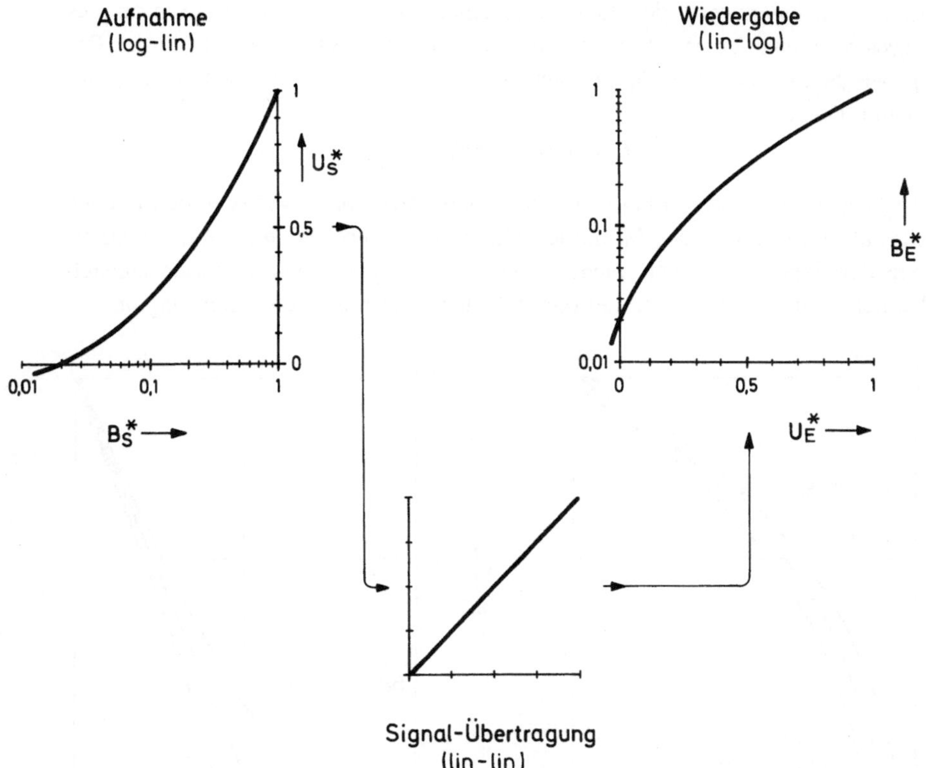

Abb. 7.7. Darstellung der Wandlerkennlinien in halblogarithmischen Maßstäben. B^* und U^* sind Verhältnisgrößen, bezogen auf die entsprechenden Werte B_w und U_w bei „Weiß", also z. B. $B_S^* = B_S/B_{Sw}$

Das ist in der doppelt logarithmischen Darstellung wieder eine Gerade mit dem Gammawert $\gamma_e \gamma_s$.

In erster Näherung soll der für die Gradation maßgebende funktionelle Zusammenhang zwischen Eingangs- und Ausgangsleuchtdichte etwa linear sein. Die Bedingung für das Gammaprodukt lautet also

$$\gamma_e \cdot \gamma_s \approx 1$$

oder anders ausgedrückt, die Gammawerte im Bildgeber und Empfänger sollen zueinander reziprok sein

$$\gamma_s \approx 1/\gamma_e$$

In den Bildwiedergabegeräten findet man in der heutigen Praxis durchweg $\gamma_e > 1$ (Werte zwischen 2 und 3), so daß die Aufnahmeseite bei der Signalerzeugung mit $\gamma_s < 1$ arbeiten muß.

Diese elementare „Gamma"-Theorie stellt jedoch nur eine bedingt gültige Näherung dar, mit deren Verallgemeinerung man sehr vorsichtig sein muß. Wie bereits erwähnt, werden nämlich die Übertragungsverhältnisse durch verschiedene, zusätzliche Effekte und Randbedingungen beeinflußt, die sich besonders auf den unteren Teil der Graustufenskala auswirken. Die Abweichungen rühren vor allem von den Toleranzen bei der Einstellung der Grund- und Bezugswerte her. So bewirkt eine Fehleinstellung des

Grundwertes (Schwarzwert) der Leuchtdichtemodulation auf dem Bildschirm des Empfangsgerätes eine Verschiebung des unteren Bezugspunktes, die man in der Beziehung zwischen Leuchtdichte B_e und Steuersignal U_e durch die Abweichung ΔU_e einführen kann. Dann ist

$$B_e = c_e (U_e + \Delta U_e)^{\gamma_e}$$

Abb. 7.8 zeigt in doppelt und halblogarithmischer Darstellung, wie sehr sich je nach der Polarität und Größe von ΔU_e die Kennlinien verändern. Wichtig ist die Feststellung, daß der Exponent γ_e nicht mehr — wie es die doppelt-logarithmische Darstellung deutlich zeigt — die Steilheit der tatsächlichen Übertragungskennlinie angibt.

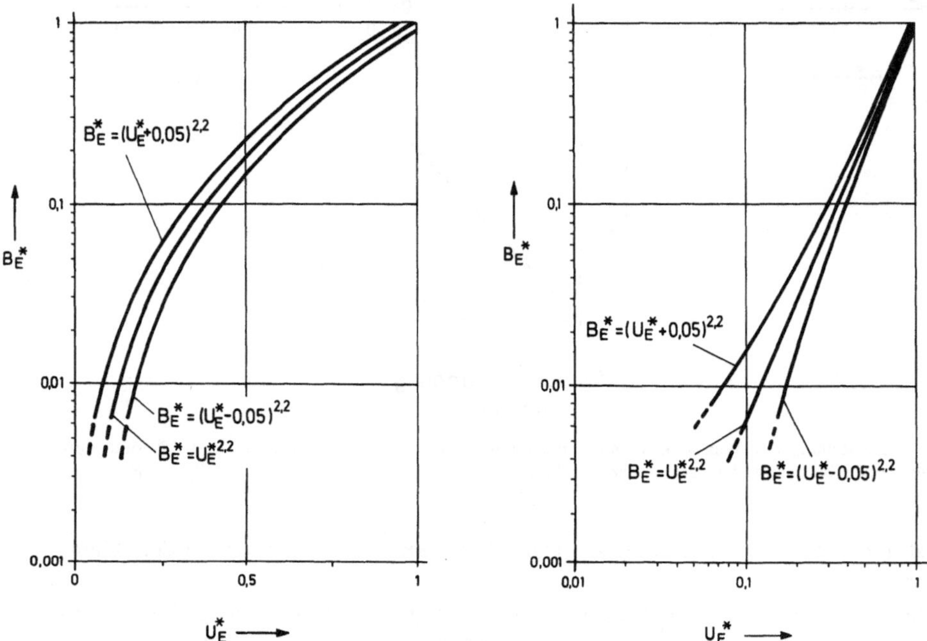

Abb. 7.8. Einfluß verschiedener Einstellungen des Bezugspunktes auf die effektive Kennlinie des Wandlers für die Wiedergabe. U_E^* und B_E^* sind Verhältnisgrößen, bezogen auf die entsprechenden Werte U_{Ew} und B_{Ew} bei „Weiß", also z. B. $U_E^* = U_E/U_{Ew}$

Ähnlich willkürliche Einstellung des Bezugspunktes für das effektive „Schwarz" auf einen bestimmten Mindestwert des Signals gibt es auch im Bildgeber. Das Kompensationsprinzip nach dem „Gammaprodukt" ist also problematisch, weil durch die erwähnten Einflüsse die effektiv vorhandenen Kennlinien von den Potenzfunktionen zum Teil erheblich abweichen können.

Die Hinweise auf die Unsicherheit der Kennlinien, insbesondere im unteren Bereich, lassen verstehen, daß die Übertragung nur bis zu einem bestimmten unteren Grenzwert verzerrungsfrei nutzbar ist, und die Gradationsentzerrung nur bis zu diesem Grenzwert wirksam sein soll. Diese Beschränkung ist auch nötig, damit bei der sonst nach „Schwarz" hin stark anwachsenden differentiellen Verstärkung die überlagerten statistischen Schwankungen bei kleinen Signalamplituden nicht unerträglich stark hervortreten. Das Verhältnis des unteren Grenzwertes (Schwarz) zum Maximalwert (Weiß) bestimmt den *Kontrast,* eine wichtige Größe der Fernsehübertragung.

Bei der Wiedergabe werden Gradation und Kontrast auch durch die bereits erwähnte, allgemein übliche und notwendige Umfeldbeleuchtung beeinflußt. Hierzu einige Erläuterungen: Wie sehr die Hellempfindung des Auges von den Umfeldbedingungen abhängt, läßt das in Abb. 7.9 dargestellte Ergebnis physiologischer Untersuchungen erkennen. In dieser Darstellung ist die Helligkeitsempfindung einer kleinen Testfläche von etwa 1° Gesichtswinkel in Abhängigkeit seiner Leuchtdichte aufgetragen für verschiedene, konstant gehaltene Werte der Leuchtdichte des übrigen Gesichtsfeldes (Umfeldes) [7.5]. Der relativ große Einfluß des Umfeldlichtes ist verständlich, da sich die Adaptation des Auges (Empfindlichkeitseinstellung) bei dunklem Umfeld mit der Leuchtdichte des Testfeldes laufend verändert. Bei Vorhandensein einer Umfeldbeleuchtung hingegen wird die Adaptation stabilisiert, um so mehr, je höher die Leuchtdichte des Umfeldes ist.

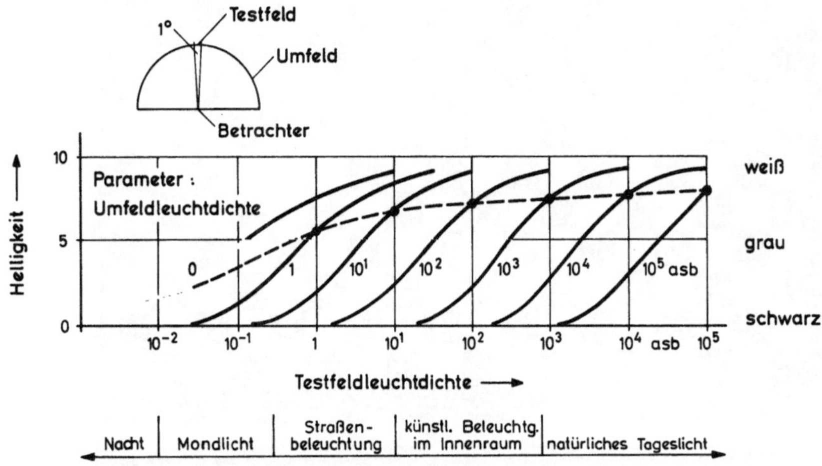

Abb. 7.9. Zur Hellempfindung des Auges bei verschiedener Umfeldleuchtdichte [7.5]

Weil das Fernsehbild selbst bei richtiger Betrachtungsentfernung nur einen relativ kleinen Teil des Gesichtsfeldes einnimmt, braucht man daher für eine genügend stabile Halbtonwiedergabe eine richtig dosierte Beleuchtung des Umfeldes, sonst werden dunkle Teile des Bildes durch nachlaufende Adaptation aufgehellt wiedergegeben. Die Umfeldbeleuchtung ist aber auch aus anderen Gründen nötig: Der „Sehkomfort" wird nämlich verbessert, denn bei dem gelegentlichen Abschweifen der Blickrichtung vom hellen Fernsehbild werden krasse, plötzliche Änderungen der mittleren Helligkeit im zentralen Sehbereich vermieden. Im völlig verdunkelten Raum können diese Hell-Dunkel-Wechsel zu schmerzhaften Störungen und Ermüdungserscheinungen der Augen führen.

Die Umfeld-Aufhellung soll so groß sein, daß die Adaptation stabil bleibt. Etwa 10% der maximalen Leuchtdichte (bei „Weiß") reichen hierfür bereits gut aus. Zur Orientierung sei erwähnt, daß bei den heute üblichen Bildröhren (Farbe) die Spitzenwerte im normalen Betrieb bei etwa 70 cd/m², d. h. bei etwa 200 Apostilb liegen.

Allgemein kann man zum Problem der Übertragungskennlinie feststellen, daß im Gegensatz zu anderen Anwendungen der elektrischen Nachrichtentechnik beim Fernsehen die Linearität der Kennlinie nicht sehr kritisch ist, da sich Abweichungen nur in Ver-

änderungen der Gradation, nicht aber in anomalen Störeffekten (wie z. B. die Bildung
von Kombinationsfrequenzen bei der Tonübertragung) auswirken. Die Art der Halbtonwiedergabe hat im persönlichen Geschmack einen relativ weiten Toleranzbereich.
Kritisch hingegen ist jedoch im Hinblick auf die einseitig von Dunkel nach Hell gerich-
tete Natur der Signalmodulation die *richtige Einstellung und Zuordnung der Grund-
werte im Bildgeber und Empfänger.*

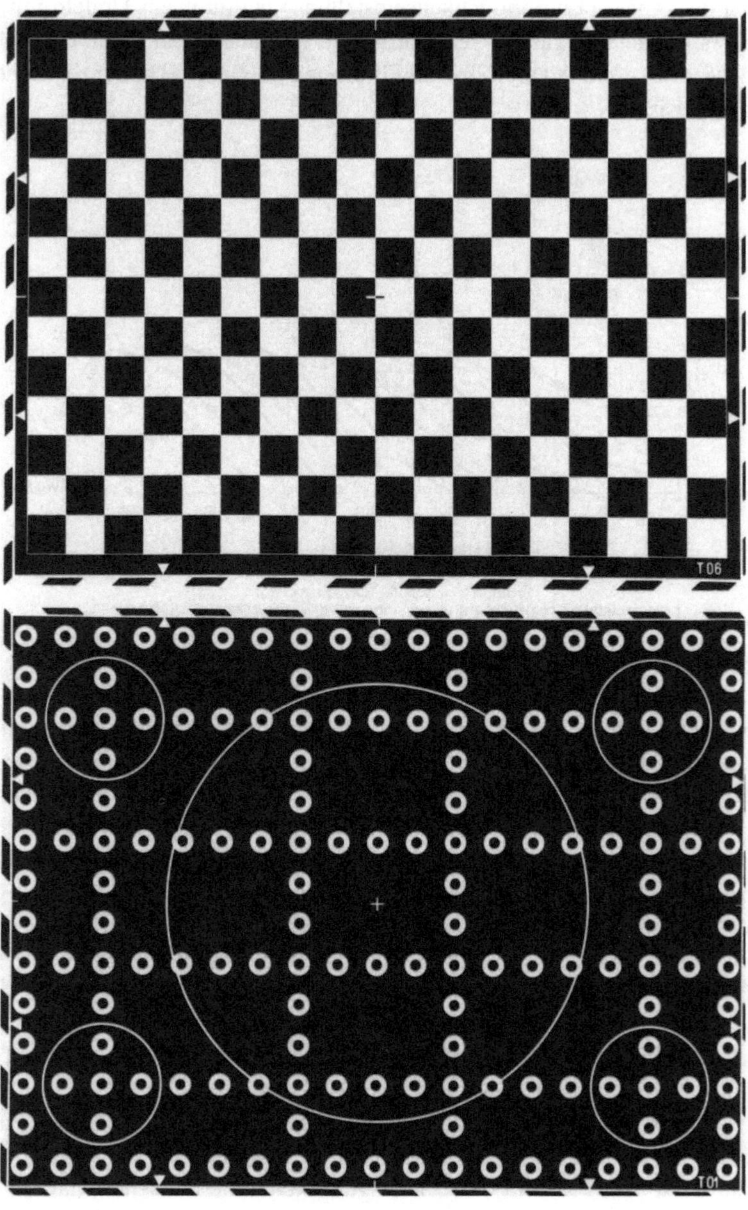

Abb. 7.10. Testbildvorlagen zur Geometrieprüfung der Fernsehübertragung

7.3 Geometrie

Wie im Kapitel 1 ausführlich dargelegt, beruht der konventionelle Übertragungsvorgang im Fernsehen auf der Analyse und Synthese des zweidimensionalen Bildfeldes mit Sonden, die mit konstanter Geschwindigkeit — durch die Rückläufe unterbrochen — das Bildfeld periodisch durchlaufen. Die Abtastung mit einsinniger, zeitproportional fortschreitender Sondenbewegung wurde sehr früh als optimale Lösung erkannt, weil sie eine gleichmäßige Ausleuchtung und Schärfe im Bildfeld gewährleistet. Abweichungen von der Konstanz der Abtast- bzw. Schreibgeschwindigkeit der Sonden machen sich als Fehler in der geometrischen Zuordnung des Bildinhaltes bemerkbar und müssen daher in engen Toleranzen gehalten werden. Damit werden entsprechende Forderungen an die apparativen Hilfsmittel zur Ablenkung der Elektronenstrahlbündel gestellt, wie z. B. an die Ablenkspulen der Bildaufnahme- und Wiedergaberöhren sowie an die Geräte zur Erzeugung der periodischen, sägezahnförmigen Ströme von Horizontal- und Vertikalfrequenz. Außerdem müssen evtl. mitwirkende, optische und elektronenoptische Abbildungsprozesse ausreichend frei von Verzerrungen sein.

Zur Überprüfung der Bildgüte in bezug auf die Geometrie verwendet man Testbildvorlagen mit gleichmäßiger Aufteilung des Bildfeldes in Abschnitte, wie z. B. das Schachbrettmuster nach Abb. 7.10 oben oder das Testbild Abb. 7.10 unten mit einer Vielzahl von Ringen in gleichem Abstand bei einem Innendurchmesser von 2 % der Bildhöhe. Im Bildgeber werden im Signal Impulse eingeblendet, die auf dem Bildfeld des Empfängers ein Liniengitter erzeugen (ähnlich Abb. 7.3), das mit dem Ring-Gittermuster zur Deckung gebracht und verglichen wird. Bei idealer Geometrie liegen die Schnittpunkte des elektrischen Testgitters in den Mittelpunkten der Ringe. Im Fernsehrundfunk werden die geometrischen Verzerrungen als tragbar angesehen, solange die Schnittpunkte des Gitters noch innerhalb der Kreisringe liegen, wobei allerdings entgegengesetzte Abweichungen von der Mittel-Lage nicht in benachbarten Feldern auftreten dürfen, damit auch die differentiellen Geometriefehler klein bleiben. Zur Prüfung der Geometrie der Empfangseinrichtung allein eignen sich besonders gut die im Kap. 7.1 (Auflösung) erwähnten elektronischen Bildmustergeneratoren. Wie man in Abb. 7.3 und 7.4 sieht, sind daher zur Geometrieprüfung „Gitterlinien" eingeblendet. Zur Illustration zeigen die Photos in Abb. 7.11 die Auswirkung krasser Geometrieverzerrungen durch Fehler in der Linearität der Rasterablenkungen (Bild oben und Mitte) sowie durch Einwirkung von Störfeldern auf das schreibende Elektronenstrahlbündel der Bildwiedergaberöhre (z. B. Feld eines Permanent-Magneten oder Streufeld eines mit Netzfrequenz erregten Transformators, s. Bild unten).

7.4 Fremdkomponenten im Signal, Störabstand, Störsignale

Bildreproduktionstechniken arbeiten mit einer endlichen Zahl von „Elementar-Bausteinen". Im Druckraster sind die „Elementarteilchen" regelmäßig angeordnet, wie Abb. 7.12 oben erkennen läßt. In der Photographie wird das Bild aus vielgestaltigen Silberkörnern verschiedener, um einen Mittelwert statistisch verteilter Größe aufgebaut (Abb. 7.12 Mitte) und im Fernsehen wird das Bild durch modulierte Leuchtspuren (Zeilen) gezeichnet, deren Leuchtdichte von elektrischen Signalen gesteuert wird, die sich aus dem unregelmäßigen Fluß der Bausteine (Elektronen) zusammensetzen.

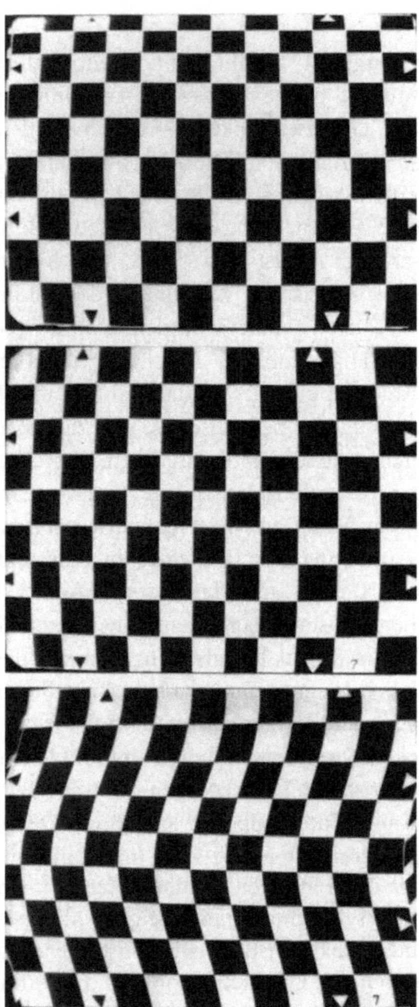

Abb. 7.11. Typische Geometrieverzerrungen der Fernsehübertragung. Oben: Linearitätsfehler der Vertikal-ablenkung, Mitte: Linearitätsfehler der Horizontalablenkung, Unten: Fehler durch Einwirken von Streu-feldern

Dadurch ergeben sich die in Abb. 7.12 unten erkennbaren überlagerten Schwankungen der Zeilenleuchtdichte. Sie lassen erkennen, daß die elektro-optischen Umwandlungs-prozesse in der Fernsehübertragung nicht störungsfrei arbeiten. Ihre Leistungsfähig-keit ist grundsätzlich begrenzt durch die natürlichen Schwankungserscheinungen in der Physik, die als Folge der Existenz kleinster unteilbarer Einheiten der Masse, Ladung und Energie vorhanden sind. So entstehen *statistische Schwankungen in den Signal-strömen, thermisch-statistische Schwankungen in den Kopplungsnetzwerken* usw.
Die genannten Störungen sind Fremdkomponenten, deren Amplitude klein bleiben muß, damit die Bildgüte nicht leidet. Wir kommen hiermit zu einer wichtigen und in-teressanten Problematik. Die Größe der mit dem Signal untrennbar verbundenen Stör-signale sind nämlich für die Grenzempfindlichkeit der Übertragung maßgebend. Die

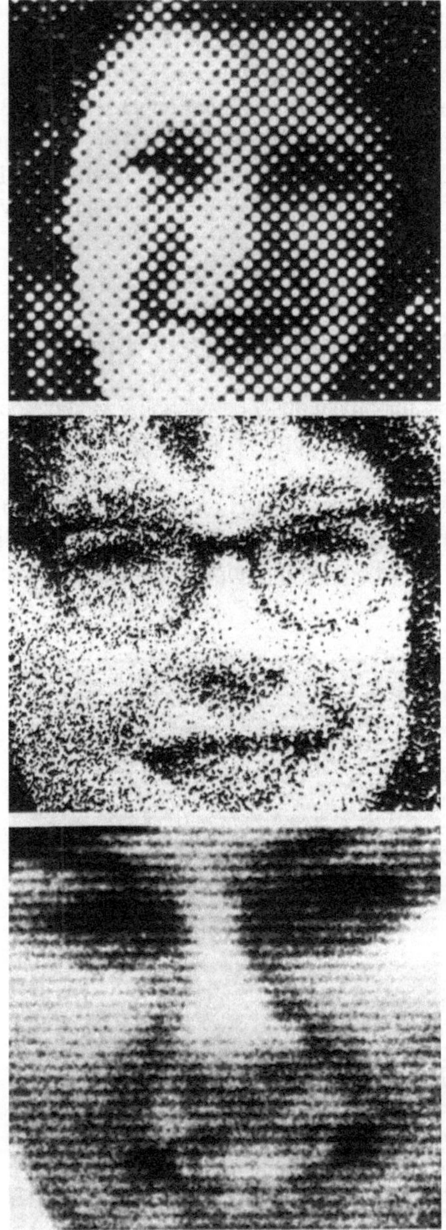

Abb. 7.12. Elementarstruktur bei der Reproduktion von Bildern. Oben: Druckraster, Mitte: Kornstruktur der Photographie, Unten: Linienraster des Fernsehens mit überlagerten statistischen Schwankungen

theoretische Grenze ist durch die Quantisierung des physikalischen Vorgangs in der Energieströmung und Umwandlung bei der Signalerzeugung gegeben; es entstehen entsprechende statistische Schwankungen des Signals, deren Amplitude relativ zum Nutzsignal um so größer wird, je kleiner die Zahl der pro Bildpunkt mitwirkenden

Elementarteilchen (Elektronen) ist. Es ist verständlich, daß bei der hochzeiligen Fernsehübertragung wegen der außerordentlich großen Verdünnung des für die Übertragung zur Verfügung stehenden Energiestromes (Lichtquantenzahl in der Zeiteinheit) und wegen der sehr kurzen Übertragungszeit eines Bildpunktes die physikalischen Grenzen des Vorgangs bald erreicht werden. Man wird sehen, daß eine befriedigende Übertragung mit erträglichem Lichtaufwand bei den Nutzeffekten der heute verfügbaren photoelektrischen Umwandlungsflächen gerade möglich ist. Da man also an der Grenze arbeitet, muß für die Signalerzeugung der bestmögliche Wirkungsgrad gefunden werden.

7.4.1 Störwirkung statistischer Schwankungen des Bildsignals

Die mit der Quantisierung im physikalischen Vorgang gegebenen statistischen Störschwankungen äußern sich im Fernsehbild als unruhiger körniger Bilduntergrund, den man im Jargon als „Störgrieß" oder — in direkter Übernahme der Bezeichnung des analogen akustischen Effektes — als „Rauschen" bezeichnet. Abb. 7.13 zeigt im vergrößerten Ausschnitt eines Fernsehbildes ($Z = 625$) die Erscheinungsform der statistischen Schwankungen bei Übertragung eines gleichmäßig grauen Feldes sowie den

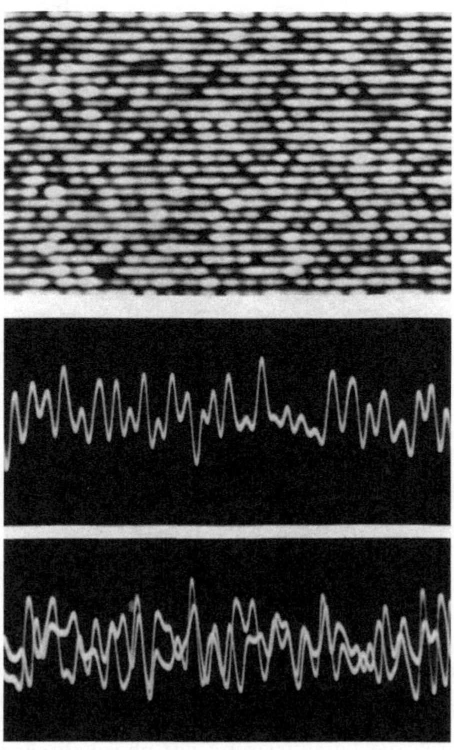

Abb. 7.13. Ausschnitt aus einem Fernsehraster mit starken statistischen Schwankungen. Mitte: H-Oszillogramm einer Zeile eines Rasters, Unten: H-Oszillogramm einer Zeile bei zwei Rasterdurchläufen mit verschiedenen Kurvenzügen wegen der Zufälligkeiten der statistischen Schwankungen

unregelmäßig um den konstanten Mittelwert schwankenden zeitlichen Verlauf des Signalstroms in H-Oszillogrammen. Das untere Oszillogramm mit zwei Rasterdurchläufen läßt in den verschiedenen Kurvenzügen die Zufälligkeit der unregelmäßigen Schwankungen deutlich erkennen.

Die Stärke dieser dem Signal überlagerten Schwankungen läßt sich nur in Mittelwerten ihrer Wirkung angeben, wie von statistisch unregelmäßig ablaufenden Vorgängen bekannt. Als Störabstand S wird das Verhältnis der Amplitude des Nutzsignals zu der mittleren Amplitude der Störungen definiert. Die quantitative Behandlung gründet sich auf zwei Fragen: Erstens muß man wissen, *welcher Störabstand* für eine befriedigende Bildgüte *zu fordern ist* und zweitens muß man für die jeweilige Norm der Fernsehübertragung (Frequenzbandbreite) und die technischen Bedingungen der Signalerzeugung den *Zusammenhang zwischen Störabstand und Signalstromstärke* ermitteln. Die erste Frage kann man nur durch *subjektive Bewertung und Beurteilung der Störeffekte im Fernsehbild beantworten.* Abb. 7.14 vermittelt eine Vorstellung, wie sich ein bestimmter Störabstand in der Bildgüte auswirkt. Es sind vergrößerte Ausschnitte aus Fernsehbildern zu sehen, denen statistische Schwankungen in gleichmäßiger Verteilung über das Video-Frequenzband („weißes Rauschen") in verschiedenen Stärken zugesetzt wurden. Die verschiedenen Zustände entsprechen dem Störabstand 10 dB im oberen Bild, 20 dB und 30 dB in den mittleren Bildern und 40 dB im unteren Bild. Die Aufnahmen wurden mit etwa 1/10 s Belichtungszeit gemacht, diese Integrationszeit entspricht etwa den Verhältnissen der subjektiven Wertung bei Betrachtung der fluktuierenden Störschwankungen.

Soweit die Reproduktion der Bilder erkennen läßt, findet man die allgemeine Erfahrung bestätigt, daß bei einem Störabstand von $S = 20$ dB die Bildqualität noch sehr mäßig ist und daß für eine befriedigende Bildgüte der Störabstand 40 dB und höher sein muß. Natürlich hängen die Forderungen jeweils vom Verwendungszweck der Fernsehübertragung ab. Die Grenze der Wahrnehmbarkeit statistischer, gleichmäßig über das Videoband verteilter Schwankungen im Fernsehbild liegt im 625-Zeilen-Bild etwa bei Werten von der Größenordnung 50 dB. Abb. 7.14 läßt auch erkennen, daß mit Verschlechterung des Störabstandes die Detailerkennbarkeit bzw. die Auflösung nachläßt. Der Zusammenhang zwischen Störabstand und Auflösung ist z. B. wichtig für die Diskussion der Grenzempfindlichkeit der Übertragung.

Die Angabe des Störabstandes durch Bezug des Signals auf einen einzigen Kennwert der Störschwankungen, wie z. B. auf den effektiven Mittelwert der Amplitude gibt zwar eine erste Orientierung, reicht aber nicht immer aus, die subjektiv empfundene Wirkung vollständig zu bewerten. Es kommt noch darauf an, wie die Schwankungen innerhalb des Frequenzbandes und des Aussteuerbereiches im Signal verteilt sind. Nicht immer findet man z. B. ein „weißes" Rauschen mit gleichmäßiger Energieverteilung über das Frequenzband. Je nach Art der Signalerzeugung und Verstärkung kommen auch andere Verteilungsfunktionen vor, meist mit ansteigender Amplitude nach hohen Frequenzen hin.

Wie zu erwarten ist die subjektive Bewertung der Störschwankungen je nach ihrer Frequenz verschieden. In zahlreichen Untersuchungen wurden die Unterschiede durch Ermittlung der Wahrnehmbarkeitsgrenze erforscht, indem man auf ein Fernsehbild Rauschstörungen in begrenzten Bereichen Δf in verschiedenen Frequenzlagen f des Videofrequenzbandes einwirken ließ (vgl. [7.6]). Die Ergebnisse kann man innerhalb gewisser Toleranzen als sogenannte „Rauschbewertungskurve" angeben, die für die

Abb. 7.14. Stark vergrößerte Ausschnitte aus einem Fernsehempfangsbild mit verschieden stark zugesetzten statistischen Schwankungen („weißes Rauschen"). Störabstand 10 dB, 20 dB, 30 dB und 40 dB, Belichtungszeit 4 Halbbilder, etwa der Integrationszeit des Auges entsprechend.

625-Zeilen-Norm bei normaler Bildbetrachtung etwa in dem in Abb. 7.15 schraffierten Bereich liegt. Es ist gut verständlich, daß die *Störwirkung der Rauschkomponenten mit zunehmender Frequenz abnimmt.* Den Zeitfrequenzen des Signals entsprechen ja im Schreibvorgang des Fernsehrasters proportional zugeordnete Ortsfrequenzen. Höhere Frequenzen erscheinen als feinere Strukturen und wegen der abnehmenden Detailerkennbarkeit des Auges stören die feineren Rauschmuster entsprechend weniger.

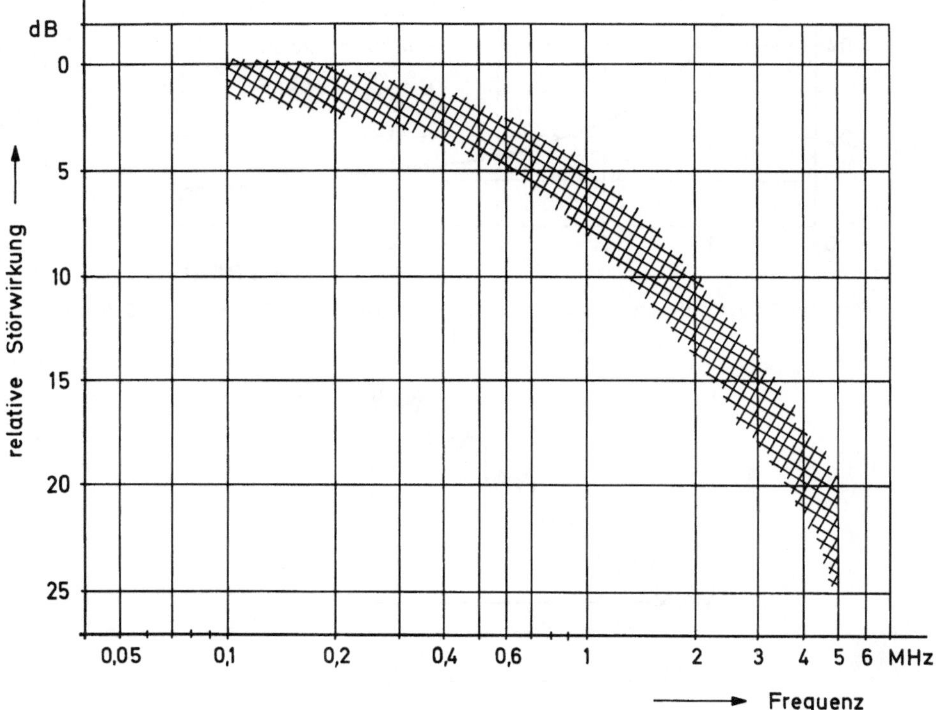

Abb. 7.15. Verschieden starke Störwirkung statistischer Schwankungen mit gleichem Effektivwert in Abhängigkeit von der Frequenzlage. Bereich der Ergebnisse verschiedener Untersuchungen mit 625-Zeilen-Systemen, [7.6]

Insgesamt ist also bei gleichem Effektivwert des Störabstandes die subjektive Störwirkung geringer, wenn die Schwankungen vorwiegend hohe Frequenzkomponenten enthalten. Mit Hilfe der Bewertungskurve kann man die *Rauschverteilung im Frequenzband* quantitativ berücksichtigen und durch bewertete Summierung der Teilkomponenten den aus dem Effektivwert ermittelten Störabstand entsprechend korrigieren. Auch eine bewertete Messung der Schwankungen ist möglich und zwar mit Hilfe eines Bewertungsfilters mit frequenzabhängiger Dämpfung, deren Gang der Bewertungsfunktion entspricht. In guter Annäherung eignen sich hierzu einfache überbrückte T-Glieder nach Abb. 7.16, deren charakteristischer Dämpfungsverlauf bei $T = 0,33\,\mu$s gut in den Bereich Abb. 7.15 paßt [7.6].

Man findet in der Praxis des Fernsehens vorwiegend zwei Arten der Rauschverteilung im Spektrum: das „weiße" Rauschen mit gleichen konstanten Teilkomponenten im Frequenzbereich (flat channel noise) und eine Verteilung mit stetig ansteigenden Amplituden nach hohen Frequenzen hin (peaked channel noise). Es ist daher möglich, den

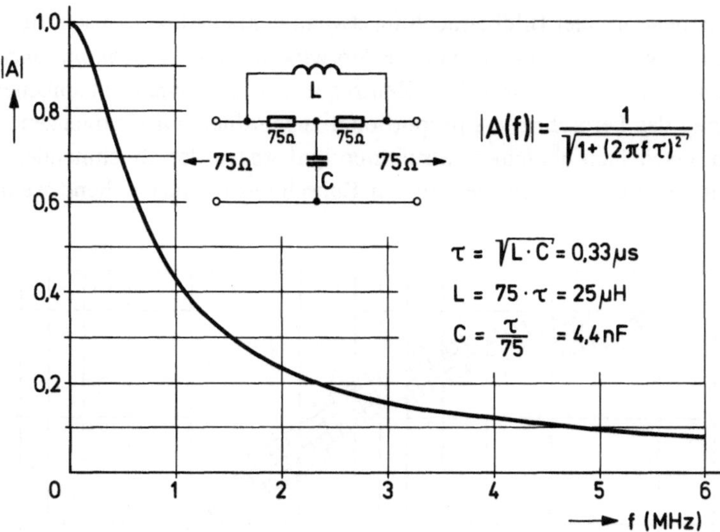

Abb. 7.16. Filter zur Frequenz-Bewertung statistischer Störschwankungen im Fernsehbild (625-Zeilen-System, nach CCIR [7.6])

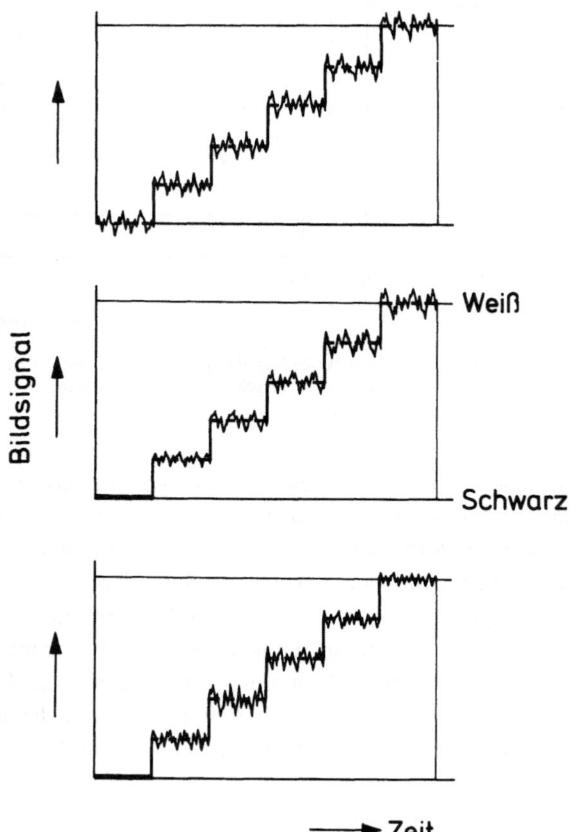

Abb. 7.17. Verschiedene Arten der Verteilung statistischer Störschwankungen auf die Amplitudenstufen. Oben: gleich starke Schwankungen auf allen Stufen, Mitte: wachsende Störamplitude von Schwarz nach Weiß, Unten: verschieden starke Störamplituden mit maximaler Stärke bei mittleren Graustufen

Störabstand bei Vergleich verschiedener Bildsignalgeber durch einfache, entsprechend korrigierte Zahlenwerte in der subjektiv richtigen Bewertung anzugeben. Der Umrechnungsfaktor zwischen den beiden genannten Grundarten der Verteilung kann je nach Art der Verteilungsfunktion bis zur Größenordnung 10 dB betragen.

Für die subjektiv richtige Bewertung der überlagerten Störschwankungen ist noch eine weitere Verteilungsfunktion zu beachten und zwar die *Verteilung* der *Schwankungen* auf die einzelnen *Amplitudenstufen.* Auch hier findet man in der Praxis unterschiedliche Verhältnisse. Wie in Abb. 7.17 skizziert, können die Schwankungen unabhängig vom Signalpegel mit konstanter mittlerer Amplitude überlagert sein (additives Rauschen), oder die mittleren Schwankungsamplituden ändern sich mit dem Signalpegel, z. B. wenn sie nur vom Signal selbst herrühren, oder wenn die Signale zur Gradationsentzerrung mit verschiedener, differentieller Verstärkung im Aussteuerbereich übertragen werden (z. B. bei der Punktlichtabtastung). Da die subjektive Störwirkung überlagerter Schwankungen von dem Signalpegel, d. h. von dem Grauwert des Untergrundes abhängt, muß also zur Ermittlung eines einzelnen Kennwertes auch die Art der Verteilung auf die Amplitudenstufen berücksichtigt werden. Eine international vereinbarte Wertung gibt es hierfür noch nicht, es ist als erste Näherung vorgeschlagen worden [7.7], die Schwankungsamplituden an drei diskreten Signalamplituden zu messen — z. B. bei Weiß, 40 % Weiß und Schwarz — und einen bewerteten Mittelwert zu bilden, derart, daß vor allem die Schwankungen bei den mittleren Graustufen (40 % Weiß) maßgebend berücksichtigt werden.

7.4.2 Berechnung des Störabstandes

Die Größe des Störabstandes im Fernsehen hängt von dem verfügbaren Lichtstrom und dem Wirkungsgrad der Signalerzeugung ab. Maßgebend ist dabei die Größe des von dem elektro-optischen Wandler erzeugten Bildsignalstrom i_s und die Art der anschließenden Signalverstärkung. In der Praxis findet man zwei typische Fälle der Signalableitung, die im folgenden näher analysiert werden sollen, weil sie grundlegende Bedeutung für die im nächsten Band beschriebenen Aufnahmesysteme haben. Kennt man den für einen bestimmten Störabstand notwendigen Signalstrom, so läßt sich mit dem photoelektrischen Konversionsfaktor der notwendige Lichtstrombedarf des Übertragungssystems angeben.

Den Gegebenheiten in der Praxis entsprechend kann man für die folgende Analyse voraussetzen, daß der Signalstrom aus einem Generator hohen Innenwiderstandes geliefert wird (Größenordnung 10^6 Ohm und mehr). Der Störabstand wird als Verhältnis des bei Abtastung eines Schwarz-Weiß-Überganges erzeugten Maximalsignals zu dem Mittelwert der statistischen Störschwankungen definiert. Es folgt nun die Behandlung der beiden typischen Fälle:

7.4.2.1 Direkte Signalableitung ohne Stromvorverstärkung im Bildaufnahmegerät. Die Methode zur Signalverstärkung des direkt aus dem elektro-optischen Umsatz gewonnenen Signalstroms ist in Abb. 7.18 dargestellt. Der Bildgeber wird mit dem Widerstand R abgeschlossen, an dem das Eingangssignal u_e des Spannungsverstärkers entsteht. Wegen der großen Frequenzbandbreite muß man die unvermeidlich im Signal-

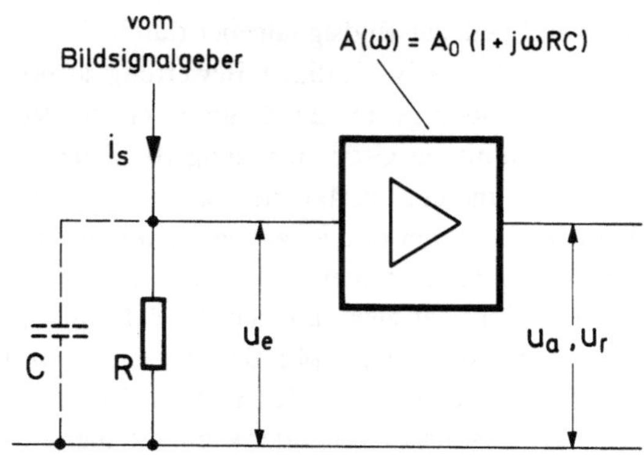

Abb. 7.18. Schaltung zur Signalverstärkung mit Spannungsverstärker

eingangskreis parallel zu R liegende Kapazität C berücksichtigen, zumal es sich zeigen wird, daß der Signalwiderstand R im Interesse eines möglichst großen Störabstandes relativ groß gewählt werden muß. Mit C sei die Summe aller Röhren- und Schaltkapazitäten bezeichnet, die dem Signalwiderstand und dem Verstärkereingang parallel liegen. Dieser einfache Fall eines RC-Gliedes im Kopplungskreis zwischen Signalgeber und Verstärker sei der Betrachtung zunächst zugrunde gelegt. Die Frequenzabhängigkeit dieser Eingangsschaltung bedingt lineare Verzerrungen des Signals, denn die Amplitude der Steuerspannung u_e am Verstärkereingang nimmt mit zunehmender Frequenz ab, in der üblichen komplexen Darstellung für die Berechnung findet man für die einzelnen Teilkomponenten mit der Kreisfrequenz ω:

$$u_e = \frac{R}{1 + j\omega RC}\, i_s \tag{7.1}$$

Damit die Verstärkerausgangsspannung u_a ein verzerrungsfreies Abbild des Signalstroms i_s wird, muß dem Verstärker ein reziproker Amplituden-Frequenzgang $A\,(\omega)$ zugeordnet werden von der Art

$$A(\omega) = A_0(1 + j\omega RC) \tag{7.2}$$

denn dann erhält man aus Gl. (7.1) und (7.2)

$$u_a = A_0 R\, i_s \tag{7.3}$$

Die Frequenzabhängigkeit des Verstärkers ist von Bedeutung für Betrag und Struktur der statistischen Schwankungen u_r, die am Verstärkerausgang mit dem Signal u_a verbunden auftreten.

Dem Entstehungsherd entsprechend setzen sich die Schwankungen u_r aus drei Komponenten zusammen. Dies sind:

a) die Komponente u_1 als Folge der im Signal i_s selbst vorhandenen Schwankungen (Schroteffekt),

b) die Komponente u_2 als Folge der thermisch ausgelösten Spannungsschwankungen an dem Kopplungsnetzwerk zwischen Bildaufnahmeröhre und Verstärker,

c) die Komponente u_3 als Folge der im Verstärker entstehenden Schwankungen.

Den Mittelwert der Gesamtschwankungen erhält man durch Addition der mittleren Schwankungsquadrate in den elementaren Frequenzbereichen df

$$d\overline{u_r^2} = d\overline{u_1^2} + d\overline{u_2^2} + d\overline{u_3^2} \qquad (7.4)$$

und Integration über das Videofrequenzband von 0 bis fg, d. h.

$$\overline{u_r^2} = \int_0^{f_g} d\overline{u_r^2} \qquad (7.5)$$

Mit (7.3) findet man so den gesuchten Störabstand zu

$$S_1 = \frac{A_0 \cdot R \cdot i_s}{\sqrt{\overline{u_r^2}}} \qquad (7.6)$$

Zur Berechnung werden nun zunächst die Komponenten der drei Schwankungsquadrate in df ermittelt:

Der erste Anteil ist mit dem Schroteffekt des Signalstroms i_s gegeben. Für das zugeordnete Schwankungsquadrat $d\overline{u_1^2}$ am Ausgang des Verstärkers findet man mit Hilfe der bekannten Formel für den Schroteffekt eines gesättigten Elektronenstroms und mit Gl. (7.3)

$$d\overline{u_1^2} = 2e\sigma i_s A_0^2 R^2 df \qquad (7.7)$$

Dabei ist e = Elementarladung des Elektrons ($1{,}6 \cdot 10^{-19}$ As), σ ist ein Korrekturfaktor (> 1), der verschiedenen Umständen Rechnung trägt, die gegebenenfalls den Störabstand verschlechtern, z. B. infolge eines überlagerten Gleichstroms (Dunkelstrom, durch schlechten Modulationsgrad des Stromes im Signalkreis) oder durch zusätzliche Schwankungsprozesse, z. B. wenn der Signalstrom als Sekundärelektronenstrom ausgelöst wird (bei Ladungsspeicherröhren möglich) usw. In der Praxis liegen die Werte für σ zwischen 1 und 10.

Der zweite Anteil $d\overline{u_2^2}$ läßt sich aus der reellen Komponente R_e des Kopplungsnetzwerkes berechnen, das im vorliegenden Fall ein einfaches Parallel-RC-Glied ist mit

$$R_e = \frac{R}{1 + \omega^2 R^2 C^2}$$

Die thermischen Schwankungen erzeugen damit am Verstärkerausgang die Komponente

$$d\overline{u_2^2} = 4kTR_e |A|^2 df$$

Dabei sind k die Boltzmannsche Konstante ($k = 1{,}380 \cdot 10^{-23}$Ws/K) und T die absolute Temperatur. Mit $|A|^2 = A_0^2 (1 + \omega^2 R^2 C^2)$ erhält man

$$d\overline{u_2^2} = 4kTRA_0^2 df \qquad (7.8)$$

Der dritte Anteil ist im wesentlichen durch die spontanen Schwankungen des Stromes in der ersten Verstärkerstufe gegeben. Da der Eingangswiderstand des Verstärkers hochohmig sein muß, werden in der Eingangsstufe heute vorwiegend Feldeffekt-Transistoren verwendet. Die statistischen Stromschwankungen kann man — üblicher Rechenpraxis folgend — als von einem äquivalenten „Rauschwiderstand" $R_ä$ erzeugt denken, wobei $R_ä$ in dem hier maßgebenden Frequenzbereich als konstant angenommen werden darf (Größenordnung etwa hundert Ohm). Mit dieser geläufigen Ersatz-darstellung findet man dann für die vom Verstärker herrührende dritte Komponente

$$\mathrm{d}\overline{u_3^2} = 4kT_0R_{\ddot{a}}A_0^2(1 + \omega^2 R^2 C^2)\,\mathrm{d}f \tag{7.9}$$

mit $4\,k\,T_0 = 1{,}6\,{}'\,10^{-20}$ Ws, $T_0 = $ Raumtemperatur $\approx 20°\,\mathrm{C} = 293$ K.

Bei Vergleich der drei in $\mathrm{d}f$ enthaltenen Rauschanteile zeigt sich, daß die Amplituden der beiden ersten Komponenten von der Frequenz f unabhängig sind, die Schwankun-gen also gleichmäßig im Frequenzband verteilt sind. Andererseits wächst das mittlere Schwankungsquadrat der dritten Komponente mit dem Quadrat der Frequenz f. Je nach dem relativen Anteil der drei Komponenten ist die Verteilungsfunktion also mehr oder weniger frequenzabhängig. Zusammen erhält man aus den Gl. (7.7), (7.8) und (7.9) bei T_0

$$\mathrm{d}\overline{u_r^2} = 4kT_0A_0^2R^2\left(\frac{2e}{4kT_0}\,\sigma\,i_\mathrm{s} + \frac{R + R_{\ddot{a}}}{R^2} + 4\pi^2 R_{\ddot{a}}C^2f^2\right)\mathrm{d}f \tag{7.10}$$

Dieses Ergebnis läßt sich vereinfacht in der Form

$$\mathrm{d}\overline{u_r^2} = (P_0 + Q_0 f^2)\,\mathrm{d}f$$

darstellen mit der Verteilungsfunktion

$$\frac{\mathrm{d}\overline{u_r^2}}{\mathrm{d}f} = P_0 + Q_0 f^2$$

Das mittlere Schwankungsquadrat der dem Signal überlagerten Störspannung im Be-reich $\mathrm{d}f$ ist also mit dem konstanten Anteil P_0 und dem frequenzabhängigen Anteil $Q_0 f^2$ gegeben. Die Schwankungsverteilung im Frequenzband ist somit ungleichmäßig, je nach dem Verhältnis der beiden Anteile P_0 und Q_0 und der Ausdehnung des Fre-quenzbandes. Bei den üblichen Bandbreiten einiger MHz und bei großen Signalwider-ständen R überwiegt meist der zweite Anteil, wie Abb. 7.19 in einem Beispiel mit $R = 10^6\,\Omega$, $R_{\ddot{a}}C^2 = 10^{-19}\,\Omega\,\mathrm{F}^2$ (z. B. $R_{\ddot{a}} = 250\,\Omega$, $C = 20$ pF) und $\sigma = 3$ zeigt.

Dieses Ergebnis ist von großer Bedeutung. Wenn nämlich die Komponenten im Be-reich der hohen Frequenzen vorherrschen, erscheinen die Schwankungen auf dem Bildschirm des Empfängers im wesentlichen in feiner Struktur (feiner Störgrieß). Eine solche Verteilung stört bei gleichem Effektivwert subjektiv weniger als das gleichmä-ßig verteilte weiße Rauschen. Die errechneten Zahlenwerte des Störabstandes müs-sen also in der Praxis entsprechend der Bewertungsfunktion (Abb. 7.15) korrigiert werden. Das ist bei dem Vergleich verschiedener Aufnahmeverfahren (Kameraröhren) wichtig.

Die gesamte Störspannung gewinnt man nun in der Rechnung durch Integration von Gl. (7.10) über das Videofrequenzband 0 bis f_g und erhält

$$\overline{u_r^2} = 4kT_0A_0^2R^2\left[\left(\frac{2e}{4kT_0}\,\sigma\,i_\mathrm{s} + \frac{R + R_{\ddot{a}}}{R^2}\right)f_\mathrm{g} + \frac{4\pi^2}{3}\,R_{\ddot{a}}C^2f_\mathrm{g}^3\right] \tag{7.11}$$

Mit Gl. (7.6) folgt dann schließlich

$$S_1 = i_\mathrm{s}\left\{4kT_0\left[\left(\frac{2e}{4kT_0}\,\sigma\,i_\mathrm{s} + \frac{R + R_{\ddot{a}}}{R^2}\right)f_\mathrm{g} + \frac{4\pi^2}{3}\,R_{\ddot{a}}C^2f_\mathrm{g}^3\right]\right\}^{-1/2} \tag{7.12}$$

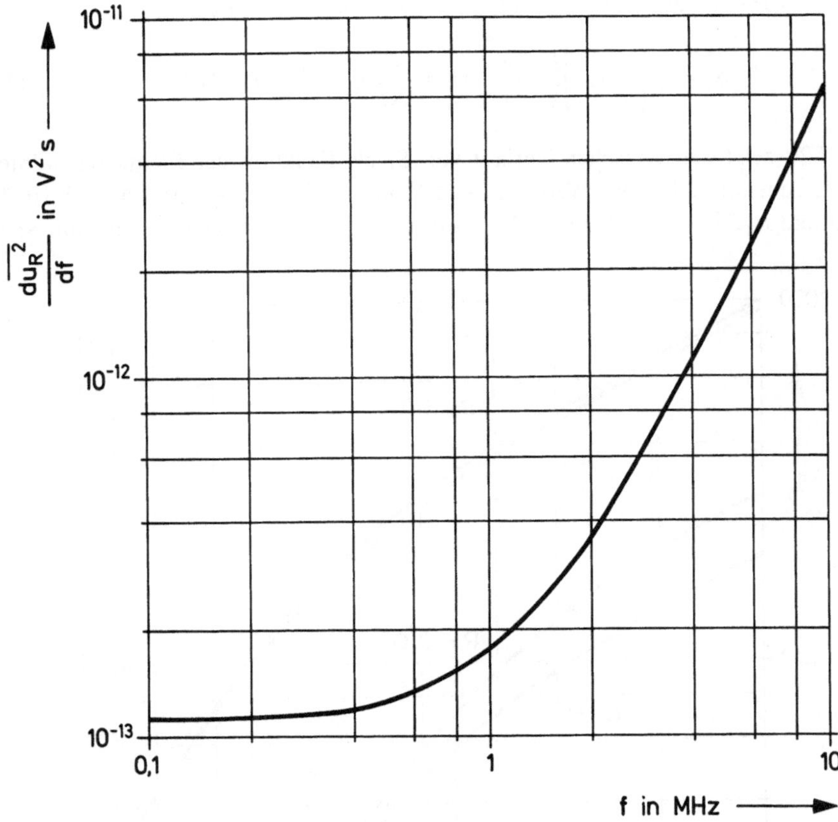

Abb. 7.19. Verteilungsfunktion der statistischen Schwankungen über die Frequenz bei der Signalverstärkung nach Abb. 7.18 und Gl. (7.10). $i_s = 10^{-7}$ A, $R = 10^6$ Ω. $R_a C^2 = 10^{-19}$ Ω F^2, $\sigma = 3$, $A_o = 1$

Gesichtspunkt für die Diskussion dieses Ergebnisses ist das Ziel, daß der Störabstand so groß wie möglich sein soll. Man erkennt aus Gl. (7.12), daß hierzu die Wahl großer Werte für den Signalwiderstand R von Vorteil ist. Aus dem Vorgang der Signalverstärkung heraus ist das auch physikalisch gut zu verstehen, da bei großem R das Signal u_e am Verstärkereingang nach Gl (7.1) mit abnehmender Frequenz zunimmt. Entsprechend nimmt nach Gl. (7.2) der Verstärkungsfaktor mit fallender Frequenz ab. Die Komponenten der im Verstärker erregten Schwankungen (R_a) werden im Gebiet der mittleren und tiefen Frequenzen daher um so wirksamer unterdrückt, je größer R ist. Der integrale Wert aller Komponenten wird merklich verkleinert und die Struktur der Schwankungen ist im Empfängerraster durch den Wegfall der Anteile in den niedrigen Frequenzen feiner, d. h. die subjektive Störwirkung ist geringer.

Größere Werte für R verringern ebenfalls den Einfluß der im Widerstand selbst erregten Schwankungen und sind weiterhin von Vorteil zur Unterdrückung von anderen Störeinflüssen im Bereich niedriger Frequenzen, wie z. B. Mikrophonie, Flickereffekt usw.

Günstige Werte liegen in der Größenordnung 10^5 bis 10^6 Ω, die Signalspannung u_e nimmt dann noch bis herab zu einigen kHz zu. Noch größere Werte bringen keine wesentliche weitere Verbesserung, sondern vergrößern nur unnötig den Bereich der notwendigen Frequenzgang-Kompensation im Verstärker.

Für $R = 10^6$ Ohm gilt $R \gg R_ä$ und Gl. (7.12) vereinfacht sich zu

$$S_1 = i_s \left\{ 4kT_0 \left[\left(\frac{2e}{4kT_0}\, \sigma i_s + \frac{1}{R} \right) f_g + \frac{4\pi^2}{3} R_ä C^2 f_g^3 \right] \right\}^{-1/2} \tag{7.13}$$

Abb. 7.20 zeigt den typischen Verlauf von S_1 als Funktion der Frequenzbandbreite (Grenzfrequenz) f_g für die Werte $R = 10^6$ und $10^7\ \Omega$, $i_s = 10^{-7}$A und 10^{-8}A, $\sigma = 3$ und $R_ä C^2 = 10^{-19}\ \Omega\ \mathrm{F}^2$. Man kann zwei charakteristische Gebiete unterschei-

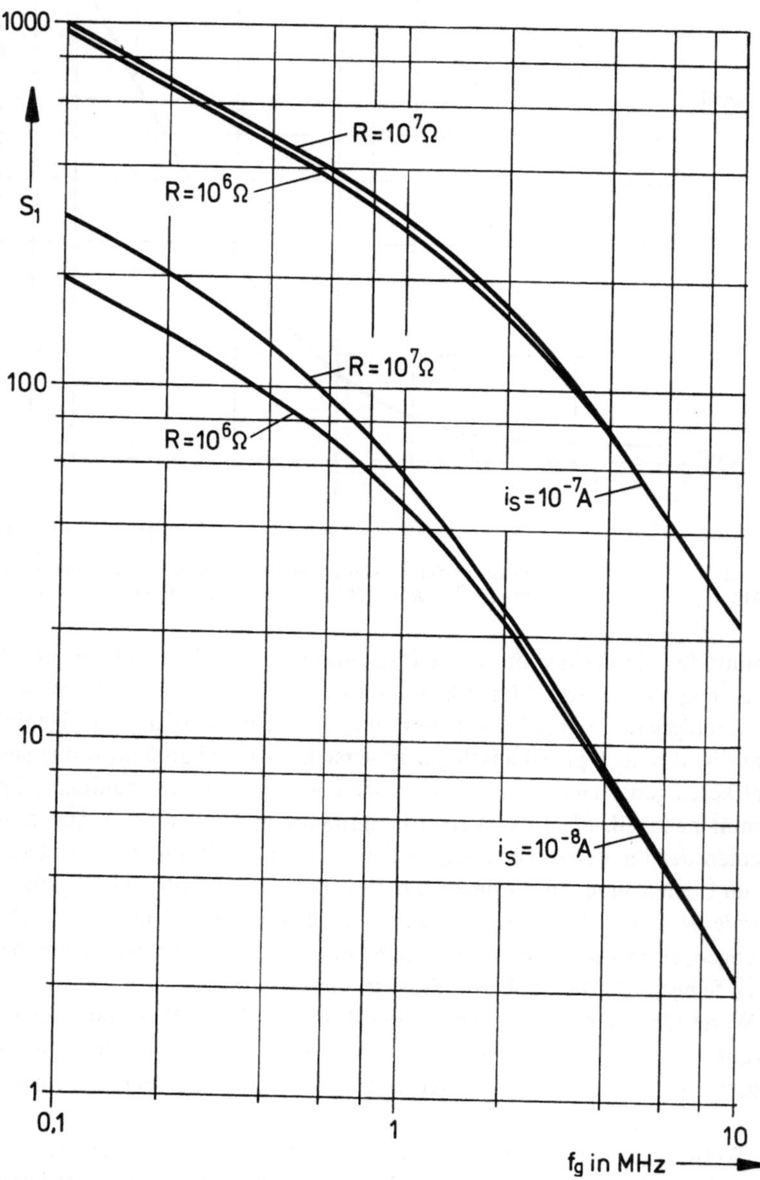

Abb. 7.20. Störabstand S_1 bei der Signalverstärkung nach Abb. 7.18 in Abhängigkeit von der Bandbreite f_g für verschiedene Werte des Signalstroms i_s und des Kopplungswiderstandes R ($R_ä C^2 = 10^{-19}\ \Omega\ \mathrm{F}^2$, $\sigma = 3$)

den. Das erste liegt im Bereich kleiner Bandbreiten, wo für alle Frequenzen das Signal u_e groß im Vergleich zum Schwankungspegel am Verstärkereingang ($R_ä$) ist und S_1 nur von den Schwankungen im Signalstrom und von R abhängt. Ein solcher Betriebszustand ist allerdings nur in Sonderanwendungen gegeben (z. B. bei sehr niedriger Vertikalfrequenz). Unter dieser Voraussetzung kann man Gl. (7.13) näherungsweise schreiben

$$S_1 = i_s \left[4kT_0 \left(\frac{2e}{4kT_0}\, \sigma i_s + \frac{1}{R} \right) f_g \right]^{-1/2} \tag{7.13a}$$

Bei sehr großen Werten von R kann man noch weiter vereinfachen zu

$$S_1 = \sqrt{\frac{i_s}{f_g}}\, \sqrt{\frac{1}{2e\sigma}} \tag{7.13b}$$

In diesem Grenzfall hängt also der Störabstand nur noch von den Schwankungen im Signalstrom i_s ab und er ändert sich unter diesen Bedingungen nur mit der Wurzel aus i_s.

Für die normale, kontinuierliche Abtastung mit einem hochzeiligen Raster mit Bandbreiten von einigen MHz ist jedoch das zweite Gebiet maßgebend. Die vom Verstärker hinzugefügten Schwankungen sind dann der vorherrschende Anteil und man kann näherungsweise schreiben:

$$S_1 = i_s \left[4kT_0 \left(\frac{4\pi^2}{3}\, R_ä C^2 f_g^3 \right) \right]^{-1/2} \tag{7.13c}$$

$$S_1 \sim \frac{i_s}{C} \cdot \frac{1}{\sqrt{R_ä}} \cdot \frac{1}{\sqrt{f_g^3}}$$

S_1 ist unter dieser Voraussetzung *proportional zu* i_s und gibt an, wie hoch das Nutzsignal über dem konstanten Störpegel des Verstärkers liegt. Die Kapazität C reduziert die Amplitude der Teilsignalfrequenzen im höheren Frequenzbereich, so ist die umgekehrte Proportionalität von S_1 zu C verständlich. S_1 ändert sich weiterhin relativ stark mit der Bandbreite f_g, weil zu der Vergrößerung der mittleren Störschwankungsamplitude bei Erweiterung des Frequenzbandes noch die Abnahme der Signalamplitude nach hohen Frequenzen hinzukommt. Zusammen genommen führt das zur umgekehrten Proportionalität von S_1 zur Quadratwurzel aus der dritten Potenz der Bandbreite f_g.

Wichtig ist noch die Feststellung, daß bei großen Bandbreiten der Betrag der Störschwankungen (Gl. 7.13) unabhängig von der Amplitude des Bildsignals ist, d. h. die Störmodulation ist in allen Graustufen des Bildes gleich stark als überlagerte Komponente vorhanden (in dem maßgebenden zweiten Summand Gl. (7.12) und (7.13) ist i_s nicht enthalten!).

Gl. (7.13) lehrt, daß Verstärkereingangsstufen mit kleinem $R_ä$ und kleiner Eigenkapazität vorteilhaft sind. Außerdem soll der Eingang hochohmig sein, damit große Signalwiderstände R verwendet werden können. So ist verständlich, daß beim Übergang auf die Halbleiterverstärkertechnik an dieser Stelle zunächst noch Elektronenröhren mit hoher Steilheit beibehalten wurden. Die Situation änderte sich dann aber mit dem Aufkommen der Feldeffekttransistoren mit hohem Eingangswiderstand, so daß schließlich auch hier die Röhren ersetzt werden konnten.

Die schädliche Kapazität C liegt bei den praktischen Gegebenheiten räumlich verteilt auf Signalgenerator, Verdrahtung und Verstärkereingang. Es ist daher möglich, in Analogie der Entzerrungstechnik in Breitbandverstärkerschaltungen durch Trennung der Kapazitäten C_1 und C_2 mit einer Induktivität L nach Abb. 7.21 oder mit anderen Kopplungsnetzwerken die an der Verstärkerstufe wirksame Spannung u_e im Gebiet der hohen Frequenzen zu vergrößern. Mit solchen Schaltungen kann der Störabstand etwas verbessert werden. Dabei ändert sich auch die Verteilung der Störschwankungen im Frequenzband und die Frequenzabhängigkeit der Eingangsspannung u_e ist nicht mehr mit der einfachen Gl. (7.1) gegeben, sondern der Frequenzgang im Gebiet der hohen Frequenzen ist komplizierter, ähnlich einer gedämpften Resonanzkurve, die im Verstärker durch eine reziproke Entzerrung ausgeglichen werden muß. Der mit den komplizierten Schaltungen im Kopplungsnetzwerk erreichbare Gewinn ist nicht allzu groß, so daß sich an der Größenordnung des für einen ausreichenden Störabstand notwendigen Signalstroms nicht viel ändert.

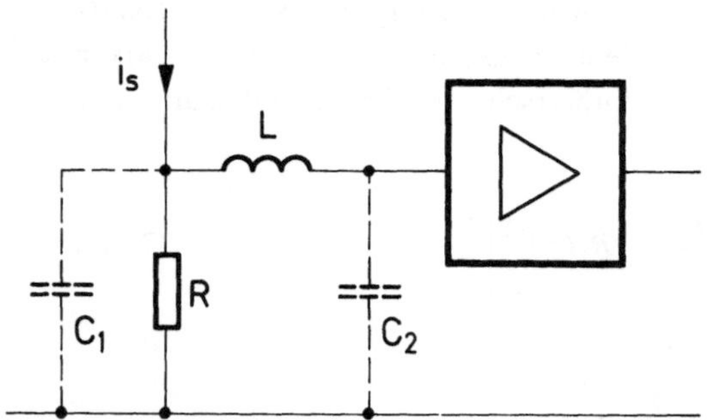

Abb. 7.21. Trennung der Teilkapazitäten im Kopplungskreis der Schaltung Abb. 7.18 durch eine Induktivität L

Wichtig ist die Erkenntnis, daß diese Größenordnung beim 625-Zeilen-System etwa bei $i_s = 10^{-7}$ A liegt, wie man aus Abb. 7.20 erkennen kann, wo übliche Verhältnisse der Praxis zugrunde gelegt wurden.

7.4.2.2 Vorverstärkung des Signals bei der Bildaufnahme mit Hilfe eines Elektronenvervielfachers. Abb. 7.22 zeigt im Schema die zweite Methode der Signalableitung mit Vorverstärkung des Signals in der elektro-optischen Wandlerröhre. Sie ist anwendbar, wenn der photoelektrisch ausgelöste bzw. der bei der Umwandlung gesteuerte Elektronenstrom in einen Elektronenvervielfacher (multiplier) geleitet werden kann. Eine solche Einrichtung nützt das Phänomen der sekundären Elektronen-Emission bei Aufprall beschleunigter Elektronen auf die Oberfläche geeigneter Elektroden aus. Die Primär-Elektronen geben bei dem Auftreffen ihre Bewegungsenergie ab, wobei Elektronen von geringer Geschwindigkeit (mittlere Austrittsgeschwindigkeit wenige Volt) ausgelöst werden, die einem Beschleunigungsfeld folgend ihrerseits wieder als Primär-Elektronen auf einer weiteren Elektrode Sekundär-Elektronen auslösen und so fort in aufeinanderfolgenden Stufen. Die Zahl der im Mittel pro Primär-Elektron ausgelösten Sekundär-Elektronen ist bei passend gewählter Geschwindigkeit der Primär-Elektronen und mit geeigneten Elektrodenmaterialien bzw. -schichten relativ groß, so daß bereits mit wenigen Stufen hohe Vervielfachungsfaktoren erreicht werden können, z. B. etwa 1 000fach mit 5stufigen Systemen bei den praktischen Gegebenheiten in Bildaufnahmeröhren (Konstruktion und Aufbau solcher Elektronen-Vervielfacher werden in Band 2 beschrieben).

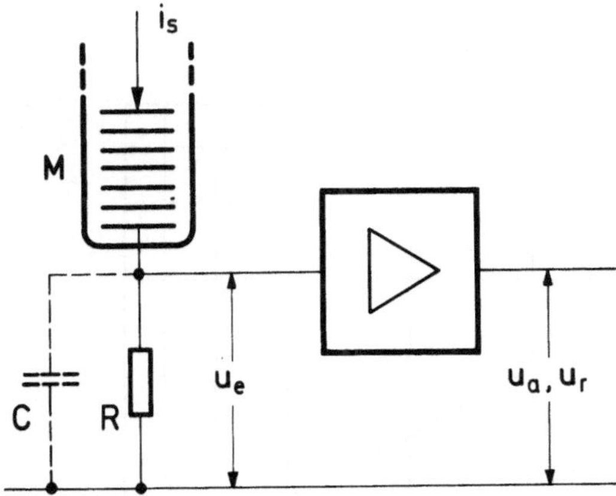

Abb. 7.22. Signalverstärkung mit Vorverstärkung des Signalstroms i_s in der Wandlerröhre durch Elektronenvervielfachung M (Sekundäremissionsvervielfacher)

Die Auslöse- und Übergangzeit der Sekundär-Elektronen sind — gemessen an den Grenzwerten (Übertragungszeiten einzelner Bildpunkte) der Fernsehtechnik — vernachlässigbar klein, so daß solche Vervielfachersysteme verzerrungsfrei verstärken und ideale Kleinsignalverstärker darstellen in allen Fällen, bei denen das Eingangssignal als Strom von frei im Vakuum fliegenden Elektronen gegeben ist. Von entscheidender Bedeutung für die Fernsehaufnahmetechnik ist aber die damit verbundene Verbesserung des Störabstandes, da es mit dieser Vorverstärkung des Signals in der Wandlerröhre selbst möglich ist, den Einfluß der im Zuge der Signalverstärkung von fremden Quellen einwirkenden Störschwankungen praktisch auszuschalten. Man kann dies in Anwendung der im vorstehenden Abschnitt durchgeführten Rechnung auf den Fall der Signalverstärkung nach Abb. 7.22 sofort erkennen.

Es ändert sich in der Rechnung zunächst der Ansatz für das Signal zu

$$u_a = A_0 \cdot M \cdot R \cdot i_s \tag{7.14}$$

mit M = Stromverstärkung in dem Elektronenvervielfacher. Weiterhin muß der Ansatz für den ersten Elementarteil der Störschwankungen ersetzt werden durch

$$d\overline{u_1^2} = 2e\sigma\beta i_s M^2 A_0^2 R^2 df \tag{7.15}$$

Der zusätzliche Faktor β (> 1) berücksichtigt die leichte Erhöhung der Schwankungen durch die statistische Streuung des Vervielfacherprozesses auf verschieden große ganzzahlige Elementarfaktoren. (Wenn man z. B. von einer mittleren Ausbeute von 4,5 spricht, so heißt das, daß vorwiegend 4 bzw. 5 Elektronen pro auftreffendes Primärelektron, mit abnehmender Wahrscheinlichkeit aber auch 3, 2, 1 oder 0 oder 6, 7, 8 usw. Elektronen ausgelöst werden). Damit ist eine gewisse Vergrößerung der Schwankungen gegeben, die im wesentlichen von der Ausbeute der ersten Stufe abhängt ($\beta \approx 2$ bis 3).

Nach einigen Umformungen erhält man aus Gl. (7.14), (7.15) sowie (7.8) und (7.9) für
den Störabstand S_2

$$S_2 = i_\mathrm{s} \left[2e\sigma\beta i_\mathrm{s} f_\mathrm{g} + \frac{4kT_0}{M^2} \left(\frac{f_\mathrm{g}}{R} + \frac{4\pi^2}{3} R_\mathrm{ä} C^2 f_\mathrm{g}^3 \right) \right]^{-1/2} \tag{7.16}$$

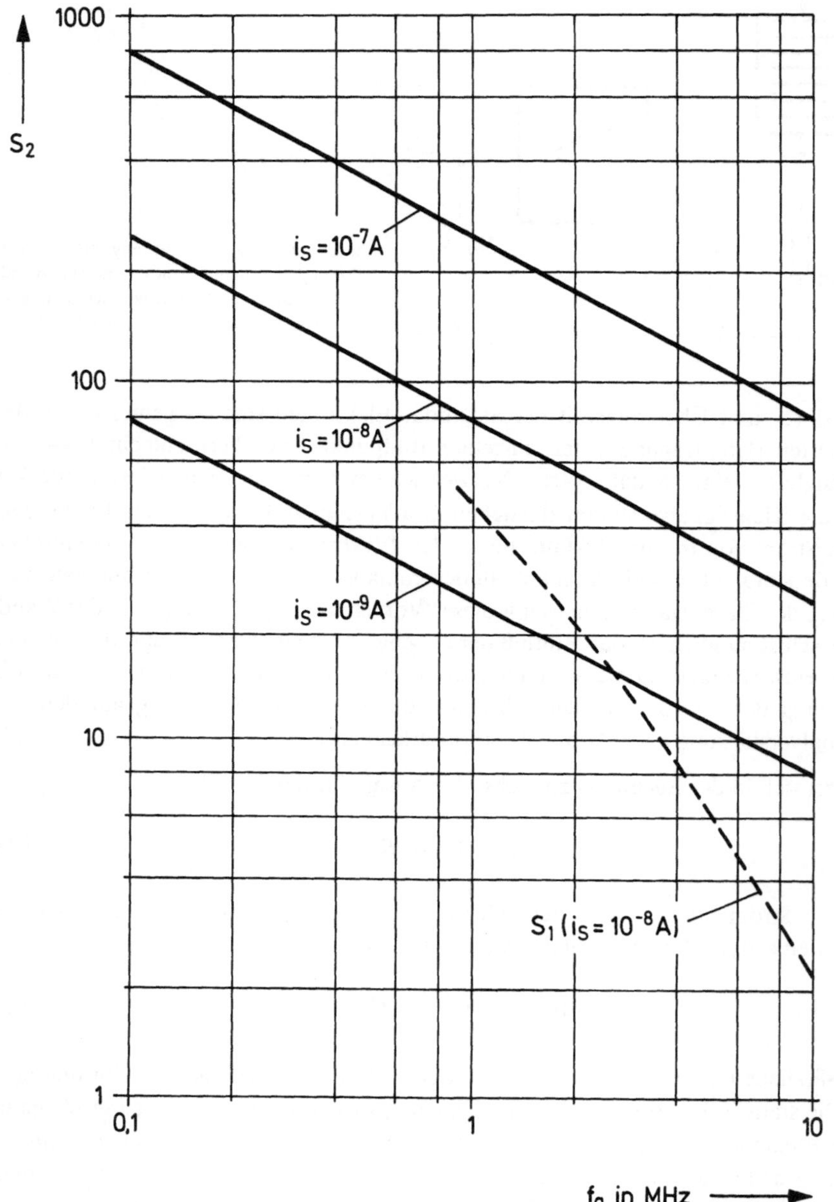

Abb. 7.23. Störabstand S_2 bei der Signalauswertung nach Abb. 7.22 mit elektronischer Stromverstärkung
in Abhängigkeit der Bandbreite f_g für verschieden hohe Signalströme i_s ($\sigma \cdot \beta = 5$)

Durch Wahl ausreichend großer Werte für M kann der zweite Summand unter der Wurzel im Nenner beliebig klein gehalten werden. Setzt man eine solche Wahl voraus, so vereinfacht sich Gl. (7.16) zu

$$S_2 = \sqrt{\frac{i_s}{f_g}}\ \sqrt{\frac{1}{2e\sigma\beta}} \tag{7.17}$$

Dieses Resultat hätte man aus Gl. (7.14) und (7.15) allein direkt ableiten können unter der Voraussetzung, daß bei allen Teilfrequenzen die Verstärkereingangsspannung u_e wegen der Stromverstärkung in der Röhre ausreichend über dem durch R und $R_ä$ gegebenen Störpegel liegt. Welcher Vervielfachungsfaktor M hierzu erforderlich ist, hängt von der Größe i_s ab; in normalen Fällen reichen bereits Werte ab $M = 100$. Der Vorteil der elektronischen Vorverstärkung des Signalstroms wirkt sich vor allem bei den großen Bandbreiten aus, denn — im Gegensatz zu S_1 — ist der Störabstand S_2 nunmehr im ganzen Bereich umgekehrt proportional der Wurzel aus der Bandbreite f_g, wie Abb. 7.23 für $i_s = 10^{-7}\,\mathrm{A}, 10^{-8}\,\mathrm{A}$ und $10^{-9}\,\mathrm{A}$ mit $\sigma \cdot \beta = 5$ zeigt. Bei gleichem i_s sind also die Werte S_2 mit wachsender Bandbreite erheblich größer als S_1.
Ebenso bedeutungsvoll und für die Grenzempfindlichkeit der Fernsehaufnahme entscheidend ist die geringere Abhängigkeit des Störabstandes vom Signalstrom. Anstelle der direkten Proportionalität in S_1 ist bei der Anwendung des Elektronenvervielfachers der Störabstand S_2 *nur der Quadratwurzel des Signalstroms proportional,* weil ja nur noch die im Signalfluß selbst vorhandenen Schwankungen maßgebend sind. Man erkennt diesen Vorteil gut in dem Vergleich von Abb. 7.20 (S_1) mit Abb. 7.23 (S_2). Bei Signalströmen von $i_s = 10^{-7}\,\mathrm{A}$ ist der Unterschied bei subjektiver Wertung der Störstruktur unter Berücksichtigung der Wertung Abb. 7.16 noch relativ gering, aber bei $i_s = 10^{-9}\,A$ gewinnt man praktisch eine Größenordnung und eine Betriebsweise ohne Elektronen-Vervielfacher ist bei hochzeiligen Fernsehbildern mit kontinuierlicher Übertragung überhaupt nicht mehr möglich.
Allgemein betrachtet, ist der Vorteil der Signal-Vorverstärkung im Wandler für den Störabstand von verschiedenen Parametern, vom Signalstrom, von der Grenzfrequenz und damit auch von den Normen der Bildzerlegung abhängig. In speziellen Fällen oder Anwendungen, bei denen z. B. die Verwendung eines Elektronen-Vervielfachers nicht möglich ist, kann man den Verlust des Störabstandes minimal halten, wenn optimale Daten für die Abtastnormen gewählt werden. Für solche Untersuchungen ist es zweckmäßig, das Verhältnis S_2 zu S_1 aus Gl. (7.13) und (7.17) zu bilden.

$$\frac{S_2}{S_1} = \sqrt{\frac{1}{\beta} + \frac{a}{i_s}\left(\frac{1}{R} + bf_g^2\right)} \tag{7.18}$$

mit

$$a = \frac{2kT_0}{e\sigma\beta} = \frac{1}{20\sigma\beta}\ V \text{ bei } T_0 = 20\,°\mathrm{C}$$

$$b = \frac{4\pi^2}{3}\ R_ä C^2 \Omega \mathrm{F}^2$$

Dieses Ergebnis ist nützlich bei der Diskussion der optimalen Betriebsweise von Fernsehaufnahmeröhren mit Ladungsspeicherung bei vorgegebener Ladungsmenge Q.

7.4.2.3 Folgerungen aus den Ergebnissen für den Lichtstrombedarf der Fernsehübertragung. Als Abschluß der Analyse des Störabstandes kann man zusammenfassend sagen, daß die mit dem Signal verbundenen statistischen Schwankungen der Empfindlichkeit einer Fernsehübertragung physikalisch-technische Grenzen setzen. Für die Normalübertragung mit 500 bis 600 Zeilen und 25 bis 30 Bildwechseln in der Sekunde braucht man z. B. für einen ausreichend guten Störabstand je nach der Art der Signalverstärkung *Bildsignalströme von der Größenordnung* 10^{-8} *bis* 10^{-7} A. Mit dieser Feststellung kann man orientierende Voraussagen für den notwendigen Lichtstrombedarf machen. Arbeitet die elektro-optische Wandlung bei der Bildaufnahme optimal und etwa linear, so ist der Lichtstrom Φ proportional zum Signalstrom, wobei der Proportionalitätsfaktor den photoelektrischen Wirkungsgrad der Umwandlungsschichten kennzeichnet. Gute Werte für den Wandlungsfaktor sind in lichttechnischen Einheiten etwa 100 μA/lm, so daß also ein Lichtstrom von etwa 10^{-4} bis 10^{-3} Lumen benötigt wird. Das führt für die Studioaufnahme bei guter Tiefenschärfe zu erträglicher Szenenbeleuchtung von der Größenordnung 1 000 Lux. Natürlich ist dies nur eine rohe Abschätzung, die sehr unterschiedlichen Verhältnisse der einzelnen Aufnahmearten und Systeme werden in Band 2 ausführlich dargelegt.

7.4.3 Störsignale in der Signalerzeugung

Abgesehen von den statistischen Schwankungen des Signals findet man bei der Fernsehübertragung bisweilen überlagerte Fremdkomponenten, die z. B. von Inhomogenitäten der bei der Bildaufnahme eingeschalteten Wandlerflächen (Photoschichten, Speicherplatten) herrühren können. Auch können Unterschiede im Ablauf der elementaren Umwandlungsprozesse, abhängig vom Ort auf der Bildfläche, Ursache solcher Störungen sein sowie Nachbarschaftseffekte, z. B. durch rückfallende Streuelektronen, wie bei Besprechung der entsprechenden Geräte erläutert wird.
Die erwähnten Störsignale lassen sich durch geeignete Technologie und Betriebsweise der Aufnahme-Einrichtungen in tragbaren Grenzen halten, sie stellen aber bisweilen Engpässe dar, die bei der Handhabung und Anwendung der Fernsehtechnik in der Praxis beachtet werden müssen.

Schrifttum

0.1. Schröter, F.: Handbuch der Bildtelegraphie und des Fernsehens, Berlin: Springer 1932.

0.2. Fernsehen, Vorträge von von Ardenne, M., Banneitz, F., Brüche, E., Buschbeck, W., Karolus, A., Knoll, M., Möller, R., Schröter, F., herausgegeben von Schröter, F., Berlin: Springer 1937.

0.3. Schade, O. M.: Electro-Optical Characteristics of Television Systems, (vierteilige Arbeit), RCA-Rev. IX (1948) 7—34, 246—282, 491—527 u. 653—686.

0.4. Fernsehen, Vorträge von Berndt, W., Heimann, W., Hilke, O., Kirschstein, F., Kleen, W., Körner, H., Mayer, C. G., Rudert, F., Runge, W. T., Schröter, F., Schunack, J., Stöhr, W., Ulner, M., Urtel, R., Werrmann, H., Winckel, F., Zschau, H., hrsg. von Leithäuser, G., Winckel, F., Berlin-Göttingen-Heidelberg: Springer 1953.

0.5. Amos, S. W., Birkinshaw, D. C.: Television Engineering, Principles and Practice, vier Bände, London: Iliffe 1953, 1956, 1957 u. 1958.

0.6. Wentworth, J. W.: Color Television Engineering, New York-Toronto-London: McGraw-Hill 1955.

0.7. Fernsehtechnik I, Grundlagen des elektronischen Fernsehens, bearbeitet von Schröter, F., Theile, R., Wendt, G., hrsg. von Schröter, F., Berlin-Göttingen-Heidelberg: Springer 1956.

0.8. McIlwain, K., Dean, Ch. E.: Principles of color television, New York: J. Wiley & Sons. 1956.

0.9. Television Engineering Handbook (prepared by a staff of specialists), hrsg. von Fink, D. G., New York-Toronto-London: McGraw-Hill 1957.

0.10. Fernsehtechnik II, Technik des elektronischen Fernsehens, bearbeitet von Baur, K., Berndt, W., Bruch, W., Burkhardtsmaier, W., Buschbeck, W., Dietrich, E., Fastert, H. W., Grosskopf, H., Henze, E., Hoffmann, R., Jekelius, K., Mann, P. A., Müller, J., Rothe, P. G., Schröter, F., Schunack, J., Schwartz, E., Theile, R., hrsg. von Schröter, F., Berlin-Göttingen-Heidelberg: Springer 1963.

0.11. Dillenburger, W.: Einführung in die Fernsehtechnik, Band 1 und 2, Berlin: Schiele & Schön 1964 u. 1969.

0.12. Schönfelder, H.: Farbfernsehen 1, 2 und 3, Darmstadt: Justus von Liebig-Verlag 1965, 1966 u. 1968.

0.13. Mayer, N.: Technik des Farbfernsehens in Theorie und Praxis, Berlin-Borsigwalde: Verlag für Radio-Foto-Kinotechnik GmbH 1967.

0.14. Goussot, L.: La Télévision monochrome et en couleur, Paris: Editions Eyrolles 1972.

1.1. Goebel, G.: Das Fernsehen in Deutschland bis zum Jahre 1945, Archiv für das Post- und Fernmeldewesen, 5 (1953) 259—385.

1.2. Garrat, G. R. M., Mumford, A. H.: The history of television, Journ. Inst. Electr. Engrs. (III A), 99 (1952) 25—42.

1.3. Jensen, A. G.: The evolution of modern television, Journ. of the SMPTE, 63 (1954) 174—188.

1.4. Bruch, W.: Die Fernseh-Story, Stuttgart: Telekosmos Franckh'sche Verlagshandlung 1969.

2.1. Schwartz, E.: Die Flankensteilheit im Fernsehbild bei einem Bildelement mit glockenförmig abklingender Leuchtdichte, A.E.Ü. 4 (1950) 517—522.

2.2. Kell, R. D., Bedford, A. V., Fredenhall, G. L.: A determination of optimum number of lines in a television system, RCA-Rev. (1940) No. 1, S. 8—30.

3.1. Schober, H.: Das Sehen, 2, Leipzig: Fachbuchverlag 1958, S. 108—113.

3.2. Characteristics of monochrome television systems, CCIR-Report 308-2 Documents XIIth Plenary Assembly, (1970), Vol. V, Part 2, S. 21—35.

3.3. Rainger, P.: An electronic line standards converter, Electronics and Power, **10** (1964), S. 155. An all-electrónic field-store television standards converter, Rundfunktechn. Mitt. **11** (1967) Nr. 5, 259—265.

3.4. Davies, R. E., Edwardson, S. M., Harvey, R. V.: Electronic field-store standards converter, Proc. Inst. Electr. Engrs., **118** (1971) 460—468.

3.5. Jaeschke, F.: Methoden zur Farbnormwandlung NTSC-PAL zwischen Fernsehnormen unterschiedlicher Vertikalfrequenz, NTZ 21 (1968) Heft 4, 177—181.

4.1. Shorter, D. E. L.: The distribution of television sound by pulse-code modulation signals incorporated in the video waveform, EBU-Rev. Part A — Technical, No. 113 — February 1969, S. 13—18.

4.2. Gassmann, G. G., Eckert, E.: Das COM-System, ein neues Vielton-Übertragungsverfahren, Funkschau **42** (1970), Heft 20, 689—692 u. Heft 21, 749—750.

4.3. Wolf, P.: Analyse eines Verfahrens zur Übertragung von NF-Signalen in zeitkomprimierter, analoger Form, NTZ-NachrtechZ **25** (1972), Heft 8, S. 352—358.

4.4. Dinsel, S.: Ein zweiter Tonträger — eine Möglichkeit zur Übertragung eines weiteren Tonkanals beim Fernsehen, Rundfunktechn. Mitt., **14** (1970) Heft 6, 275—282.

4.5. Fastert, H. W., Schwartz, E.: Fernsehversorgung und Fernsehnetzplanung, in [0.10].

5.1. Mertz, P., Gray, F.: A theory of scanning and its relation to the characteristics of the transmitted signal in telephotography and television, Bell Syst. Techn. J. **13** (1934) 464—515.

5.2. Köllner, H.: Über die Zerlegung und den Aufbau eines Fernsehbildes, Telefunken-Zeitung **19** (1938), S. 46—60, s. auch [0.7].

5.3. Hopf, H.: Untersuchungen zum Betrieb von Fernsehsendern mit Präzisionsoffset der Trägerfrequenzen, Rundfunktechn. Mitt., **2** (1958) 265—276.

5.4. Aigner, M., Hopf, H.: Schutzabstände für den Gleichkanalbetrieb von Fernsehsendern bei Modulation mit PAL-Farbfernsehsignalen, Rundfunktechn. Mitt. **13** (1969) 284 bis 297.

6.1. Wyszecki, G., Stiles, W. S.: Color Science, New York: John Wilex & Sons 1967.
Bouma, P. J.: Farbe und Farbwahrnehmung, Hamburg: Deutsche Philips 1951.
Wyszecki, G.: Farbsysteme, Göttingen: Musterschmidt 1960 (mit großer Literatursammlung).

6.2. MacAdam, D. L.: Visual sensitivities to color differences in daylight, Journ. Optical Society of America, **32** (1942) 247—274.

6.3. Kell, R. D., Sziklai, G. C., Ballard, A. C., Schroeder, A. C., Wendt, K. R., Fredendall, G. L.: An Experimental Simultaneous Color Television System, Proc. I. R. E. **35** (1947) 861—875.

6.4. Bedford, A. V.: Mixed Highs in Color Television, Proc. I. R. E. **38** (1950) 1 003—1 009.

6.5. McIlwain, K.: Requisite Color Bandwidth for Simultaneous Color Television Systems, Proc. I. R. E., **40** (1952) 909—912.

6.6. Middleton, W. R., Holmes, M. C.: The Apparent Colors of Surface of small Subtence, J. Opt. Soc. Am. **39** (1949) 582—592.

6.7. Theile, R.: Die Entwicklung der kompatiblen Farbfernsehtechnik, Rundfunktechn. Mitt., **9** (1965) 241—250.

6.8. Haantjes, J., Teer, K.: Compatible Colour Television two Subcarrier System, Wirel. Eng., Vol. 33 (1956), Part 1: Jan. S. 3—9, Part 2: Febr.: S. 39—46.

6.9. DeFrance, H.: Le système télévision en couleurs sequentiel — simultané, L'Onde Electrique **38** (1958) 479—483.

6.10. Cassagne, P., Sauvanet, M.: Le système de Télévision an couleurs SECAM, Annales de Radioélectricité **XVI** (1961) 109—121, s. auch Goussot, L. [0.14].

6.11. Mayer, N.: Farbfernsehübertragung mit gleichzeitiger Frequenz- und Amplitudenmodulation des Farbträgers (FAM-Verfahren), Rundfunktechn. Mitt. **4** (1960) 238—252.

6.12. Bruch, W.: Some Experiments with Modifications of the NTSC-Colour Television System, Tagungsbericht Fernseh-Symposium Montreux (1962) 223—228.

6.13. Bruch, W.: Das PAL-Farbfernsehsystem. Prinzipielle Grundlagen der Modulation und Demodulation, NTZ-NachrtechZ **17** (1964) 109—121.

6.14. Loughlin, B. D.: Recent improvements in band shared simultaneous color television systems, Proc. Inst. Rad. Engrs. **39** (1951) 1 273—1 279.

6.15. Mayer, N., Holoch, G.: NTSC-Farbfernsehübertragung mit additivem Referenzträger, Rundfunktechn. Mitt. **9** (1965) 157—165.

6.16. Goussot, L.: [0.14] 186—189.

6.17. Lewis, N. W.: Proposed subcarrier pilot for NTSC-type colour television, Electronics and Power, (1964), (letters to the editor).

6.18. Characteristics of colour television systems, CCIR-Report 407-1, Documents of the XIIth Plenary Assembly (1970) Vol. V, Part 2, S. 49—71.

6.19. Jaeschke, F., Wendt, H.: Ein Transcoder zur Umsetzung von SECAM-Farbfernsehsignalen in das PAL-System, Radio Mentor Electronics (1968) S. 494—498.

6.20. Bruch, W.: Transcodierung — Farbsignalwandlung, Jahrbuch des elektrischen Fernmeldewesens, 20, (1969) 252—280.

7.1. Mayer, N., Schönfelder, H.: Elektronisches Universal-Testbild für Farb- und Schwarzweiß-Empfänger, Funkschau Jahrg. 41 (1969) 69—71.

7.2. Fröling, H. E.: Das Prüfzeilenverfahren beim Fernsehen, Techn. Hausmitt. NWDR **7** (1965) 129—138.

7.3. Grosskopf, H., Wolf, P.: Kritische Bemerkungen zu Vorschlägen für internationale Prüfzeilensignale, Rundfunktechn. Mitt. **13** (1969) Nr. 4, 148—158.

7.4. Lewis, N. W.: Waveform response of television links, Proc. Inst. Electr. Engrs. **101** (1954) Part III, 258—270.

7.5. Grosskopf, H.: Der Einfluß der Helligkeitsempfindung auf die Bildwiedergabe. Kino-Technik, **17** (1963), S. 243—249 und Rundfunktechn. Mitt. **7** (1963) 205—223.

7.6. Müller, J., Demus, E.: Ermittlung eines Rauschbewertungsfilters für das Fernsehen, NTZ-NachrtechZ **12** (1959) 181—186.

7.7. Theile, R., Fix, H.: Zur Definition des durch die statistischen Schwankungen bestimmten Störabstandes im Fernsehen, AEÜ 10 (1956) 98—104.

Sachverzeichnis

Abtastprinzip mit sequentialer Übertragung
   3
Abtastvorgang   3
Aperturentzerrung   127
Äquiband-Empfang   107
ART-Verfahren   116
Auflösung   11, 122
Auflösungsverluste   122
Ausgleichsimpulse   55, 56
Austastsignal A   51
Austastwert   51

BA-Signal   51
BAS-Video-Signal   51, 53
Bildelement   10
Bildfolgefrequenz f_w 10, 35
Bildpunkt   1
Bildpunkt-Vielfach-Simultanübertragung   1
Bildsignal B   51, 52
burst, alternierender   116

C.I.E. (Commission Internationale d'Eclairage)   82
CIE-Farbtafel   84
CIE-UCS-System   88
Codier- und Decodierprozesse   80

Differenz-Signal E_D 96
Differenzträger-Ton-Empfang   59
Doppelbilder   48
dot sequential-Verfahren   93
Drittel-Zeilen-Offset   77

Einkanalübertragung   4, 6
Einschwingzeit   8, 9, 24
Einschwingzeit $\tau_{ü}$ 25
Elektronensonden   12
Elektronenvervielfacher   150

FAM-Verfahren   111
Farbart   79
Farbaufsplitterungen   92
Farbauszüge   80
Farbauszugssignale   90
Farbenlehre, Darstellungsnormen   81
Farbfernsehen   79

Farbmetrik   82
Farbmischung   83
—, additive   89
Farbsättigung   79
Farbsynchronsignal   106
Farbton   79
Farbträgerfrequenz   115
Farbwechsel-Verfahren   90
Farbwert-Signale   80
FBAS-Signal   119
Federal Communications Commission (FCC)
   86, 87
Fernsehrundfunk, Frequenzbänder   64
—, Kanäle des   9
—, Normen des   48
—, Normen für Farbfernsehen   118
—, Pflichtenhefte   121
— -systeme, Kenngrößen   62
field sequential system   91
Flimmer-Blende   40
— -Grenzfrequenz   39
— -störung   35, 39
Fremdkomponenten im Signal   135
Frequenzband, Grenze f_g 9
Frequenzbandbreite f_g 25
Frequenzteiler   45

Gamma-Wert   130
Geometrieprüfung der Fernsehübertragung
   134
Gleichkanalbetrieb von Fernsehsendern   75
Gradation   127
Grenzfrequenz f_g 25

Halbbilder   42
Halbraster   42
— -struktur   46
Halbzeilen-Offset   72
Halbzeilenverfahren   43
Hellempfindung des Auges   133
Hellempfindungskurve   81
Hell-Dunkel-Kante, horizontal liegende   12
Hell-Dunkel-Kanten, vertikale   12
Horizontal-Synchronisierung   53

I.B.K. (Internationale Beleuchtungs-Kommission)   82
Identifikations-Signal   115

Interferenzfiguren 22
Interferenzmuster 35
I-Signal 99

Kanalbreite f_k 63
Kell-Faktor 29
kompatibel 53
Kontrast 130, 132
Kontrastübertragungsfunktion 122
Kreisblenden 19

Leuchtdichtesignal E_Y 96
Leuchtsubstanzen 41
Lichtstrombedarf der Fernsehübertragung
 154
line sequential 93
Linienspektrum 67
Linsenspirale 5

Mac Adam-Ellipsen 88
Mehrtonsendungen 63
mixed highs 93
Modulationsgrad 17
Modulationsverfahren für die Farbartsignale
 102
Moiré-Störungen 22, 28
Multi-burst-Entzerrungstechnik 117
multiplier 150

National Television System Committee
 (NTSC) 93
Negativ-Modulation 59
NIIR, SECAM IV-System 117
Nipkow-Scheibe 5
Normen 8
Normfarbtafel nach DIN 5033 84
Normfarbwertanteile 84
Normfarbwerte 83
Normlichtart A 88
— B 88
— C 88
— D_{65} 88
Normspektralwertkurven 83
Normwandler-Geräte 49
NTSC-System 96
Nyquist-Flanke 58

Offset-Prinzip 75
Optische Übergangszeit 24
Orange-Cyan-Linie 98

PAL-Verfahren 113
Parallelzeilenraster 5, 10
Phase-Alternation-Linie 113
Phasenverzerrungen, differentielle 108
Planckscher Strahler 88
Polarität der Modulation 59

Positiv-Modulation 59
Präzisions-Offset 77
Primärvalenzen 82
—, virtuelle 83
Prismen, rotierende 5
Prüfzeilen 128
— -meßtechnik 127
— -Methode 127
Punktlichtschreiber 5
Punktsprungverfahren 48, 93

Quadratblende 12
Quadraturmodulation 102
Qualitätsparameter 122
Q-Signal 99

Rasterrücklauf 53
Rauschbewertungskurve 139
Rauschen 138
Rauschverteilung im Frequenzband 141
Rauschwiderstand, äquivalenter 145
Restseitenbandübertragung 58
Rücklaufzeiten 29

Satelliten 64
Schachbrettfrequenz 27
Schroteffekt 145
Schwarzabhebung 52
Schwarzschulter, hintere 54
—, vordere 54
Schwarz-Weiß-Strichraster 17
Schwarzwert 51
SECAM-Verfahren 110
Sehkomfort 133
Sehschärfe 32
Signalspektrum 67
Simultanverfahren 1
—, kompatible 93
Spektralwertkurven 82, 83
Spiegel, schwingende 5
Spiegelräder 5
Spiegelschrauben 5
Spiralbahnabtastung 6
statistische Schwankungen in den Signal-
 strömen 136
Störabstand 135
Störabstand, Berechnung des 143
Störgrieß 138
Störsignale 135, 154
Störwirkung durch Fremdsignale 71
Störwirkung statistischer Schwankungen des
 Bildsignals 138
Struktur des Bildsignals 65
Synchronsignal S 52

Talbotsches Gesetz 14
Testbildgeber, elektrische 125

Testvorlagen   123
Trägermodulation bei drahtloser Übertragung
    58
Transcodierungsgeräte   118
Treppeneffekte   22, 28
TSC-Verfahren   109

Über-Alles-Kennlinien   129
Übertragung des Tons   60
Übertragungskanal, Frequenzbandbreite des
    8
UCS-Tafel   88
Umfeldbeleuchtung   130, 133
Unbuntpunkt   84, 88
Universal-Farbtestbild   125
Universal-Testbild   124

Varianten des NTSC-Systems   108
Verschmelzungsfrequenz   35, 39

Verteilungsfunktionen   139
Vertikalauflösung   28
Vertikal-Synchron-Signal   54
Viertel-Zeilen-Offsetlage   114

Wahrnehmbarkeitsgrenze   139

Zeigerdiagramm der Farbträgerschwingung
    105
Zeilen   10
— -sprungverfahren   41
— -störstruktur   21
— -wandern   48
— -wobbelung   21
— -zahl Z   32
— -zahlen   34
Zellenraster   1
Zellenrasterverfahren   2
Zwischenzeilenflimmern   46, 48